MIKROCHEMISCHES PRAKTIKUM

EINE ANLEITUNG ZUR AUSFÜHRUNG DER WICHTIGSTEN MIKROCHEMISCHEN HANDGRIFFE, REAKTIONEN UND BESTIMMUNGEN MIT AUSNAHME DER QUANTITATIVEN ORGANISCHEN MIKROANALYSE

VON

FRIEDRICH EMICH
DR. PHIL. H. C. DR. ING. E. H.
ORDENTL. PROFESSOR AN DER TECHNISCHEN HOCHSCHULE GRAZ
W. MITGLIED DER AKADEMIE DER WISSENSCHAFTEN WIEN

ZWEITE AUFLAGE

MIT EINEM ABSCHNITT ÜBER

TÜPFELANALYSE

VON

DR. FRITZ FEIGL
PRIVATDOZENT AN DER UNIVERSITÄT WIEN

MIT 83 ABBILDUNGEN

MÜNCHEN
VERLAG VON J. F. BERGMANN
1931

ISBN-13: 978-3-642-47157-5 e-ISBN-13: 978-3-642-47456-9
DOI: 10.1007/ 978-3-642-47456-9

MEINER LIEBEN FRAU

Aus dem Vorwort zur ersten Auflage.

Das Erscheinen des vorliegenden kleinen Buches dürfte sich von verschiedenen Standpunkten rechtfertigen lassen. Zunächst ganz allgemein von dem des steigenden Interesses, das namentlich Chemie und Biologie den *Mikromethoden* entgegenbringen und dann im besonderen durch den Umstand, daß die gegenwärtigen Schwierigkeiten in der Materialbeschaffung speziell den Chemiker oft zum Arbeiten mit kleinen Substanzmengen veranlassen. Ich glaube, daß die Zeit nicht mehr ferne ist, wo man von der Mehrzahl unserer jüngeren Fachgenossen eine gewisse Vertrautheit mit diesen Arbeitsweisen verlangen wird müssen. Das bedeutet selbstverständlich nicht, daß die Mikromethoden die Makroverfahren verdrängen sollen. Beide müssen vielmehr zusammenarbeiten, denn es liegt im Interesse der möglichsten Ökonomie, daß jede Methode dort angewendet werde, wo sie besonders am Platz ist. Aber, da die Fälle nicht selten sind, wo man mittels der Mikromethoden Aufgaben lösen kann, die sonst einen unverhältnismäßig großen Aufwand an Material, Zeit und Energie erfordern würden, gibt der Chemiker, der sie außer acht läßt, ein kostbares Werkzeug preis.

Was den *Unterricht* in der Mikroanalyse anbelangt, so scheint es mir nicht sehr wesentlich, ob man ihn in besonderen Kursen durchführt, oder dem bestehenden Unterrichtsprogramm einverleibt. W. Böttger hat in seiner Qualitativen Analyse (3. Auflage, Leipzig 1913) den zweiten Weg betreten, aber natürlich konnte, der Aufgabe des Buches entsprechend, nur ein kleiner Teil der Mikromethoden berücksichtigt werden. Viele gangbare analytische Werke nehmen auf die Richtung überhaupt kaum Rücksicht und da es (seit mein Lehrbuch[1] vergriffen ist) keine Anleitung gibt, die annähernd das gesamte Gebiet behandeln würde, habe ich dem Wunsche der Verlagsbuchhandlung, ein mikrochemisches Praktikum zu schreiben gerne Rechnung getragen. . . .

Wie seinerzeit im Lehrbuch, so habe ich auch im Praktikum die Nachbargebiete unberücksichtigt gelassen, zu deren Behandlung ich mich nicht berufen fühle; hierher gehört insbesondere die botanische, mineralogische, biologische und pharmazeutische Richtung, ferner die Radiochemie und Metallographie.

Der Umfang des Werkchens ist so bemessen, daß das Programm bei Einhaltung der üblichen Tagesleistung etwa in einem Semester bewältigt werden kann. Unerläßliche Vorbedingung ist selbst-

[1] Wiesbaden 1911.

verständlich die entsprechende Ausbildung in der qualitativen und quantitativen chemischen Analyse, sowie im präparativen Arbeiten. Ist diese Voraussetzung erfüllt und wird das Programm mit der notwendigen Gewissenhaftigkeit durchgearbeitet, so hoffe ich den Praktikanten so weit zu bringen, daß er sich gegebenenfalls auch in solchen Fällen zurecht finden wird, für die er kein Schema zur Verfügung hat.

Wer indes dem Gegenstand nicht so viel Zeit zu widmen in der Lage ist, mag sich mit einem reduzierten Programm begnügen; um die Auswahl zu erleichtern, wurde zweierlei Druck gewählt.

Beim Durchblättern des Werkchens wird vielleicht mancher Institutsleiter das Empfinden haben, *daß er nicht in der Lage sei, mikrochemisch arbeiten zu lassen, weil die notwendigen Behelfe fehlen. Ich glaube, daß diese Sorge im allgemeinen nicht gerechtfertigt ist.* Vieles kann (und soll) sich der Praktikant selbst herstellen, manches wird der Institutsdiener anfertigen können, und so wird man wenigstens im Anfang mit wenigen Ergänzungen des Inventars auskommen. Haben sich nach einiger Zeit die Vorteile der mikrochemischen Arbeitsweisen geltend gemacht, so wird man sich leichter zu weiteren Anschaffungen entschließen und wohl auch mit den in Aussicht stehenden Ersparungen trösten.

Über die Quellen, aus denen bei der Zusammenstellung des Büchleins geschöpft wurde, kann ich mich kurz fassen, da die bis zum Jahre 1911 vorhandene Literatur im „Lehrbuch“ berücksichtigt erscheint. Viele der betreffenden Zitate sind auch ins Praktikum aufgenommen worden. Von den seither erschienenen Werken ist namentlich Pregls Mikroanalyse herangezogen worden und ich danke dem verehrten Herrn Kollegen auch an dieser Stelle für die Erlaubnis zur Benutzung seines Buches. Meinem Freunde Herrn Prof. Dr. N. Schoorl (Utrecht), dessen „Beiträge“ gleichfalls vielfach verwertet worden sind, bin ich für manchen Hinweis verbunden. Endlich sei noch Herrn Assistenten Dr. Benedetti-Pichler für seine zahlreichen Hilfeleistungen herzlich gedankt.

Graz, April 1923.

F. Emich.

Vorwort zur zweiten Auflage.

Der Umstand, daß die erste Auflage vorliegenden Büchleins in verhältnismäßig kurzer Zeit vergriffen war, beweist wohl, daß ein Bedürfnis nach einer derartigen kleinen Zusammenstellung vorhanden ist. Allerdings hat sich die Situation seit dem ersten Erscheinen des Praktikums insofern ein wenig verschoben, als damals das Lehrbuch (Wiesbaden 1911), das 1924 nicht mehr im Buchhandel zu haben war, nun neu (München 1926) herausgekommen ist. Trotzdem glaube ich, daß die *beiden* Bücher nebeneinander existenzberechtigt sind: Das *Praktikum* ist in erster Linie für den Gebrauch am Arbeitstisch gedacht; der Studierende, der ja im allgemeinen nicht leicht neben den vielen anderen Pflichten auch noch Mikroanalyse in größerem Umfang üben kann, soll einen *Überblick* über die wichtigsten *Methoden* der chemischen Mikroarbeit gewinnen und an Hand einfacher, vielfach erprobter Versuche erkennen, was man auf solche Weise in der Chemie zu erreichen vermag. Ist der Praktikant soweit eingeführt, empfindet er Freude und Interesse für die Richtung, und verfügt er über die wünschenswerte Geschicklichkeit, dann mag er mittels des *Lehrbuchs* und mittels der übrigen, jetzt schon recht umfangreichen Literatur die weitere Vertiefung erreichen.

Natürlich erschienen in diesem Zusammenhang einerseits einige Kürzungen (besonders was die Literaturangaben[1] betrifft) angebracht; dafür konnte aber auch manche Neuerung berücksichtigt werden. So hat mir namentlich Herr Kollege Dr. FRITZ FEIGL auf meine Bitte einen Beitrag über Tüpfelanalyse zur Verfügung gestellt. Weiter wurden Schlierenversuche, unsere neuen Fraktionier- und Krystallisationsmethoden und manches andere aufgenommen.

Vielen Fachgenossen bin ich für gütige Hinweise verbunden, so namentlich den Herren: W. BÖTTGER (Leipzig), H. BRINTZINGER (Jena), É. M. CHAMOT (Ithaca, N. Y.), A. FRIEDRICH (Wien), G. LUNDE (Stavanger), AD. MAYRHOFER (Wien), HANS MEYER (Prag), M. NICLOUX (Straßburg), L. ROSENTHALER (Bern) und N. SCHOORL (Utrecht). Gern hätte ich *allen* geäußerten Wünschen Rechnung getragen, doch war dies in Anbetracht des verfügbaren Raumes leider nicht möglich. Jedenfalls sei allen Herren für ihr freundliches Interesse wärmstens gedankt.

Ebenso schulde ich herzlichsten Dank meinen pflichteifrigen Mitarbeitern, den Herren Privatdozent Dr. ANTON BENEDETTI-PICHLER (dz. New York), Dr. HERBERT ALBER und Dr. EDGAR SCHALLY. Die von ihnen gesammelten Erfahrungen wurden vielfach bei unseren Gastkursen erworben, d. h. im Verkehr mit Chemikern, die sich z. T. erstmalig mit mikrochemischen Versuchen beschäftigten. — Damit hängt allerdings in gewisser Art wohl auch zusammen, daß den in unserem Institut im Gebrauch stehenden Methoden ein größerer Raum zugewiesen worden ist.

Graz, Oktober 1930.

F. EMICH.

[1] Die Form der Zitate entspricht den Wünschen der Verlagsbuchhandlung.

Inhaltsverzeichnis.

Einleitung.

1. Aufgabe der Mikromethoden ist das Arbeiten mit kleinen Substanzmengen. Was man unter „klein" zu verstehen habe, richtet sich nach dem besonderen Fall. In der botanischen Mikrochemie (die nicht Gegenstand vorliegender Darstellung ist) wird fast nur mit mikroskopisch kleinen Mengen gearbeitet; in der qualitativen Mikroanalyse bedienen wir uns vorwiegend der „Tropfen" oder „Tröpfchen", deren Gehalt an wirksamer Substanz sich z. B. in den Tausendstelmilligrammen bewegt; die quantitative Mikroanalyse geht gewöhnlich von 2—10 mg Substanz aus und noch höher liegen die Grenzen für die präparativen Mikromethoden, bei denen man in der Regel mindestens die Gewinnung einiger Zentigramme anstreben wird. Genaueres später.

Die Gründe, die den Chemiker zum Arbeiten mit geringen Stoffmengen veranlassen können, sind von verschiedener, z. T. sehr naheliegender, nämlich rein ökonomischer Art. Statt längerer Auseinandersetzung sei nur auf das oft wiederkehrende Beispiel verwiesen, daß man bei einer Analyse auf „Spuren" stößt, für die die Makromethoden versagen; da muß eben dann die Mikroarbeit einsetzen. — Übrigens kommen auch Fälle vor, wo die Mikromethoden wegen ihrer Einfachheit, Zuverlässigkeit oder Raschheit der Ausführung den Makromethoden überlegen sind[1]. RIESENFELD und SCHWAB haben auf den Wert der Mikromethoden bei der Untersuchung *gefährlicher* Stoffe hingewiesen. Man ist oft in der Lage, „Substanzen zu meistern, ... deren Explosivität bisher alle Wissenschaftler vor ihrer Untersuchung zurückschreckte[2]".

2[3]. „Die „*Empfindlichkeit*" einer analytischen Reaktion war lange Zeit ein recht verwaschener Begriff. Daß kleinste Mengen eines Stoffes erkannt werden können, oder daß ein Stoff auch in äußerst verdünnter Lösung noch nachweisbar ist, oder daß er neben großen Mengen von Fremdstoffen erkannt werden kann, jeder einzelne dieser Umstände konnte einer Reaktion die Bezeichnung „äußerst empfindlich" eintragen, ohne daß sie sonst näher gekennzeichnet wurde.

FR. FEIGL kann das große Verdienst für sich in Anspruch nehmen, für jeden Teilbegriff der Empfindlichkeit eine eindeutige Bezeichnung vorgeschlagen zu haben[4], nämlich:

[1] S. z. B. A. BENEDETTI-PICHLER: Z. angew. Chem. 42, 954 (1929).

[2] Ber. dtsch. chem. Ges. 55, 2088 (1922).

[3] Der Absatz 2 ist der Abhandlung von FRIEDRICH L. HAHN, Mikrochem. 8, 75 (1930) entnommen.

[4] Mikrochem. 1, 4 (1923).

Erfassungsgrenze für die Mengenempfindlichkeit,
Empfindlichkeitsgrenze für die Konzentrationsempfindlichkeit,
Grenzverhältnis[1] für die Nachweisbarkeit von X neben A.....".

HAHN und FEIGL schlagen neuestens vor, statt „Empfindlichkeitsgrenze" von nun ab „*Grenzkonzentration*" zu sagen, was den Vorteil bietet, daß der Ausdruck „Empfindlichkeit" zur Kennzeichnung des Gesamtbildes einer Reaktion vorbehalten bleibt. Auf welchen Teilwert der Empfindlichkeit besonders Gewicht zu legen ist, richtet sich nach dem gegebenen Fall.

Die Erfassungsgrenze gibt man zweckmäßig in γ[2] an; das Grenzverhältnis ist definitionsgemäß eine unbenannte Zahl. Die Grenzkonzentration kann man entweder als tatsächliche Konzentration angeben (Bezeichnung: $\gamma . cm^{-3} = \gamma$ pro cm^3) oder man kann sie als Grenzverhältnis gegen das Lösungsmittel deuten (wobei die Anzahl der Gramme der Anzahl der cm^3 gleichgesetzt wird).

Nach FEIGL[3] sollen für mikrochemische Zwecke jene Reaktionen als brauchbar bezeichnet werden, die den Nachweis von Mengen bis zu 10 γ gestatten. Auf das Volumen ist dabei nicht Rücksicht genommen.

Anmerkung. Da das Büchlein vorwiegend praktischen Zwecken dient, dürften diese Angaben ausreichen; sie entsprechen m. E. dem gegenwärtigen Stand der Dinge. Vielleicht ist es mir aber gestattet, noch auf einige Punkte aufmerksam zu machen, denen man beim Kapitel „Empfindlichkeit einer chemischen Reaktion" Rechnung tragen sollte.

1. Die Versuchsbedingungen müßten *normiert* werden. Z. B.: Ein Niederschlag kann zunächst unsichtbar sein (man wird also sagen, die Reaktion *gelinge nicht*), man kann ihn aber durch günstige Beleuchtung, Sedimentieren usw. sichtbar machen (und wird jetzt sagen, die Reaktion *sei gelungen*).

2. Namentlich bei Färbungsreaktionen muß eine Schichtdicke festgelegt werden. Sie wird natürlich wegen etwaiger Eigenfarbe des Lösungsmittels und aus rein praktischen Gründen nicht zu groß gewählt werden dürfen. Für Makroversuche wäre 1 dm zweckmäßig, für die Mikroarbeit wäre 1 cm vorzuziehen.

3. Der Vorschlag, die Grenzkonzentration als unbenannte Zahl einzuführen, bringt Nachteile mit sich; es ist für den praktischen Gebrauch nicht einerlei, ob ich 1 γ auf 1 cm^3 oder 1 mg auf einen Liter bringe, denn im letzteren Fall kann ich die Reaktion u. U. doch leichter sichtbar machen. Danach würden die Bezeichnungen $\gamma . cm^{-3}$ oder $mg . dm^{-3}$ der Bezeichnung 10^{-6} vorzuziehen sein.

4. Endlich mag es dahingestellt bleiben, ob die Empfindlichkeitsangaben nicht besser auf Atom- und Molekular- bzw. Äquivalentgewichte zu beziehen wären, wie dies bei anderen zahlenmäßigen Angaben längst geschieht[4]. Um übermäßig große Zahlen zu vermeiden, wird man sich wohl auf ein System einigen müssen, bei dem man *Exponenten* angibt, wie dies bei den p_H-Werten eingeführt worden ist.

3. Das Werkchen ist in zwei Teile gegliedert: Im ersten, allgemeinen Teil werden die *Apparate und Methoden* geschildert, im

---

[1] Das Wort stammt von SCHOORL.

[2] 1 $\gamma = 1 \mu g = 0{,}001$ mg. Da die kurze und bequeme Bezeichnung „Gamma" in den mikrochemischen Abhandlungen bevorzugt wird, wollen wir sie im vorliegenden Werkchen beibehalten. Vgl. EMICH: Lehrbuch d. Mikrochemie, München 1926, S. 38, Fußnote 64.

[3] Zitiert auf S. 1.

[4] Vgl. BÖTTGER, Qualit. Analyse, Leipzig 1925, S. 622; EMICH, Liebigs Ann. 351, 426 (1907). Siehe auch BÖTTGER, Mikrochem., EMICH-Band 29 (1930).

zweiten, besonderen, sind Anwendungen auf eine Reihe spezieller Fälle gezeigt. Ich stelle mir vor, daß der Praktikant das Allgemeine aufmerksam durchlesen wird, bevor er sich an die Übungsaufgaben wendet. Das kostet zwar einige Tage Zeit, verschafft aber einen *Überblick* und gewährt damit eine Basis, die man haben soll, bevor man sich zum Arbeitstisch begibt.

Bezüglich der einzelnen Abschnitte des speziellen Teiles sei folgendes vorausgeschickt.

Auf *anorganisch-qualitativem* Gebiet spielt namentlich die „Spurensuche[1]" eine wichtige Rolle; hierzu müssen sowohl Trennungen, als auch Einzelreaktionen, wie sie namentlich BEHRENS[2] ausgearbeitet hat, geübt werden, und damit ist ein größerer Umfang von vornherein geboten. Leider ist die Spurensuche so wenig durchgearbeitet und bietet außerdem so viele Möglichkeiten, daß wir uns auf wenige Hinweise beschränken mußten. In den meisten Trennungsbeispielen sind die Methoden für den Fall ausprobiert, *daß die Ionen nicht in allzu ungleichen Mengen vorliegen.* Ein weniger erfahrener Analytiker wird deshalb im Ernstfall selbstverständlich neben dem Praktikum z. B. BÖTTGERs Anleitung zu Rate ziehen und sich *an Hand geeigneter Mischungen in das zu lösende Problem einarbeiten.*

Den modernen Bestrebungen, welche dahin gehen, das qualitative Verfahren durch weitgehende Anwendung *spezifischer* Reaktionen zu vereinfachen, glaube ich durch Heranziehung eingestreuter Beispiele und durch Aufnahme des Abschnitts über Tüpfelanalyse (F. FEIGL) in ausreichendem Maß Rechnung getragen zu haben. Ob der Wunsch, qualitative Analyse (etwa ähnlich wie Spektralanalyse) ganz ohne Trennungsmethoden betreiben zu können, einmal in Erfüllung gehen wird, steht noch dahin. Jedenfalls verdienen die einschlägigen Bemühungen große Beachtung[3].

Im *organisch-qualitativen* Teil überragt derzeit die Wichtigkeit der Einzelreaktionen die der Trennungen, bei denen man ja wesentlich auf die präparativen Methoden angewiesen ist. Daher sind diese entsprechend mitberücksichtigt. Im übrigen sei bei dieser Gelegenheit auf STAUDINGERs Organ. qual. Analyse[4] aufmerksam gemacht, aus welchem Buch auch der Mikrochemiker manche Anregung schöpfen wird.

Auf *quantitativem* Gebiet glaubte ich mit einigen Übungsbeispielen das Auslangen zu finden, bei denen die wichtigsten Methoden der Gewichts-, Maß- und Elektroanalyse zur Vorführung gelangten. Die vielleicht etwas stiefmütterliche Behandlung der Maßanalyse mag ihre Rechtfertigung in dem Umstand finden, daß das Wichtigste über die Methodik an der Acidimetrie gelernt werden kann und die zahlreichen übrigen Bestimmungen wesentlich

---

1 EMICH: Lehrbuch d. Mikrochemie, München 1926, S. V. Auf die Unzulänglichkeit der bisherigen Methoden haben z. B. GANS, KRUG und HEUSELER, Chem. Centr. 1925 I, 829 hingewiesen.

2 BEHRENS-KLEY: Mikrochem. Analyse, Leipzig und Hamburg 1915 bzw. 1922.

3 KURT HELLER: Mikrochemie 7, 213 (1929); 8, 33 (1930).

4 Berlin 1923. Vgl. auch N. SCHOORL: Organ. Analyse (holländ.) Amsterdam 1920 und 1921.

nur ganz speziellen Zwecken dienen[1]. Die organisch-quantitative Analyse ist nicht berücksichtigt worden.

Ebenso sind die Methoden, welche z. B. die für den Mediziner und Biologen wichtigen Bestimmungen von Harnstoff, Aceton, Zucker usw. betreffen, nicht aufgenommen worden, weil ich glaube, daß derlei der Spezialliteratur vorbehalten bleiben soll. Wesentlich dasselbe gilt für Flammenfärbungen, Spektralreaktionen u. ä.

4. Bei den Übungsbeispielen muß selbstverständlich Wert darauf gelegt werden, *daß jeder Versuch tadellos gelinge.* Es ist besser, *eine* Reaktion gründlich, d. h. bis zur vollständigen Beherrschung zu üben, als eine große Zahl von Reaktionen oberflächlich. Der Praktikant *muß* die Überzeugung gewinnen, daß die Methoden brauchbar sind, d. h. daß sie, entsprechendes Wissen und Können vorausgesetzt, unfehlbar zum Ziel führen. Daß ein solcher Lehrgang die Einübung an bekanntem Material voraussetzt, braucht nicht gesagt zu werden; ebenso nicht, daß an passenden Stellen Übungsanalysen mit Material von unbekannter Zusammensetzung eingefügt werden müssen.

5. Der Mangel an einzelnen Behelfen schränkt das Programm zwar ein, macht aber die Mikroarbeit nicht unmöglich: *Jeder Chemiker, der ein Mikroskop besitzt, kann qualitativ-mikrochemisch arbeiten und wo eine Mikrowaage vorhanden ist, sind quantitative (anorganische) Bestimmungen möglich.* Denn fast alles übrige kann mehr oder weniger leicht improvisiert werden. Um solche Improvisationen zu erleichtern, haben wir im Anhang II einige Winke zusammengestellt.

Zwischen diesem Grenzfall und einer ideal vollständigen Einrichtung werden natürlich alle möglichen Zwischenstufen vorkommen. Um sie in ein Schema zu bringen, können wir drei Fälle herausgreifen: Erstens eine Ausrüstung, die vorausgesetzt wird, wenn das dem Praktikum zugrunde gelegte Programm in der Hauptsache absolviert werden soll; zweitens eine Ausrüstung für etwas strengere Anforderungen, wie sie mir z. B. in einem mittelgroßen Hochschulinstitut als wünschenswert vorschwebt und drittens eine Ausrüstung, die weitgehenden Anforderungen entspricht. Diese Dreiteilung ist im Text durch die Prädikate „unbedingt notwendig", „sehr wünschenswert" und „wünschenswert" angedeutet[2].

---

[1] Es wäre eine dankenswerte Aufgabe, die Methoden der Mikromaßanalyse zusammenfassend darzustellen.

[2] Von FARADAY wird berichtet, daß er keine Untersuchung als abgeschlossen betrachtete, bevor er nicht die vollkommensten, zur Verfügung stehenden Mittel angewandt hatte. Für den Forscher ist dieser Grundsatz gewiß ausgezeichnet, im gewöhnlichen Laboratoriumsbetrieb verbietet er sich oft aus äußeren Gründen und aus Gründen der Ökonomie, d. h. weil der Mehraufwand an Mühe und Zeit in keinem Verhältnis zum Wert der gewonnenen Resultate stünde. SILVANUS P. THOMPSON, Michael Faradays Leben und Wirken, deutsch von Schütte und Daneel, (Halle 1900) S. 94.

I. APPARATE UND METHODEN.

A. Qualitativer Teil.

I. Mikroskop und Zugehöriges.

a) Allgemeines.

Ein *gutes Mikroskop* ist für die qualitative Mikroanalyse unbedingt notwendig; sehr wünschenswert sind ferner eine *Lupe* und ein *binokulares Instrument*.

1. Wenn auch Einrichtung und Gebrauch des „zusammengesetzten" Mikroskops im allgemeinen als bekannt vorausgesetzt werden[1], so dürften doch folgende Winke angebracht sein.

Der Mikroanalytiker benötigt vor allem schwache und mittlere Vergrößerungen; bei ersteren ist ein möglichst großer Objektabstand erwünscht. Man wird danach z. B. mit den Objektiven A und D von Zeiß in Jena oder 3 und 6 von Reichert in Wien in Verbindung mit den Huygens-Okularen 2 und 4 auskommen. Damit stehen bei 160 mm Tubuslänge die Vergrößerungen von (rund) 50, 100, 200 und 400 (bzw. 300) zur Verfügung[2]. Das eine Okular soll mit einem (herausnehmbaren) Mikrometerplättchen versehen sein; beim zweiten Okular ist ein Fadenkreuz erwünscht. Das Mikroskop soll eine Polarisationseinrichtung besitzen. Wünschenswert sind noch ein stärkeres Okular, ferner ein ganz schwaches und ein starkes Objektiv, ebenso der *drehbare* Objekttisch. Ein ausschaltbarer Kondensor und eine Irisblende vervollständigen die notwendige Ausstattung.

Den erwähnten Anforderungen wird in den „kleinen mineralogischen" Stativen leidlich Rechnung getragen[3]. Wo die Mittel halbwegs reichen, ist die Anschaffung eines größeren Stativs sehr wünschenswert, insbesondere, weil dann auch alle späteren Nachschaffungen ohne weiteres dazu passen. Ein solches Stativ hat selbstverständlich grobe und feine Einstellung und vor allem einen vollkommenen Abbeschen Beleuchtungsapparat; es gestattet damit die Anwendung der stärkeren Systeme, die z. B. auch bei ultramikroskopischen Untersuchungen erwünscht sind.

---

[1] Empfehlenswert und für unsere Zwecke im allgemeinen ausreichend sind: F. Rinne, Krystallogr. Formenlehre, Leipzig 1922; A. Köhler, Das Mikroskop und seine Anwendung, Wien und Berlin 1923 (Abderhaldens Handbuch der biolog. Arbeitsmethoden, Abt. II, T. 1, S. 171).

[2] Schoorl (Privatmitteilung) bevorzugt die Kombination 2 und 4c (Reichert) mit Okular 4 (oder 5). — Die oben erwähnten Objektive A und D tragen die neueren Bezeichnungen 8 und 40, die Okulare 2 und 4 die Bezeichnungen 5 × und 10 ×.

[3] Diese Stative haben in der Regel keine feine Einstellung, was beim Arbeiten mit der starken Vergrößerung unbequem ist und die Anwendung sehr starker Systeme natürlich ausschließt.

Ferner sind die größeren Stative für Mikroprojektion und Photographie geeignet. Die Anschaffung eines Objektiv*revolvers* ist aus Gründen der Zeitersparnis sehr wünschenswert. Auch Objektivzangen sind bequem. Es ist davon abzuraten, daß gerade beim Mikroskop allzuweitgehende Sparsamkeit walten gelassen werde.

Daß das Mikroskop vor den sauren Dämpfen des Laboratoriums geschützt und überhaupt mit größter Sorgfalt behandelt werden muß, versteht sich. Am gefährlichsten sind bekanntlich Fluorwasserstoffdämpfe, da sie die Linsen unbrauchbar machen. Bei Präparaten, die derlei Dämpfe entwickeln, wird empfohlen, die (dem Präparat zugekehrte) „Frontlinse" zu schützen, indem man mittels eines Tropfens Wasser oder Glycerin ein Deckgläschen an sie anlegt. Das stärkere System wird bei solchen Versuchen am besten ganz entfernt und in Sicherheit gebracht. Die Objektive in sog. „Füllfassung" dürfen nicht auseinander genommen werden. — Über einige weitere Einzelheiten vgl. EMICH: Lehrbuch d. Mikrochemie, München 1926.

2. Als *Lupe* kann nötigenfalls eine einfache Taschenlupe dienen, besser ist eine BRÜCKEsche mit 5—10facher Vergrößerung. PREGL[1] empfiehlt die nach Art eines Monokels einklemmbare Uhrmacherlupe, welche zumal dem Fernsichtigen gute Dienste leisten wird. Sollte eine Lupe zufällig nicht zur Hand sein, so kann z. B. die Augenlinse des schwächeren Okulars als Ersatz dienen. — Über die Fernrohrlupe s. S. 53.

3. Die Anschaffung eines *binokularen Mikroskops*, das nach dem GREENOUGHschen Prinzip konstruiert ist, d. h. aus zwei unter einem spitzen Winkel gegeneinander geneigten Tuben besteht, ist wie schon bemerkt *sehr* wünschenswert. Das *aufrechte, plastische Bild erleichtert viele Arbeiten außerordentlich.* Man kommt mit *einem* Objektiv- und evtl. zwei Okularpaaren aus und begnügt sich mit den Vergrößerungen zwischen 20- und 50fach. Neuestens werden *„Stereoaufsätze"* für das gewöhnliche Mikroskop gebaut, die auch ein plastisches Bild liefern.

4. Sehr wichtig ist bei jedem Vergrößerungsinstrument die richtige Wahl der *Beleuchtung*, die der Natur des Objekts angepaßt sein muß.

Bei Tag benutzt man einen hellen Fensterplatz, als künstliche Lichtquelle dient entweder eine Tischlampe oder Bogenlicht.

Beim Mikroskop wird in der Regel im „durchfallenden" Licht beobachtet; zu diesem Zweck wird der Planspiegel so gestellt, daß das Licht einer weißen Wolke (Wand) oder Himmelslicht möglichst voll auf den Kondensor fällt. [Bei künstlichem Licht (unter Umständen genügt eine Kerzenflamme!) kann eine „Schusterkugel" oder ein mit Wasser gefüllter Rundkolben von etwa 2 l Inhalt zwischen Lichtquelle und Mikroskopspiegel gebracht werden.] Das Objekt befinde sich auf einem Objektträger; je nach der Natur des Objekts wird es entweder frei oder eingebettet in einer passenden Flüssigkeit untersucht. Bei den starken Vergrößerungen ist stets ein Deckglas aufzulegen, damit eine Berührung des Objektivs mit dem Objekt vermieden und ein möglichst gutes Bild erzielt werde. Bei den schwachen Vergrößerungen ist das Deckglas meist entbehrlich. Die Einstellung geschieht bei den

[1] FR. PREGL: Die quantitative organische Mikroanalyse, 3. Aufl. Berlin: Julius Springer 1930, S. 17.

starken Systemen vorsichtshalber am besten so, daß man den Tubus mittels der groben Einstellung oder aus freier Hand bis *fast* zur Berührung mit dem Deckglas senkt und dann mittels der Einstellschraube so lange hebt, bis das Bild möglichst deutlich ist.

Sollen Konturen, feine Linien, Zeichnungen wahrgenommen werden, so versucht man weiter durch Veränderung der Blendenöffnung die größte Deutlichkeit zu erzielen. Farbige Objekte werden in der Regel mit *großer* Blendenöffnung und stets mit eingeschaltetem Kondensor betrachtet.

Bei der Untersuchung von Pulvern, die zum Zwecke des Auslesens einzelner Partikel durchmustert werden (s. Übung 1), ist auffallendes Licht oft vorzuziehen. Da hierbei nur die schwachen Vergrößerungen zur Anwendung kommen, genügt helles Tageslicht oder das Licht einer Tischlampe. In einzelnen Fällen ist eine Mikrobogenlampe mit zwischengeschalteter Sammellinse empfehlenswert. Am einfachsten wird der Wechsel zwischen durch- und auffallendem Licht erreicht, indem man die eine Hand einmal vor den Beleuchtungsspiegel, einmal zwischen Objekt und Lichtquelle hält. Man soll sich angewöhnen, *alle Objekte, die bei schwachen Vergrößerungen betrachtet werden, in solcher Weise zu prüfen.*

Bei starken Vergrößerungen kommt auffallendes Licht für unsere Zwecke nicht zur Anwendung, hierzu sind besondere Vorrichtungen (Vertikalilluminator) notwendig. Oft kann ein passend gewählter Hintergrund, schwarzes oder weißes Papier, das man *unter* den Objektträger legt, die Beobachtung erleichtern. Die weiße Scheibe des (z. B. binokularen) Präpariermikroskops erfüllt ihren Zweck wegen der tiefen Lage nicht so gut, wie das eben erwähnte Papier, da sie meist ungenügend beleuchtet ist.

5. Bei der *Prüfung* des Mikroskops in bezug auf Optik und Mechanik wird man am besten einen erfahrenen Mikroskopiker zu Rate ziehen. Will man selbst prüfen, so kann das Auflösungsvermögen des schwachen Systems mittels der Schuppen des Kohlweißlings, das des starken mittels Pleurosigma angulatum untersucht werden. Vgl. z. B. Köhler, zitiert auf S. 5.

b) Längenmessung unter dem Mikroskop.

Wenn die reelle Größe eines mikroskopischen Objektes bestimmt werden soll, benutzt man ein „*Mikrometer*", deren es verschiedene Arten gibt. Am häufigsten angewandt und für unsere Zwecke ausreichend ist das „*Okularmikrometer*" in Verbindung mit dem „*Objektmikrometer*".

Ersteres ist bekanntlich ein rundes Glasplättchen, das in seiner Mitte eine eingeritzte Skala besitzt, meist 5 mm in Zehntelmillimeter geteilt. Es kann zwischen Augen- und Kollektivlinse (die beiden Linsen des Okulars) eingelegt werden. In der Regel ist bei den Okularmikrometern die erstere verschiebbar eingerichtet, damit ihre Stellung der Sehweite des Beobachters angepaßt werden kann. Man lege es mit der Teilung nach unten ein. Der Wert eines Teilstriches wird meist von der Firma angegeben, doch gelten diese Angaben nur annähernd, und man soll ihn selbst bestimmen; dazu legt man ein Objektmikrometer (Objektträger mit eingeritzter Skala) auf den Objekttisch und beurteilt, wie die beiden Skalen miteinander übereinstimmen. Da das Objektmikrometer eine Teilung von genau bekannten Werten enthält, z. B. ein Millimeter in 10 oder 20 Teile geteilt, so ergibt der unmittelbare Augenschein, welcher Wert einem Intervall des Okularmikrometers zukommt. Man legt für die in Betracht kommenden Objektive (und evtl. Tubuslängen) eine Tabelle an. Als Maßeinheit ist ein Tausendstelmillimeter (1 „Mikron" = $1\,\mu$) üblich.

Über Gewichtsbestimmung durch mikrometrische Messung gibt es mehrere Arbeiten, auf die verwiesen sei; vgl. S. 43 und EMICH: Lehrbuch d. Mikrochemie, München 1926, S. 20.

c) Das Verhalten der Objekte im polarisierten Licht.

1. *Die Doppelbrechung.* Zum Studium der hierher gehörigen Erscheinungen[1] ist das Mikroskop mit zwei NICOLschen Prismen und einem Gipsplättchen ausgerüstet. Der eine Nicol, „*Polarisator*", befindet sich unter dem Objekttisch, der andere, „*Analysator*", wird entweder zwischen Objektiv und Okular eingeschoben oder (drehbar) auf das letztere aufgesetzt. Die Gipsplatte kann ebenfalls an verschiedenen Stellen zugeschaltet, z. B. unmittelbar über dem Objektiv oder unter dem Analysator eingeschoben werden. —

Für die Versuche der Abschnitte c) bis e) ist zunächst vorausgesetzt, daß die Beleuchtungslinse (der Kondensor) entfernt worden sei, d. h. daß mit sogenanntem parallelem Lichte gearbeitet werde.

Schalten wir zuerst die beiden NICOLschen Prismen ein und drehen wir das eine um die Achse des Instrumentes, so wechselt die Helligkeit des Gesichtsfeldes; wenn sie am größten ist, nennt man die Stellung der Nicols „parallel", wenn sie am kleinsten ist, „gekreuzt". Wir wollen dabei noch die Annahme machen (die bei den meisten Instrumenten zutreffen wird oder sich leicht verwirklichen läßt), daß bei gekreuzten Nicols die Polarisationsebene des einen Nicols von vorn nach rückwärts verläuft und infolgedessen die des anderen von rechts nach links[2]. Bringt man zwischen die gekreuzten Nicols einen Krystall, so können zunächst zwei Fälle eintreten:

a) Das Gesichtsfeld bleibt *dunkel;* Krystalle, welche diese Eigenschaft *in allen Lagen* besitzen, werden *einfach brechend* genannt, sie gehören dem *tesseralen* System an (Kochsalz). Dasselbe Verhalten zeigen die amorphen Substanzen[3].

b) Das Gesichtsfeld wird im allgemeinen durch den Krystall aufgehellt: der Krystall ist ein „*doppelbrechender*"; er kann nicht dem tesseralen, wohl aber irgendeinem anderen Krystallsystem angehören. Es sind nun zwei Fälle möglich, welche darauf Bezug haben, daß sich die Krystalle dieser Art in *bestimmten* Lagen (in der Richtung der sogenannten „*optischen Achsen*") unter den bestehenden Voraussetzungen wie einfach brechende Körper verhalten, d. h. das Gesichtsfeld *nicht* aufhellen.

α) Es gibt im Krystall nur eine *einzige* Richtung, in welcher er zwischen gekreuzten Nicols nicht aufhellt: der Krystall ist „*optisch einachsig*", er gehört dann entweder dem *hexagonalen* oder dem *tetragonalen* System an. Die Richtung der optischen Achse stimmt in diesem Falle mit der der krystallographischen Hauptachse überein.

---

[1] Es sei ausdrücklich betont, daß zum Verständnis der Polarisationserscheinungen das Studium entsprechender Spezialwerke erforderlich ist, von welchen wir z. B. die S. 5, Fußnote 1 angegebenen Werke erwähnen, woselbst auch weitere Literatur zu finden ist. *Wir müssen uns hier darauf beschränken, eine knappe Anleitung zum Gebrauch der Polarisationseinrichtungen für die Zwecke der Mikrochemie zu geben.* — Über einfache Behelfe vgl. den Anhang II.

[2] Um die Orientierung eines Nicols rasch festzustellen, kann man folgenden Versuch ausführen: man bringt einige Nadeln von *Anthrachinon* in ein Tröpfchen *Nitrobenzol*, legt ein Deckglas auf und betrachtet unter dem Mikroskop bei Einschaltung des fraglichen Nicols (Analysator oder Polarisator). Wird das Objekt (oder der Nicol) gedreht, so *verblassen* die Nadeln, wenn ihre Längsrichtung mit dem Hauptschnitt des Nicols zusammenfällt (bzw. auf dessen Polarisationsebene senkrecht steht), in der darauf senkrechten Lage treten sie kräftig hervor.

[3] Es wird dabei angenommen, daß die Körper nicht etwa durch Druck oder Zug in dem Lichtbrechungsvermögen beeinflußt werden, wodurch eine Art künstlicher Doppelbrechung zustande kommen kann. Auch unter den Gespinstfasern und anderen Objekten, z. B. Stärkekörnern, findet man derartige, an die Doppelbrechung der Krystalle erinnernde Erscheinungen sehr häufig.

β) Es gibt im Krystall *zwei* Richtungen, welchen die erwähnte Eigenschaft zukommt: der Krystall ist „*optisch zweiachsig*“, er gehört dem *rhombischen, monoklinen* oder *triklinen* System an.

Die Unterscheidung eines optisch einachsigen von einem optisch zweiachsigen Krystall ist unter Umständen mittels „konvergenten polarisierten Lichtes“ möglich. In einem solchen Fall kann die Beobachtung von sogenannten Achsenbildern Aufschluß geben, worüber näheres z. B. in Emich: Lehrbuch d. Mikrochemie, München 1926, S. 23 zu finden ist. S. auch Abschnitt e), S. 10.

2. Wir besprechen weiter noch einige Kennzeichen, welche einerseits die „*Auslöschungsrichtungen*“ betreffen, anderseits mit dem „Charakter“ der Doppelbrechung zusammenhängen.

Wenn man einen doppelbrechenden Krystall nach und nach in den verschiedenen Lagen zwischen gekreuzten Nicols betrachtet, welche er einnimmt, während man dem Objekttisch langsam eine volle Umdrehung gibt, so wird der Krystall meist in vier Lagen dunkel erscheinen, von welchen je zwei aufeinander senkrecht stehen. Man nennt diese Richtungen, in welchen sich der Krystall also wie ein einfach brechender verhält, die „*Auslöschungsrichtungen*“. Um sie festzuhalten, kann man sie mit den Strichen des Fadenkreuzokulars in Übereinstimmung bringen. Nun sind wieder zwei Fälle möglich:

a) *Die gerade Auslöschung.* Wenn die Auslöschungsrichtung einer Krystallkante parallel läuft, bzw. auf ihr senkrecht steht, so nennt man die Auslöschung mit

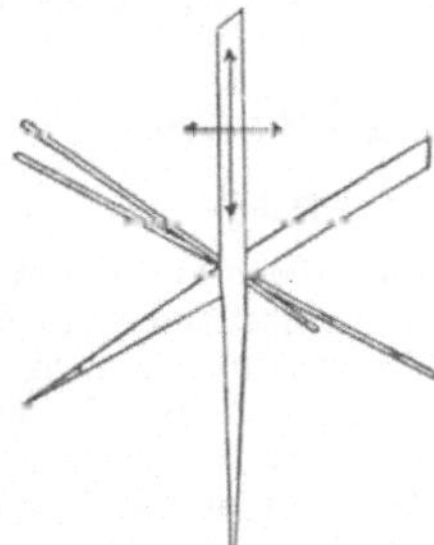

Abb. 1. Manganoxalat.

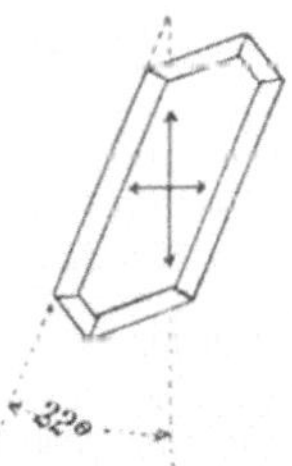

Abb. 2. Natriumchloroplatinat.

Bezug auf diese Kante eine „*gerade*“. Bei nadelförmigen Krystallen ist dieser Fall sehr häufig. Übungspräparat etwa Manganoxalat (zu erhalten durch Einlegen eines Körnchens Oxalsäure in einen Tropfen Manganchlorürlösung, Abb. 1).

b) *Die schiefe Auslöschung.* Wenn die Auslöschungsrichtungen mit einer Kristallkante Winkel einschließen, welche von 0° und 90° verschieden sind, so nennt man die Auslöschung mit Bezug auf diese Kante eine „*schiefe*“.

Auch hier werden gewöhnlich die Hauptkanten berücksichtigt, d. h. die, nach welchen der Krystall vorwiegend entwickelt ist. In diesem Sinne sagt man wohl auch kurz: „der Krystall“ habe gerade oder schiefe Auslöschung. Unter der „Auslöschungsschiefe“ versteht man den Winkel, den die Auslöschungsrichtung mit der fraglichen Krystallkante einschließt. Übungspräparat für schiefe Auslöschung: Natriumchloroplatinat, Abb. 2. Das Kreuz bedeutet die Auslöschungsrichtungen.

c) Gelegentlich spricht man wohl auch von „symmetrischer Auslöschung“, d. h. dann, wenn die senkrecht aufeinander stehenden Auslöschungsrichtungen den Winkel zwischen je zwei zusammenstoßenden Krystallkanten halbieren[1].

3. Zu weiterer Charakteristik der doppelbrechenden Krystalle benützt man das *Gipsplättchen.* Es ist von einer solchen Dicke und Orientierung, daß es zwischen gekreuzten Nicols eine ganz bestimmte Interferenzfarbe, das „*Rot erster Ordnung*“ zeigt, welche die Eigentümlichkeit besitzt, daß sie sehr leicht in andere Farben übergeht, wenn auch nur ganz schwach doppelbrechende Krystalle zusammen mit dem Gipsplättchen betrachtet werden. Die Farben, die hierbei entstehen, sind ent-

[1] Schneider-Zimmermann: Botanische Mikrotechnik, Jena 1922, S. 155.

weder „*Additionsfarben*" oder „*Subtraktionsfarben*[1]", d. h. das Objekt wirkt auf das polarisierte Licht entweder im selben Sinne wie das Gipsplättchen (Addition) oder im entgegengesetzten (Subtraktion).

Um das Maximum der Wirkung zu erzielen, werden die Krystalle in einer Lage geprüft, welche sich um 45° von derjenigen unterscheidet, bei welcher Auslöschung stattfindet; man dreht also zuerst den Objekttisch bis zum Dunkelwerden des Krystalls und hierauf noch um 45°. Näheres in EMICH: Lehrbuch d. Mikrochemie, München 1926, S. 25.

4. Die Polarisationseinrichtung des Mikroskops dient u. a. zur Erkennung des *Pleochroismus* (auch „Di- bzw. „Trichroismus" genannt). Man versteht darunter kurz gesagt die Verschiedenheit der Farbe in den verschiedenen Richtungen eines Krystalls. Diese Verschiedenheit kann erkannt werden, wenn man den Krystall bei ausgeschaltetem Analysator (Polarisator) mittels des Objekttisches über (unter) dem Polarisator (Analysator) dreht. Natürlich kann auch der Krystall fix bleiben und der eine Nicol gedreht werden. Bei sehr kleinen Kryställchen ist dies zweckmäßiger, weil das Auge Veränderungen am ruhenden Objekt leichter wahrnimmt. Die beiden Farben, welche den in Betracht kommenden Richtungen entsprechen, gelangen hierbei *nacheinander* zur Beobachtung. Das von oben, bzw. von der Seite auf das Objekt auffallende Licht ist bei diesen Versuchen durch Vorhalten der Hand abzublenden. — Der Pleochroismus ist eine sehr häufige Erscheinung; sie wird aber für unsere Zwecke nur dann herangezogen, wenn sie in hervorragendem Maße vorhanden ist. Hübsche Demonstrationspräparate: Yttriumplatincyanür, verschiedene Chinhydrone, ferner Fasern, die mit kolloiden Metallen gefärbt sind usw.

d) Bestimmung der Brechungsindices.

1. Optisch isotrope Körper.

Irgend ein (farbloses) Objekt ist unter sonst gleichen Umständen um so besser zu sehen, je mehr sein Brechungsindex von dem seiner unmittelbaren (farblosen) Umgebung verschieden ist. Daher sieht man z. B. Kochsalzkörnchen in Luft sehr gut, in Weingeist schlechter und in Äthylenbromid fast gar nicht. Wir entnehmen daraus, daß Äthylenbromid und Kochsalz annähernd denselben Brechungsindex haben. Ist in einem solchen Fall der des einen Stoffs bekannt, so kann man auf den des anderen schließen. Darauf beruht das „*Einbettungsverfahren*", bei welchem man die Aufgabe hat, eine Flüssigkeit ausfindig zu machen, in der die Kanten des gegebenen Objekts unsichtbar werden. Näheres in EMICH: Lehrbuch d. Mikrochemie, München 1926, 26 und in der dritten Übung S. 74.

2. Optisch anisotrope Körper.

Ein Lichtstrahl, der in einen optisch anisotropen, d. h. nicht tesseralen Krystall eindringt, wird im allgemeinen in zwei Strahlen zerlegt; deshalb ist es unmöglich, vom Brechungsindex eines anisotropen Krystalls schlechthin zu sprechen. Das Einbettungsverfahren kann daher in diesem Fall nur bedingungsweise einwandfreie Resultate liefern, und zwar lehrt die Krystalloptik, daß dies möglich ist, wenn man *polarisiertes Licht* verwendet und den Brechungsexponenten auf *bestimmte Richtungen* im Krystall bezieht. Man erhält dann zwei Zahlen, welche oft in sehr guter Weise zur Charakteristik des betreffenden Stoffes herangezogen werden können.

Wie in solchen Fällen zu verfahren ist, ergibt sich aus der auf S. 74 beschriebenen dritten Übung.

Bei diesen Versuchen ist, wie schon bemerkt, der Kondensor auszuschalten und der Planspiegel zu benutzen.

e) Anhaltspunkte für das Krystallsystem

gewähren folgende Merkmale, die wir der „Anleitung zum Bestimmen der Mineralien" von FUCHS-BRAUNS entnehmen:

---

[1] Im Sinne von SCHRÖDER V. D. KOLK: Mikr. Krystallbestimmung, Wiesbaden 1898, S. 26.

„1. Alle Krystalle bleiben bei gekreuzten Nicols in jeder Lage dunkel; sie sind einfach brechend, *regulär* (Caesiumalaun).

2. Die meisten Krystalle werden zwischen gekreuzten Nicols hell (oft nur grau) und farbig und besitzen gerade Auslöschung, einzelne bleiben in allen Lagen dunkel; sie sind doppelbrechend und optisch einachsig. Man hat weiter den Umriß der dunkel bleibenden Krystalle zu beachten:

a) der Umriß der dunkel bleibenden Krystalle ist vierseitig (oder achtseitig), quadratisch, die Krystalle sind *quadratisch* [tetragonal] (Calciumoxalat);

b) der Umriß ist sechsseitig, die Krystalle sind *hexagonal* (Kieselfluornatrium);

c) der Umriß der dunkelbleibenden Krystalle ist dreiseitig, die Krystalle sind *rhomboedrisch* (Natronsalpeter).

3. Alle Krystalle werden zwischen gekreuzten Nicols hell (oft nur grau) und farbig, sie sind optisch zweiachsig:

a) alle besitzen gerade Auslöschung, sie sind *rhombisch* (Chlorblei);

b) die meisten besitzen schiefe, einige gerade Auslöschung, sie sind *monoklin* (Gips);

c) alle Krystalle zeigen schiefe Auslöschung, sie sind *triklin* (Kupfervitriol)."

II. Die Gefäße.

1. Die gebräuchlichen *Proberöhren* sind für mikroanalytische Zwecke oft zu groß, man benutzt deshalb kleinere; es ist aber in der Regel nicht notwendig, unter einen Kubikzentimeter Fassungsraum, d. h. 6 mm Weite und 30 mm Länge herabzugehen. Für die gewöhnlichen Arbeiten verfertigt man die Proberöhrchen aus leicht schmelzbarem Glas, für genaue Arbeiten sind einige solche Röhrchen aus Jenaer Geräteglas und aus Quarzglas sehr wünschenswert[1]. Sie sollen einen nicht zu kleinen Rand haben.

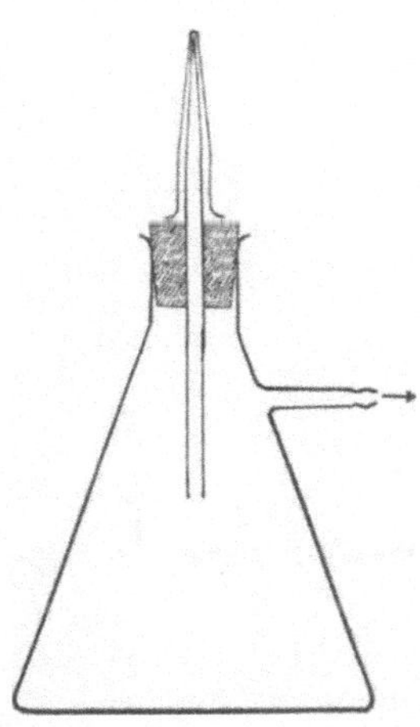

Abb. 3. Zur Reinigung der Spitzröhrchen.

2. Wird ein solches Proberöhrchen in der unteren Hälfte im Sinne der Abb. 5 *verjüngt*, so ergibt sich das *Spitzröhrchen*, bei dessen Anfertigung dafür zu sorgen ist, daß die Spitze nicht zu eng ausfällt, da sonst die *Reinigung* erschwert wird. Sie geschieht in der Weise, daß man die mit der Pumpe verbundene Saugvorrichtung (Abb. 3) benutzt; das Röhrchen ist nach mehrmaligem Ausspülen und Auflegen auf die Spitze rein, nach kurzem Anfächeln mit der Bunsenflamme auch trocken.

Zur Aufbewahrung der Röhrchen dient ein Holzblock (Abb. 4) von etwa 15 × 4 × 3 cm Abmessung, in den eine Anzahl Löcher verschiedener Durchmesser gebohrt sind. Die größeren nehmen die Probe- und Spitzröhrchen auf, in die kleinen setzt man die unten zu erwähnenden „ausgezogenen Röhrchen", wenn darin ein Niederschlag sedimentieren soll oder dergleichen. Ähnliche Blöcke benutzt man für die Mikrobecher (Abb. 54).

Das Spitzröhrchen bietet gegenüber dem Proberöhrchen den Vorteil, daß der Niederschlag auf ein kleineres Volumen zusammen-

[1] Bezugsquelle für Quarzglas z. B. W. C. Heraeus, Hanau a. M.

gedrängt, daher leichter wahrgenommen wird und daß man ihn deshalb nach dem Sedimentieren vollständiger von der Lösung trennen kann[1].

Das Einbringen der Versuchstropfen in das Spitzröhrchen geschieht nicht unmittelbar aus dem Standglas, sondern in der Regel mittels einer Glas-(Quarz-)Capillare, mittels einer Platinöse

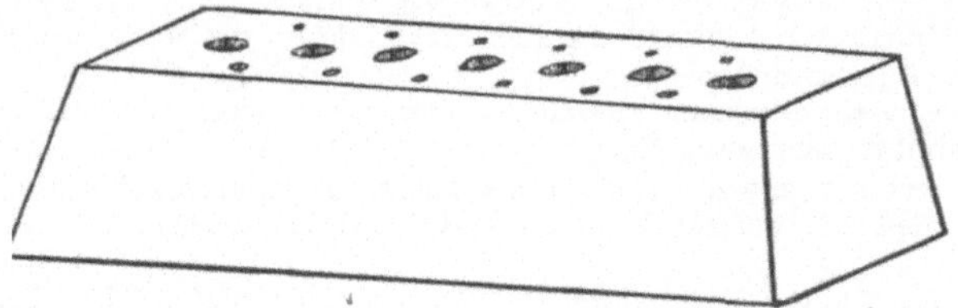

Abb. 4. Block zum Aufbewahren der Spitzröhrchen.

oder mittels des Rührhäkchens (S. 22), da man nur auf solche Weise genügend kleine Tropfen zustande bringt.

Die Beobachtung der Reaktion erfolgt bei Färbungen unmittelbar mit freiem Auge gegen weißen Hintergrund; evtl. nach S. 86. Über die Beobachtung von Niederschlägen siehe unten.

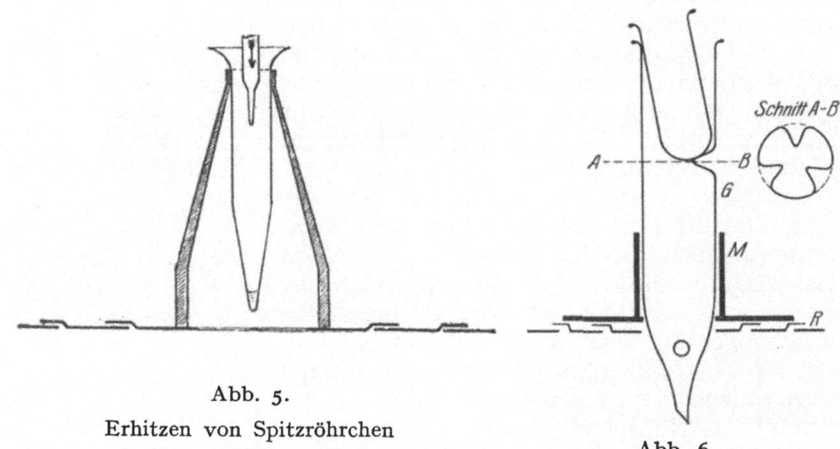

Abb. 5. Erhitzen von Spitzröhrchen im Dampf-(Wasser-)Bad.

Abb. 6. Erhitzen des Mikrobechers.
M Metallrohr zum Einsetzen des Glasrohrs G.
R Wasserbadringe.
G Dampfmantel für den Mikrobecher.

3. Das *Erhitzen* der Probe- und Spitzröhrchen geschieht stets in einem passenden Bad, da die Flüssigkeit beim freien Erhitzen, z. B. über dem Zündflämmchen, leicht herausgeschleudert wird. Man benutzt einen Aufsatz (Abb. 5 u. 6), der auf das Wasserbad auf-

[1] Wesentlich dieselben Dienste leisten die MAYRHOFERschen „Capillar-Eprouvetten“, A. MAYRHOFER: Mikrochemie d. Arzneimittel u. Gifte, Wien u. Berlin 1923 I, S. 6.

gelegt wird und den man durch Verjüngen einer Glasröhre leicht herstellen kann. Soll die Probe eingedampft werden, so leitet man durch das ebenfalls aus der Abbildung ersichtliche Röhrchen einen (filtrierten) Luftstrom in das Innere des Spitzröhrchens. Oft ist es zweckmäßig, ein kurzes Schlauchstück auf das Röhrchen zu schieben, damit nur der untere Teil erhitzt wird. Für größere Gefäße, z. B. Mikrobecher, benutzt man den Aufsatz Abb. 6.

Zum Erhitzen von *zugeschmolzenen* Röhrchen dient entweder a) ein kleiner *Block* aus Kupfer oder Aluminium, vgl. 55. Übung, oder b) ein *Mikrodampfbad*, das man aus einer metallenen Proberöhre improvisiert. Ich benutze eiserne Gasleitungsröhren von 13 oder 17 mm Lumen und etwa 18 cm Länge, die an dem unteren Ende hart verlötet sind. Das obere Ende wird ein wenig erweitert und innen glatt gefeilt, damit man die Röhren im nicht gebrauchten Zustand verstöpseln kann. Es ist bequem, eine größere Anzahl solcher Röhren mit Badflüssigkeiten, z. B. Toluol (110°), Amylalkohol (130°), Anisol (154°), Anilin (180°), Äthylbenzoat (210°) und Chinolin (240°) vorrätig zu haben.

c) Auch gewöhnliche Proberöhren aus temperaturbeständigem Glas, die man mit einem kleinen Rückflußluftkühler versieht, sind zweckmäßig.

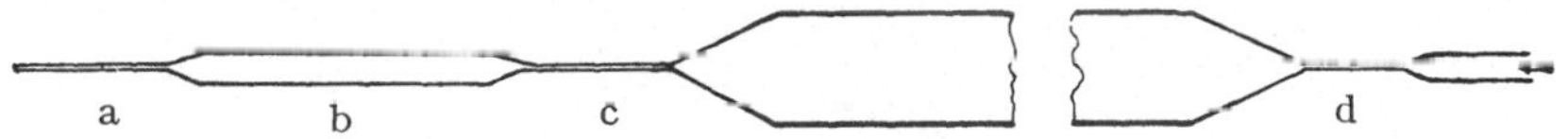

Abb. 7. Einschmelzen flüssiger Kohlensäure.

d) An dieser Stelle sei aufmerksam gemacht auf die enormen Drucke, welche *kleine* zugeschmolzene Röhrchen ertragen. Sie sind deshalb z. B. zur Veranschaulichung der *kritischen* Temperatur zu empfehlen. Um den Versuch mit Kohlensäure auszuführen, bereitet man ein Rohr nach Abb. 7 vor, dessen weiterer Teil etwa 25 cm³ faßt; dieser sei in ein Retortenstativ eingeklemmt. Man leitet das getrocknete Gas z. B. aus dem KIPPschen Apparat hindurch und schmilzt zuerst die (capillaren) Verengungen bei a und d ab. Dann wird b mit Asbestwolle umwickelt, die man mittels einer Pinzette in flüssige Luft getaucht hat. Ist genug feste Kohlensäure in b kondensiert, so schmilzt man noch bei c ab. — Der Teil a, b, c ist in etwa natürlicher Größe gezeichnet.

Zur Demonstration wird das Röhrchen in ein einfaches Drahtgestell eingeklemmt und in eine starkwandige Proberöhre gebracht, die man im Projektionsapparat erwärmt. Der Versuch ist besonders eindrucksvoll, wenn man die starkwandige Proberöhre in eine Schaukelvorrichtung einsetzt[1].

4. Zum *Abkühlen* von Mikroproben ist u. a. *Chloräthyl* sehr bequem. Ich benutze die für chirurgische Zwecke im Handel erhältlichen „Chloräthylstandflaschen", kleine Spritzflaschen, die mit einem leicht zu betätigenden Ventil verschlossen sind. Man richtet den Strahl auf die abzukühlende Probe und erreicht Temperaturen bis zu — 20° C.

5. Soll der Inhalt eines Spitzröhrchens *unter dem Mikroskop beobachtet* werden, so bettet man den unteren Teil (in dem sich der Niederschlag befindet) in Wasser ein, um klarere Bilder zu erhalten.

---

[1] Vgl. Anhang II. — Über kritische Lösungstemperaturen s. Z. anal. Chem. 54, 495 (1915).

Hierzu kann man das Röhrchen mittels etwas Wachs auf einen Objektträger kleben, mit einem Tropfen Wasser benetzen und ein großes Deckglas (oder ein Stückchen eines dünnen Objektträgers) darüberlegen, wie Abb. 8 zeigt. Bequemer ist eine kleine Cuvette, die man aus zwei Objektträgern und einigen Glasleisten mittels Canadabalsams zusammenkittet[1]. Der Cuvettenraum wird natürlich mit Wasser ausgefüllt. Oft leisten Deckgläschen mit umgebogenen Ecken oder dergleichen gute Dienste. Übrigens sind kleine Cuvetten auch im Handel erhältlich. Vgl. den Abschnitt über Schlieren S. 38 und den Anhang II.

Natürlich können diese Vorrichtungen nur für schwache Vergrößerungen benutzt werden. Soll der Niederschlag bei starker Vergrößerung betrachtet werden, so nimmt man mittels eines Capillarröhrchens eine Probe aus dem Spitzröhrchen heraus, überträgt sie auf den Objektträger und legt ein Deckgläschen auf.

6. Über *Schalen* und *Tiegel* ist im allgemeinen nicht viel zu sagen; jedenfalls ist ein entsprechender Vorrat an derartigen Ge-

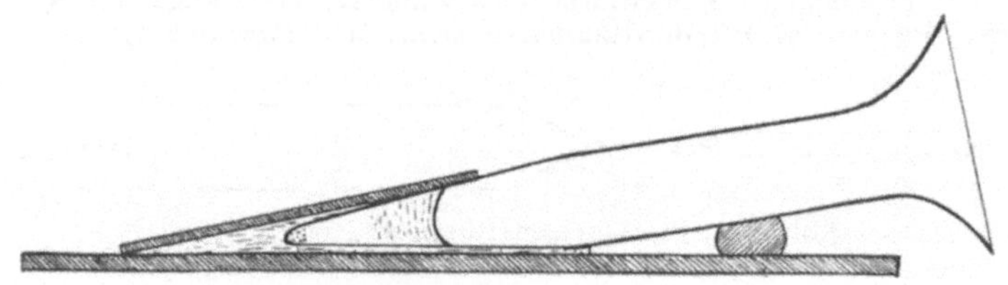

Abb. 8. Beobachtung eines im Spitzröhrchen befindlichen Niederschlags unter dem Mikroskop.

fäßen aus durchsichtigem und dunklem Glase (evtl. aus Quarzglas) und Porzellan unbedingt notwendig. Ihr Fassungsraum betrage ½ bzw. 1, 3 und 5 cm³. Zum Bedecken dienen (außer den Tiegeldeckeln) Uhrgläser von 20 mm Durchmesser. Auch von diesen sollen einige aus Quarzglas verfertigt sein. Sehr wünschenswert ist für viele Zwecke ein halbkugelförmiger *Platinlöffel* von 1 cm³ Fassungsraum mit Stiel.

7. Außer der gewöhnlichen *Spritzflasche* soll man kleine Spritzflaschen besitzen, die aus Proberöhren oder Kölbchen von 25—50 cm³ Inhalt verfertigt werden; sie leisten namentlich beim Auswaschen der („quantitativen") Niederschläge gute Dienste, da man doch nur relativ wenig Flüssigkeit braucht, sie schnell erhitzen kann, und da nötigenfalls für jede Art von Waschflüssigkeit eine besondere Spritzflasche bereit bleibt. Werden bei diesen Spritzfläschchen Glasstopfen vorgezogen, so empfehlen sich übergreifende (Kappen-) Verschlüsse, damit das Reagens nicht durch Glasstaub verunreinigt werde (vgl. Abb. 54).

[1] Abbildung z. B. in Weigert: Opt. Methoden, Leipzig 1927, S. 48.

8. *Objektträger und Deckgläschen.* Bekanntlich gibt es zwei gangbare Größen von Objektträgern, das „englische“ Format 76×26 mm und das „Gießener“ Format 48×28 mm. Für mikrochemische Zwecke ist das erstere vorzuziehen, da man auf einem und demselben Objektträger eine größere Reihe von Reaktionen ausführen kann. Beim *Erhitzen* soll man wenn möglich die ganze Breite des Objektträgers mit dem (Mikro-)Flämmchen bestreichen, da das Springen dann nicht so leicht eintritt. Bei kriechenden Flüssigkeiten führt man den Objektträger so, daß der Tropfen vom Flämmchen umkreist wird (Abb. 9).

Eine Anzahl Objektträger teilt man mittels des Schneidediamanten der Länge nach in drei Teile („*schmale Objektträger*“); sie empfehlen sich für Erhitzungsversuche. Einige Objektträger werden *gefirnißt*, indem man sie mit einer dünnen Schichte Canadabalsam-Xylolmischung überzieht und im Trockenschrank bei 60—70° so lange liegen läßt, bis das Harz bei gewöhnlicher Temperatur keine Eindrücke vom Fingernagel annimmt. Diese Objektträger dienen zum Arbeiten mit fluorwasserstoffhältigen Lösungen. Auch ein paar gefirnißte Deckgläschen soll man vorrätig haben. Angenehmer als diese gefirnißten Gläser sind klare Celluloid- oder Cellonplatten. Sehr erwünscht sind ferner einige Objektträger mit Hohlschliff und einige Objektträger mit aufgekitteten Glasringen. Die letzteren Objektträger leisten namentlich bei Projektionsversuchen gute Dienste. Die Beschaffung eines (evtl. kleinen, z. B. 10×25 mm großen) Objektträgers aus Quarzglas ist sehr wünschenswert, ein Deckgläschen aus demselben Material ist kaum zu entbehren, im äußersten Fall wird man damit allein auskommen. Für die meisten Zwecke sind geschliffene Objektträger entbehrlich; man schneidet (z. B. aus gebrauchten gut gereinigten photographischen Platten) entsprechende Stücke zurecht.

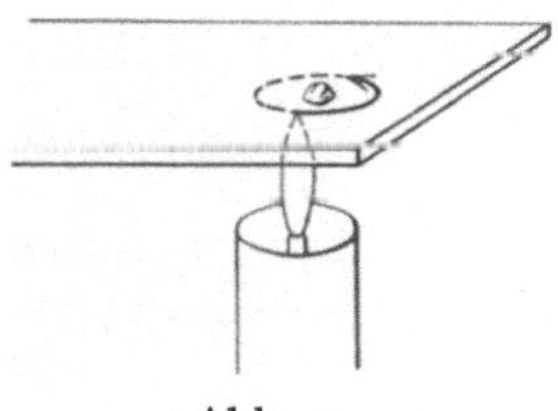

Abb. 9.
Erhitzen kriechender Flüssigkeiten.

III. Einige weitere Ausrüstungsgegenstände.

1. Eine kleine *Laboratoriumszentrifuge* für Handbetrieb gehört zu den unbedingt notwendigen Behelfen; eine einfache Form zeigt Abb. 10. Zur Aufnahme der z. B. für Harnuntersuchungen bestimmten größeren Sedimentierröhrchen dienen metallische Hülsen, die gelenkartig an einem Querarm hängen. Das Zentrifugieren bezweckt bekanntlich die schnelle Abscheidung eines Niederschlags, von dem man die klare Lösung („*Zentrifugat*“ — entsprechend „Filtrat“) abzieht.

Die oben erwähnten Spitz- oder Proberöhrchen können, in Papier eingedreht, in die großen Sedimentierröhrchen eingelegt werden. Weit bequemer ist es, für die kleinen Röhrchen einen besonderen Aufsatz anfertigen zu lassen, wie die Abbildung zeigt. Zur Verhütung von Unfällen stülpt man einen Mantel aus Stahlblech über das Gerät; viele Firmen liefern übrigens die Zentrifugen mit solchen Mänteln.

Für Arbeiten, die ein längeres Zentrifugieren erfordern, sind „elektrische" Zentrifugen sehr wünschenswert. Sie werden in der Regel etwas größer gebaut als die für Handbetrieb und können z. B. vier oder acht Röhrchen aufnehmen, von denen jedes 20 cm³ faßt.

Um die Zentrifuge zu schonen, ist es wichtig, daß stets für eine *gleichmäßige Belastung* der Arme gesorgt werde. Man bringt also z. B. ebensoviel Wasser in die leeren Zentrifugenröhrchen als Lösung in den zu zentrifugierenden enthalten ist.

Bei Angaben über die Zentrifuge versäume man nie, außer der Tourenzahl auch den *wirksamen Halbmesser* zu berücksichtigen, da Angaben über jene allein wertlos sind.

Über Ersatz für die Zentrifuge vgl. den Anhang II.

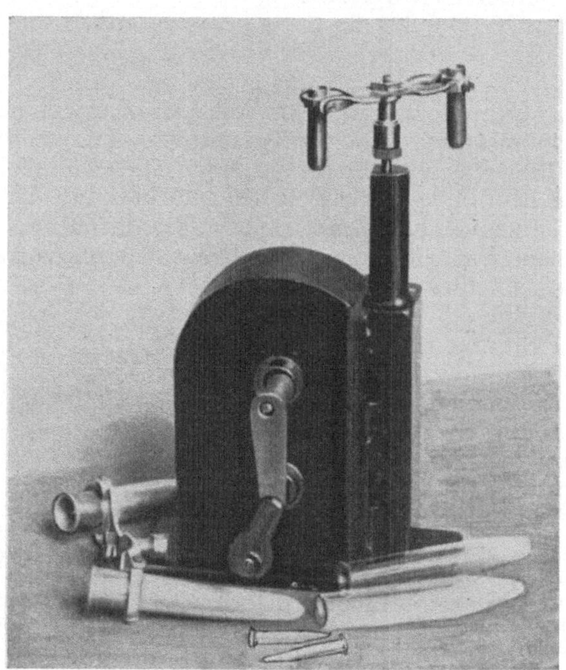

Abb. 10. Zentrifuge.

2. An weiteren Geräten braucht man notwendig einige *Pinzetten*, davon eine mit Platinspitzen („Platinpinzette"). Letztere, sowie die kleinen Pinzetten sollen glatte, zahnlose, gut packende Enden haben, bei den größeren Pinzetten ist dagegen die Zähnung angebracht. Sehr erwünscht sind ferner ein oder zwei *Schuber*pinzetten, wie sie bekanntlich z. B. von den Chirurgen zum Abklemmen der Blutgefäße benutzt werden.

3. Weiters benötigt man ein paar in Glasröhren eingeschmolzene Platindrähte, von denen man einen spitz zufeilt („Platinnadel"), einen platt schlägt („Mikrospatel"). Als „Präpariernadel" benutzt man eine feine Nähnadel, die in einen Platindrahthälter, Federstiel oder dergleichen eingeklemmt, bzw. mittels etwas Siegellacks eingekittet ist.

4. Zum *Zerkleinern* der Substanzen genügen meist die üblichen Achatreibschalen; in besonderen Fällen, z. B. bei splitternden Objekten, benutzt man Achatmörser, die nach Art der Diamantmörser konstruiert sind[1].

IV. Die Reagenzien, ihre Aufbewahrung, Reinigung und Dosierung.

a) Feste Reagenzien

werden zumal für die BEHRENSschen Mikroreaktionen[2] gebraucht; es ist sehr wünschenswert, einen BEHRENSschen Reagenzienkasten (Abb. 11) zu besitzen, in welchem Pulverröhrchen von 1 cm^3 Fassungsraum mit (eingeschliffenem) Stöpsel untergebracht sind. Die Mehrzahl der Röhrchen sind aus Glas verfertigt, für ein paar

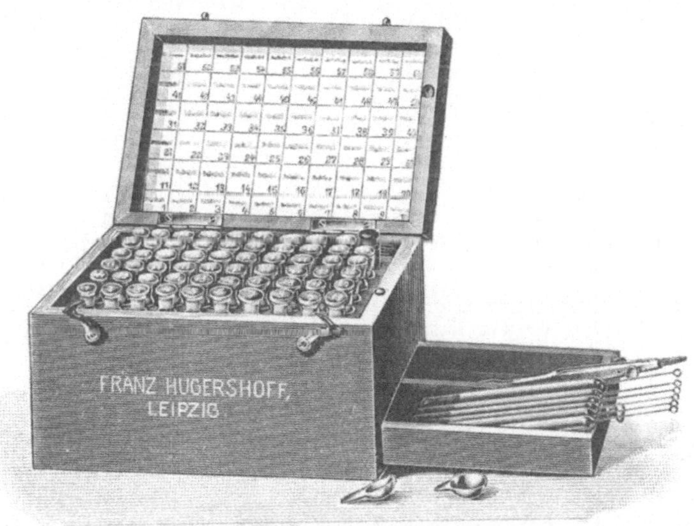

Abb. 11. BEHRENSscher Reagenzienkasten.

besonders heikle Reagenzien, z. B. kaliumfreies Platinchlorid oder natriumfreies Uranylammonacetat sind Quarzglasgefäße sehr wünschenswert, ebenso braucht man für Fluorammonium und Ammonfluorosilicat Röhrchen aus Hartgummi.

Im folgenden geben wir die Liste der Reagenzien, die N. SCHOORL[3] benutzt. Sie umfaßt sechzig Präparate. Ich lasse das Kästchen für eine größere Zahl (z. B. 150) Reagenzien anfertigen, da sich im Lauf der Zeit immer eine Reihe weiterer Wünsche einstellen.

In der Lade des Kästchens können Gerätschaften aufbewahrt werden, wie Schälchen, Uhrgläser, Glasring, Platinlöffel, Spatel, Pinzetten, Platinnadel, Objektträger, Deckgläschen, Spitzröhrchen, Rührhäkchen, Ösen, ausgezogene Röhrchen, Filtriercapillaren usw.

---

[1] Bezugsquelle W. Const. Wild & Co., Idar (Nahe), D. R. s. Abb. 1508 in Hugershoffs Preisliste Nr. 50 (1929). — Versuche mit Chrommikromörsern u. dgl. sind geplant.

[2] BEHRENS-KLEY: Mikrochem. Analyse, Leipzig u. Hamburg 1915 bzw. 1922.

[3] Privatmitteilung.

Präparate des BEHRENSschen Reagenzienkastens nach N. SCHOORL.

Ammon-acetat	Magnesium-acetat	Calcium-acetat	Strontium-acetat	Kobalt-acetat	Bleiacetat	Kupfer-acetat	Uranyl-acetat	Oxalsäure	Goldchlorid
$CaCO_3$	H_2PtCl_6	$Pt(SO_4)_2$	Ceronitrat	Rubidium-chlorid	Caesium-chlorid	Thallium-nitrat	$AgNO_3$	$HgCl_2$	Uranyl-Natrium-propionat
NH_4ClO_4	NH_4F	$(NH_4)_2SiF_6$	Ammon-molybdat	$(NH_4)_2Cr_2O_7$	$(NH_4)_2Co(CNS)_4$	$(NH_4)_2Hg(CNS)_4$	NH_4HCO_3	$(NH_4)_2HPO_4$	K_3FeCy_6
COOH | COOK	COOK | COOK	KOH	K_2CO_3	KNO_2	$KClO_3$	KJO_3	KJ	K_2CrO_4	K_4FeCy_6
Na_2CO_3	Na_2O_2	NaOH	$NaHCO_3$	NaCl	Nitro-prussid-natrium	Lackmus	Kurkuma	Kongo	$KHSO_4$
Mg	Zn	Fe	SiO_2	Stärke	Gelatine	Nitron	HCl-Benzidin	Tetrachlor-chinon	Dimethyl-glyoxim

Die Reagenzien werden im gepulverten Zustand in die Röhrchen eingefüllt. Die *Dosierung* bereitet im allgemeinen keine Schwierigkeiten, da man sich bald angewöhnt, die Größenordnung (Dezimalstelle) der auf der Platinnadel oder Mikrospatel hängenbleibenden Menge zu schätzen. Oft ist es zweckmäßig, das Häufchen an eine leere Stelle des Objektträgers zu bringen, und die erforderliche Menge nach und nach dem fraglichen Tropfen zuzusetzen.

b) Flüssige Reagenzien.

1. *Flüssige Reagenzien* sind bekanntlich leichter dem Verderben, d. h. der Verunreinigung durch Bestandteile des Gefäßmaterials und der Laboratoriumsluft ausgesetzt. Ich benutze Reagenzienflaschen von 100 g Inhalt, die mit doppeltem Verschluß, Stöpsel und Kappe, versehen sind. Für besondere Zwecke sind einige Quarzglasflaschen sehr wünschenswert und zwar ist farbloses, durchsichtiges Material dem trüben Quarzgut vorzuziehen, da bei diesem die Verunreinigungen, welche sich beim Schleifen in die freigemachten Hohlräume hineinbegeben, kaum herauszubringen sind. Quarzgefäße werden bekanntlich durch Wasser und Säuren so gut wie nicht, durch Ammoniak merkbar, durch Laugen erheblich angegriffen. Gegen die Anwendung von *Zinn* zur Aufbewahrung von Wasser ist, wie ich glaube, noch kein Einwand erhoben worden.

Auf die Verunreinigung, welche Flaschen mit *eingeschliffenen* Stöpseln durch Abgabe von *Glasstaub* bewirken, ist bei kolloidchemischen Untersuchungen mehrfach hingewiesen worden; auch bei der Mikroanalyse kann der Glasstaub stören, z. B. in der Spitze des „ausgezogenen“ Röhrchens (S. 25 f.) ein Sediment bilden und damit eine Fällung vortäuschen. Um sicher zu gehen, entnimmt man das Reagens stets dem Vorrat *in der Flasche* und nicht etwa dem am Stöpsel hängenden Tropfen; auch ist natürlich unnötiges Reiben beim Öffnen und Schließen des Standglases zu vermeiden. Ebenso wird man bei voraussichtlicher Wiederholung einer und derselben Reaktion ein für allemal auf dem Objektträger einen größeren Tropfen Reagens deponieren und demselben die kleinen Tröpfchen für den jeweiligen Teilbedarf entnehmen.

Oft können Glasgefäße durch einfaches Paraffinieren geschützt werden.

Reagenzien, die an der Luft verderben, werden nach F. L. Hahn[1] in „*Reagenscapillaren*“ eingeschlossen. Diese sind von 1—2 mm Durchmesser und 5—6 cm Länge, an den Enden zu Spitzen von 0,1—0,2 mm Durchmesser ausgezogen und nach dem Einsteigen der Flüssigkeit beiderseits zugeschmolzen. Beim Gebrauch bricht man die eine Spitze ab und läßt die Flüssigkeit durch Erwärmen über dem Zündflämmchen z. B. auf den Objektträger austreten.

2. Zu Übungs- und Vergleichszwecken benötigt man Lösungen aller häufiger vorkommenden Ionen von annähernd bekannter Konzentration. Ob man dabei einprozentige oder zehntelnormale

[1] Mikrochem., Emich-Band S. 143 (1930).

Lösungen verwendet, scheint mir nicht wesentlich. Ich ziehe die ersteren Lösungen vor, weil man durch einfache Kopfrechnung aus der Tropfengröße auf das Gewicht des angewandten Ions schließen kann und *weil die Erfassungsgrenze der Mikroreaktionen bisher immer in Mikrogrammen* (s. S. 2; gelegentlich wird auch das Mikromilligramm [μmg oder mγ] benützt) *angegeben worden ist.*

3. *Zur Reinigung der Reagenzien durch Destillation* benutzt W. LENZ einen Apparat, der aus einem Jenaer Kochkolben von 1½ l Inhalt mit 15 cm langem Hals und daran anschließendem Quarzkühler aufgebaut wird. Man versetzt, sofern es sich um *reines Wasser* handelt, 1 l Wasser mit 10 g Kaliumbisulfat und 1 g Permanganat, läßt 12 Stunden stehen und destilliert hernach. Die ersten 100 cm³ dienen zum Ausspülen des schon vorher gut gereinigten Kühlers, die folgenden 300 cm³ werden (im Quarzgefäß) gesammelt. Das *Kühlrohr* ist 50 cm lang, mindestens 6 mm weit und von etwa ³/₄ mm Wandstärke. Der Winkel, unter dem es gebogen ist, beträgt 60—70°, der kürzere Schenkel ragt mit dem schräg abgeschliffenen Ende mindestens 1,5 cm unterhalb des Verschlußkorkes frei in den Kolben. Besser als Kork ist natürlich eine Schliffverbindung. Der Kühlmantel ist 25 cm lang. Für die Destillation der Säuren nimmt man kleinere Kölbchen, am bequemsten sind wohl Fraktionierkölbchen aus Quarzglas.

In der Regel wird es genügen, eine Partie *reinsten Wassers* vorrätig zu halten und die übrigen flüchtigen Reagenzien *unmittelbar vor dem Gebrauch* zu reinigen. Dies geschieht in einfachster Weise dadurch, daß man ein (Quarz-)Glasstäbchen zuerst in reines Wasser eintaucht und den hängengebliebenen Tropfen durch Einbringen in das Salzsäure-, Ammoniak- usw. Standglas mit dem betreffenden Gase sättigt. Der gesättigte Tropfen wird hernach auf den Objektträger abgetippt.

Die so gereinigten Reagenzien hinterlassen beim Verdampfen auf dem gewöhnlichen Objektträger infolge der Löslichkeit des Glases stets einen mikroskopisch sichtbaren Rückstand; auf dem Quarzglasobjektträger ist er meist unmittelbar kaum, bei Dunkelfeldbeleuchtung dagegen sehr gut wahrzunehmen.

Daß für besondere Fälle besondere Vorkehrungsmaßnahmen notwendig sind, versteht sich. Für Halogenbestimmungen prüft PREGL[1] das *Wasser*, indem er 10 cm³ mit 5 Tropfen Salpetersäure und ebensoviel Silbernitratlösung versetzt und 10 Minuten lang im siedenden Wasserbad erwärmt. Die Probe darf keine Opaleszenz zeigen. Die Vorratsflasche des Standgefäßes wird nach demselben Autor zur Abhaltung von Verunreinigungen mit einer Natronkalkröhre verschlossen. *Salpetersäure* destilliert er unter Zusatz von Silbernitrat; u. z. entweder im Vakuum oder unter Durchleiten eines mit Sodalösung gewaschenen Kohlensäurestromes. Als Aufbewahrungsgefäß benutzt PREGL eine Flasche aus braunem Glas.

4. *Die Dosierung der flüssigen Reagenzien erfordert die größte Aufmerksamkeit.* Man soll jedesmal überlegen, *wie die Mengen bei der Makroreaktion zu nehmen wären und danach verfahren.* Da man oft mit Tröpfchen von einigen Kubikmillimetern arbeitet, bedeutet ein gewöhnlicher Tropfen, wie er von der Spritzflasche oder vom Flaschenhals abfällt, einen etwa 20fachen Überschuß, d. h. *eine Menge, die fast niemals notwendig ist und die in vielen Fällen den positiven Ausfall einer Reaktion verhindern kann!*

Damit derartige Fehler (die gewöhnlichsten des Anfängers) verhindert werden, wird die Menge des Reagens wie beim Arbeiten

[1] FR. PREGL: Die quantitative organische Mikroanalyse, 3. Aufl., Berlin 1930, S. 141.

im größeren Maßstab entweder a) beiläufig abgemessen oder b) in ganz kleinen Mengen so lange hinzugefügt, bis ein bestimmter Erfolg erreicht ist.

a) Zum Abmessen der Reagenzien dienen entweder Capillarröhrchen oder Ösen.

α) Die *Capillarpipetten* können für genaueres Arbeiten aus Thermometerrohr hergestellt werden. Man wägt sie mit Wasser aus (Ausguß!) und teilt z. B. 10 mg in zehn Teile. Das Röhrchen sei etwa 15 cm lang und habe einen kreisrunden Hohlraum von $^1/_3$ mm Durchmesser.

Auch einige Meßpipetten von z. B. 2 cm³ Fassungsraum, in $^1/_{100}$ oder $^1/_{50}$ cm³ geteilt, sind sehr wünschenswert.

Eine bequeme Pipettenform stellt Abb. 12 dar. Das Röhrchen faßt von der Mündung bis zur Marke M (Knöpfchen aus schwarzem Glas oder dergleichen) bzw. 0,02, 0,05, 0,1 und 0,2 cm³. Die Zahlen vermerkt man auf dem weiten Teil.

Frei an der Lampe ausgezogene Capillarröhrchen genügen in den Fällen, in welchen man aus einem und demselben Röhrchen zuerst den Probetropfen austreten läßt, dann das verunreinigte

Abb. 12. Pipettchen von z. B. 0,05 cm³ Inhalt.

Ende abbricht (und wegwirft) und schließlich das Reagens abmißt. Man kann dann leicht beurteilen, ob das letztere etwa denselben Raum einnimmt wie der Probetropfen oder einen vielfachen usw.

Über die Meßvorrichtung von FRIEDRICH L. HAHN vgl. die Arbeit[1].

β) Die *Ösen* werden aus Platindraht kreisrund zusammengebogen und mit einer Spur Gold so verlötet, daß das Ringlein geschlossen ist[2]. Man benutzt etwa drei Ösen, von denen die größte 4 mg Wasser faßt, die mittlere 1 mg und die kleine 0,2 mg. Für die größeren Ösen dient Draht von 0,4 mm Dicke[3], für die kleine soll er halb so stark sein. Die (inneren) Durchmesser der Ösen betragen 3, 1,5 und 0,7 mm. Der Fassungsraum wird durch Auswägen kontrolliert, wobei man den Inhalt in eine Capillare einsaugt. Natürlich schmilzt man die Ösen an einen leichten Stiel an. Dazu dient z. B. ein dünnwandiges Glasröhrchen, in das man ein Zettelchen einschiebt, auf dem der Fassungsraum der Öse aufgeschrieben ist.

Die *Reinigung* der Ösen geschieht in der Regel, indem man sie der Reihe nach in Salzsäure 1:1, fließendes Wasser und destilliertes Wasser einsenkt, wo man sie evtl. bis zum Gebrauch

---

[1] Mikrochem., PREGL-Band S. 134 (1929).

[2] Man bringt ein winziges Körnchen reines Gold auf die Lötstelle und erhitzt im Bunsenbrenner.

[3] Zum Messen der Dicke von Draht (und Blech) dienen sogenannte „Mikrometer-Schraubenlehren", die man in den Werkzeughandlungen erhält.

beläßt. (Natürlich ist gegebenenfalls die Salzsäure durch ein anderes Lösungsmittel zu ersetzen.) Unmittelbar vor dem Gebrauch ist die Öse auszuglühen. Reinigungssäure und destilliertes Wasser befinden sich in Pulvergläsern, erstere kann sehr lange verwendet werden, letzteres ist natürlich öfter zu erneuern.

Beim Gebrauch der Ösen ist zu beachten, daß die Tropfen nur dann gleichmäßig ausfallen, wenn man sie in derselben Weise der Lösung entnimmt. Man gewöhne sich z. B. an, die Öse *in die Standflasche* einzusenken und nicht allzu schnell herauszuziehen; hierauf wird die Öse z. B. auf dem Objektträger abgetippt, bis sie leer ist; die nebeneinander befindlichen Tropfen werden zusammengestrichen. Ähnlich, wenn man mittels des Spitzröhrchens arbeitet.

b) Um dem Probetropfen recht kleine Reagensmengen nach und nach zuzufügen, benutzt man das etwas abgeänderte STRENGsche „Häkchen" (Abb. 13), das aus einem Platindraht von 0,3 mm Durchmesser durch scharfes Umbiegen des einen Endes in einem spitzen Winkel leicht herzustellen ist. Das umgebogene Stück ist etwa 1 mm lang. Am anderen Ende wird ein Glasstäbchen von 1½ mm Dicke angeschmolzen. Taucht man das Rührhäkchen in eine Lösung und zieht es nicht zu schnell heraus, so bleibt in der Spitze des Winkels ein Tröpfchen, etwa 0,1 mm³, hängen, das man dann in die zu untersuchende Lösung einführt; durch Quirlen zwischen Zeigefinger und Daumen bewirkt man eine innige Vermischung von Reagens und Probetropfen. Die am Haken hängenbleibende Flüssigkeitsmenge ist ziemlich konstant, man kann auf solche Weise sogar rohe Titrierversuche machen. Bei sehr raschem Herausziehen des Rührhäkchens aus dem Reagens bleibt ein größerer Tropfen hängen.

Abb. 13. Rührhäkchen.

Um an Platin zu sparen, kann man in vielen Fällen *Glasfäden* (evtl. mit einem Knöpfchen am Ende) benutzen, die man in größerer Menge gleich den Capillaren vorrätig hält und nach dem Gebrauch wegwirft.

c) Gasförmige Reagenzien.

1. Da für unsere Zwecke in der Regel nur ein sehr schwacher Gasstrom benötigt wird, kann man aus Ersparnisrücksichten anstatt des großen KIPPschen Apparats die bekannte Zusammenstellung (Abb. 14) benutzen, die in $^1/_4$ der natürlichen Größe gezeichnet ist.

Meistens wird mit *einem* solchen Apparat, der rechts Schwefeleisen, links Salzsäure von 1,1 spezifischem Gewicht enthält, das Auslangen gefunden werden. An den Hahn schließt sich ein mit nassem Porzellanschrot gefülltes Waschfläschchen. Wird der Apparat nicht gebraucht, so senkt man die Säurekugel entsprechend. Soll das Gas in einen, z. B. im Spitzröhrchen befindlichen Tropfen eingeleitet werden, so benutzt man hierzu eine Glascapillare von etwa 0,1 mm Lumen, aus der die Gasblasen in Form einer feinen Perlenschnur austreten. (Ein weites Röhrchen, das große Blasen bildet, würde den Inhalt des Spitzröhrchens teilweise herausschleudern[1].)

---

[1] Über andere einfache Gasentwickler s. W. J. ALLARDYCE: Journ. of the Chem. Education 5, 49 (1928) oder L. W. WINKLER: Z. angew. Chem. 31, 1, 64 (1918).

Sehr oft kann man gasförmige Reagenzien zur Anwendung bringen, indem man den Objektträger mit dem Probetropfen nach abwärts auf die Mündung des Fläschchens legt, das die betreffende Lösung, z. B. konzentrierte Salzsäure, Bromwasser, Ammoniak, Schwefelammonium usw. enthält.

2. *Die Gaskammer*[1]. Auf einen Objektträger I (Abb. 15) bringt man einen oben und unten eben geschliffenen Glasring R von 15 bis 20 mm Weite und 5—15 mm Höhe; ein Objektträger II (oder ein Deckglas) schließt die Kammer ab. Die Reagenzien, die das gewünschte Gas entwickeln, kommen auf den Boden, der Tropfen, auf den es wirken soll, hängt am Deckel der Kammer.

Die Gaskammer dient auch als Mikroexiccator für qualitative Zwecke. Als Trockenmittel verwendet man z. B. ein linsengroßes Stück Chlorcalcium. Ebenso kann sie selbstverständlich angewandt werden, wenn eine Probe lange Zeit feucht gehalten werden soll.

Eine andere einfache Gaskammer besteht aus einem Probe-(Spitz-)röhrchen, das mittels eines Korks verschlossen wird. Den Probetropfen bringt man in eine Platin-(Glas)öse, die im Kork steckt. Um das Überspritzen von Flüssigkeitströpfchen zu verhindern, kann im Proberöhrchen ein Wattebausch, in der Gaskammer ein Scheibchen Filtrierpapier in halber Höhe angebracht werden.

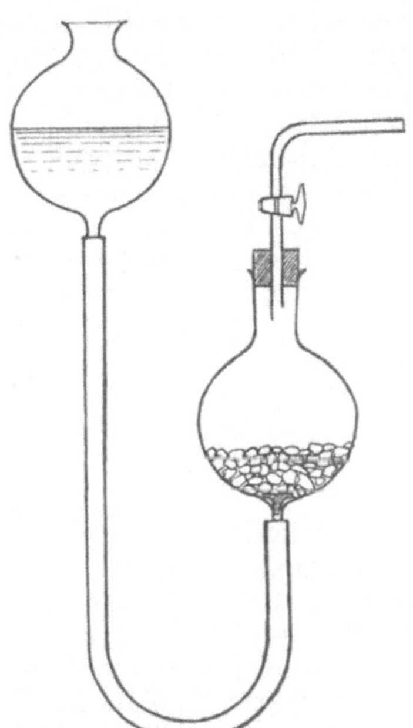

Abb. 14. Gasentwicklungsapparat.

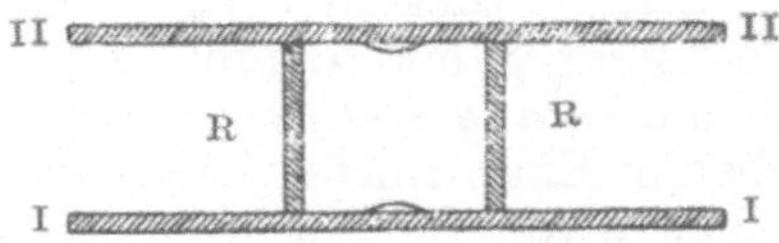

Abb. 15. Gaskammer.

V. Die Behandlung der Niederschläge.

Die Trennung von Niederschlag und Lösung kann in sehr verschiedener Weise erfolgen, namentlich gibt es eine große Zahl von Mikrofiltrationsmethoden. Wir führen die folgenden Verfahren an.

a) Niederschlagsbehandlung auf dem Objektträger.

1. *Das Abschleppen* empfiehlt sich, wenn man Niederschlag und Lösung schnell trennen will. Es wird so bewerkstelligt, daß man mittels Platinnadel oder Glasfaden die Lösung vom Nieder-

[1] MOLISCH, Mikrochemie der Pflanze 65 (Jena) 1921; EMICH: Lehrbuch d. Mikrochemie, München 1926, S. 41. MAYRHOFER benutzt zum selben Zweck eine Art Doppelkammer. A. MAYRHOFER, Mikrochemie der Arzneimittel und Gifte, I, 7.

schlag abzieht, indem man den klaren Teil des Tropfens unter mäßiger Neigung des Objektträgers nach und nach zur Seite zieht; die abgezogenen Teile des Tropfens werden durch eine Art kreisförmiger Bewegung zu einem größeren Tropfen erweitert und dadurch die Flüssigkeit vom Niederschlag möglichst vollständig getrennt. Zugleich wird der Objektträger mehr und mehr steil gestellt. Ob ein Niederschlag für dieses Verfahren geeignet ist, sieht man in der Regel beim Einführen der Nadel in die Flüssigkeit: verteilt er sich hierbei sofort auf den auseinandergezogenen Tropfen, so ist das Abschleppen nicht angebracht, bleibt der Niederschlag aber ruhig an seinem Platz, so hat man Aussicht auf Erfolg. Er wird sich zumal einstellen bei schweren käsigen Niederschlägen (Kalomel), bei solchen, die am Glase haften (metall. Quecksilber) oder die recht grobe Flocken bilden (Eisenoxydhydrat). BEHRENS empfiehlt zur Erleichterung des Abschleppens, die Lösung, welche den Niederschlag enthält, abzudampfen und dann mit dem Lösungsmittel auszuziehen.

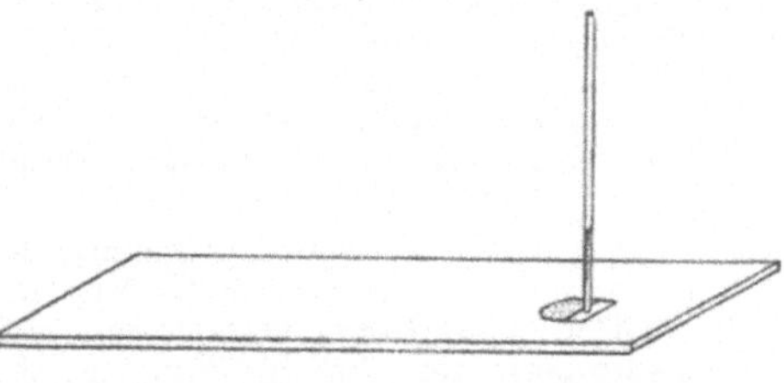

Abb. 16. Filtrieren nach HEMMES.

2. Ein sehr bequemes Filtrierverfahren rührt von HEMMES her. Man bringt (Abb. 16) neben den zu filtrierenden Tropfen ein rechteckiges oder trapezförmiges Stückchen aus lockerem, dickem Filtrierpapier, von höchstens 8 bis 10 mm Länge. Auf das Papier bringt man das schön *eben geschliffene*[1] Ende einer kleinen Pipette, an deren oberem Ende mittels eines in den Mund geführten Schlauchs gesaugt wird. Zu beachten ist, daß die Pipette nur mit *leichtem* Druck auf das Papier gepreßt werde, und daß sich das untere Ende schön an das Papier anschmiege. Bei sehr kleinen Mengen und engem Röhrchen ist das Saugen mit dem Munde überflüssig, es genügt die capillare Saugwirkung.

Über das Auswaschen der Niederschläge ist kaum mehr näheres zu sagen; man wird in der Regel mit wenigen Tropfen das Auslangen finden. Wird das Filtrat nicht gebraucht, so kann man das Ziel oft auch durch wiederholtes Anlegen eines Papierstreifchens an den feuchten Niederschlag erreichen. Man bringt danach wieder einen Tropfen Wasser auf den Niederschlag usw.

3. Ein ebenfalls einfaches und oft brauchbares Verfahren besteht darin, daß man das Ende eines Capillarröhrchens mittels eines sauberen Watte- oder Asbestbäuschchens verschließt und in die trübe Lösung einsenkt; das klare Filtrat steigt im Röhrchen auf und kann daselbst weiter verarbeitet oder nach Entfernung des Bäuschchens durch Ausblasen entleert werden. Das Bäuschchen ist übrigens bei manchen Niederschlägen entbehrlich.

[1] N. SCHOORL, Privatmitteilung.

b) Das Absetzen und Ausschleudern im Spitzröhrchen ist in der Regel das einfachste und sauberste Verfahren der Niederschlagsabscheidung. Bei sehr schweren Fällungen, z. B. durch Hitze und Bewegung (Rührhäkchen!) geballtem Chlorsilber, genügt kurzes Stehenlassen des Spitzröhrchens, um den Niederschlag zum Sedimentieren zu bringen. Meist erreicht man dasselbe Ziel durch kurzes Zentrifugieren und es ist hierauf nur die klare Lösung mittels einer fein (Lumen 0,2 mm) ausgezogenen Pipette oder mittels eines capillaren Hebers abzuziehen.

a) Im ersteren Fall senkt man die capillare Pipette nach und nach bis unmittelbar über den Niederschlag in den Tropfen (vgl. Abb. 19) ein und neigt Spitzröhrchen und Pipette nach und nach vorsichtig bis etwa zur horizontalen Lage. Oft kann man sogar die Mündung des Spitzröhrchens nach abwärts senken, ohne Niederschlag in die Pipette zu bringen. Ist er von der Lösung möglichst vollständig befreit, so bläst man diese in ein zweites Spitzröhrchen, fügt Waschmittel zum Niederschlag, quirlt mit Rührhäkchen oder Glasfaden (S. 22), zentrifugiert wieder usw.

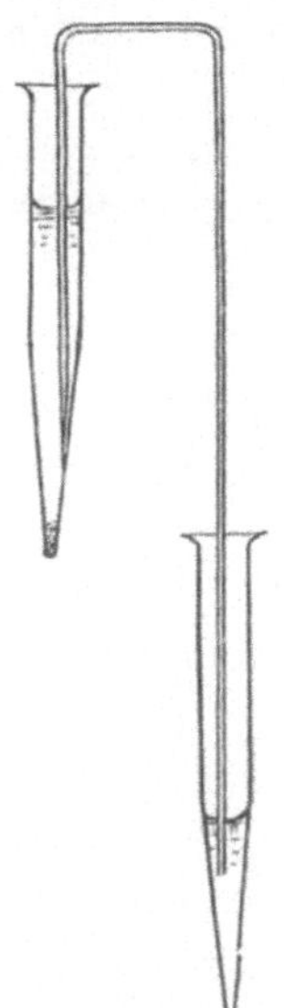

Abb 17. Trennung von Niederschlag und Lösung mittels des capillaren Hebers.

b) Im zweiten Fall, d. h. bei Anwendung eines capillaren Hebers, nimmt man das Spitzröhrchen in die eine Hand und in die andere eine ⊓-förmig gebogene Capillare von etwa 0,75 mm Lumen, deren rechter Ast sich in dem (leeren) Spitzröhrchen befindet, wo die Lösung gesammelt werden soll. Beim Eintauchen des Hebers beginnt das Überströmen in das zweite Spitzröhrchen. Nötigenfalls neigt man das Spitzröhrchen entsprechend. Wenn man den linken (kürzeren) Ast des Hebers zu einer Spitze von etwa 0,2 mm Lumen ausgezogen hat, so bleibt er auch nach dem Herausnehmen aus der Lösung gefüllt und man kann ihn immer wieder verwenden, d. h. so lange, bis das Auswaschen vollendet ist. Während das Spitzröhrchen (links) zentrifugiert wird, stellt man das Röhrchen rechts, in dem man das Waschwasser sammelt, mitsamt dem Heber z. B. in den Block Abb. 4. Vgl. Abb. 17.

Soll der Niederschlag getrocknet werden, so ist die Vorrichtung Abb. 5, S. 12 anzuwenden.

Bei sehr kleinen Flüssigkeitsmengen kann es zweckmäßig sein, das Gefäß, mit dem man arbeitet, nicht allzu oft zu wechseln; dieser Gedanke liegt dem Arbeiten mit dem ausgezogenen Röhrchen zugrunde, wovon jetzt die Rede sein soll.

c) Niederschlagsbehandlung im ausgezogenen Röhrchen.

Die notwendigen Röhrchen von 1—2 mm innerem Durchmesser werden für gewöhnlich aus gut gereinigtem Biegerohr ausgezogen und in Längen von 30—40 cm bis zum Gebrauch aufbewahrt. Man verwendet sie im allgemeinen nur einmal, da die Reinigung zu viel Zeit kostet. In besonderen Fällen können Quarzglascapillaren notwendig sein. — Folgende Manipulationen kommen am häufigsten vor.

1. Soll eine Lösung aus einer Capillare I (Abb. 18) in eine andere Capillare II übergefüllt werden, so ist dies durch eine einzige Kurbeldrehung zu erreichen, wenn man die beiden Röhrchen in der skizzierten Zusammenstellung in die Zentrifuge bringt.

2. Soll die über einem Niederschlag befindliche Lösung im Röhrchen I (Abb. 19) abgehoben werden, so bedient man sich einer improvisierten Pipette II, die sich bei entsprechendem Neigen des Systems in der Regel tadellos mit der klaren Lösung füllt. Manchmal wird es allerdings vorkommen, daß Spuren des Niederschlags nach II gelangen; man kann sich helfen, indem man zum Beispiel II bei a über dem Zündflämmchen zuschmilzt; hierauf wird die Lösung gegen das Ende a geschleudert, dann schließt man bei b und treibt den Niederschlag hier in die Spitze. Öffnet man hierauf a durch Abnehmen der Kappe und schneidet endlich noch die Spitze b ab, so ist die Lösung blank. Wir wollen weiter annehmen, daß sie noch mit einem Reagens zu versetzen sei. Hierzu wird das Ende b in den auf

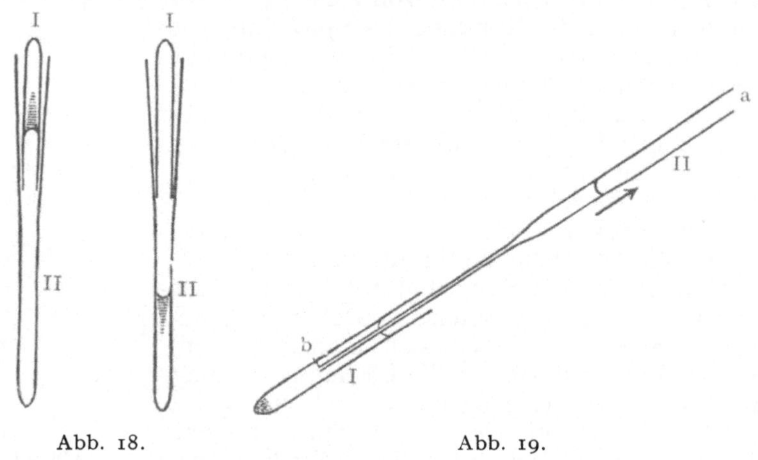

Abb. 18. Umfüllen der Lösung aus I in II.

Abb. 19. Trennung von Lösung und Niederschlag.

dem Objektträger befindlichen Tropfen getaucht, während man a mit dem Finger verschlossen hält. Durch entsprechendes Lüften läßt man die notwendige Menge eintreten. Soll die Flüssigkeit nun noch gemischt werden, so schmilzt man wieder beiderseits zu und zentrifugiert einigemal in gewendeter Lage. (Daß die Röhrchen nötigenfalls an den zuzuschmelzenden Stellen mittels eines Wassertröpfchens, das man noch zur Lösung schleudert, gereinigt werden können, braucht wohl kaum erwähnt zu werden). Alle diese Manipulationen nehmen wenig Zeit in Anspruch.

3. Wir wollen weiter voraussetzen, daß sich bei dem Vermengen der Lösungen neuerdings ein Niederschlag gebildet habe. Er wird mittels der Zentrifuge in die Spitze geschleudert und unter dem Mikroskop bei schwacher Vergrößerung untersucht. Manchmal wird es zweckmäßig sein, die Lösungen nicht rasch zu vermengen, sondern gegeneinander diffundieren zu lassen. Man kann dann in den Capillaren gut erkennbare Mikrokrystalle gewinnen, deren Beobachtung in der Cuvette S. 14 erfolgt. — Natürlich können die Capillaren im zugeschmolzenen Zustand als Belegmaterial aufbewahrt werden.

4. Daß man die Niederschläge auf Grund der angegebenen Verfahren auch waschen und auf ihr Verhalten zu Lösungsmitteln prüfen kann, ist ohne weiteres einleuchtend.

5. Soll eine Probe *erhitzt* werden, so verfährt man mit dem (evtl. zugeschmolzenen) Röhrchen nach S. 13.

6. Wenn ein Niederschlag unvollkommen sedimentiert, weil Teilchen desselben hartnäckig an der Oberfläche verweilen, so hilft in der Regel das bekannte Mittel des Zusatzes von etwas Alkohol.

7. F. L. HAHN[1] benutzt Capillaren von 0,3—0,4 mm lichter Weite und etwa 15 cm Länge. Sie werden nach Abb. 20 ausgezogen und an der Stelle ↓ auseinandergebrochen. Man läßt durch die Spitze Reagens eintreten (z. B. 5 mg Oxyanthrachinon in 2 cm³ n-NaOH zum Zweck des Mg-Nachweises, den wir als Beispiel heranziehen), schmilzt die Spitze ab, läßt in der Mikroflamme den oberen Teil der Röhre durch die eigene Schwere abknicken (b) und zentrifugiert kurz. Zeigt sich bei Betrachtung unter dem Mikroskop im verengten Teil ein Luftbläschen, so kann man es leicht entfernen, indem man die Capillaren von A nach B streifend an der Mikroflamme vorbeiführt. Man zentrifugiert neuerdings, bis der Nieder-

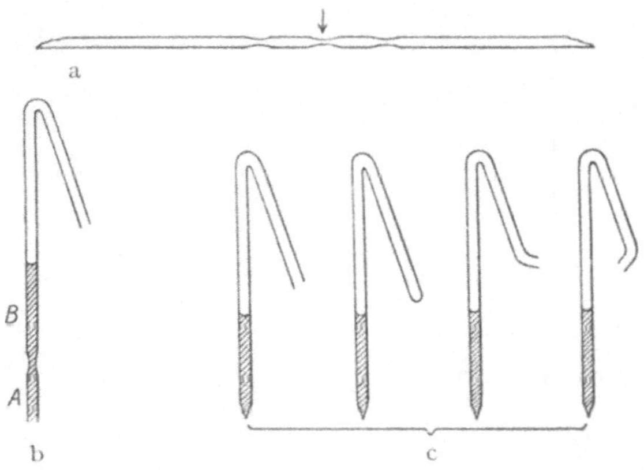

Abb. 20. HAHNsche Capillaren. a) Mittelteil einer Capillare vor dem Auseinanderbrechen, b) Capillare mit Reagens, c) Capillaren mit Reagens und verschiedenen Lösungen, durch verschiedene Ansätze gekennzeichnet. Durch Zuschmelzen der freien Enden können aus den beiden letzten Formen nochmals zwei neue erhalten werden. (Länge etwa natürl. Größe. Breite 4—5 mal vergrößert.)

schlag in A völlig zusammengedrängt ist und rötlich erscheint. Man bricht ferner an der Einschnürung zwischen A und B ab, läßt Probelösung eintreten, schmilzt zu und zentrifugiert von neuem; nach längstens 5 Minuten kann man die Röhrchen unter dem Mikroskop prüfen. Soll eine Schar von Röhrchen gleichzeitig geprüft werden, so läßt man z. B. das freie Ende verschiedenartig zuschmelzen, umbiegen oder dergleichen. Vgl. die Übung 74.

d) Weitere Filtrationsmethoden.

Von den zahlreichen sonstigen Filtriermethoden erwähnen wir die von STRZYZOWSKI[2] Er benutzt kleine Glastrichter, die in fünf Größen angefertigt werden.

Die Trichterchen (Abb. 21) sind bei A etwas verengt, oberhalb dieser Verengung werden sie unter Zuhilfenahme eines Drahtes mit gereinigtem Asbest gefüllt. Die Höhe der Asbestlage beträgt 1—3 mm, der Pfropfen darf nicht allzustark in die Trichteröffnung eingepreßt werden. Der Asbest wird mit Salzsäure und Wasser gut ausgewaschen, wobei man sich ebensowohl des gleich zu erwähnenden Zentrifugierens, wie auch einer gewöhnlichen Saugvorrichtung bedienen kann. Hierauf

---

[1] Mikrochem., PREGL-Band S. 137 (1929).

[2] Österr. Chem.-Ztg, 123 (1913). Bezugsquelle: F. Hugershoff, Leipzig, Carolinenstraße.

bringt man das Trichterchen nach Abb. 22 in ein Probe- oder Spitzröhrchen, beschickt den Trichter mit der zu filtrierenden Flüssigkeit und zentrifugiert zuerst bei kleiner, dann bei nach und nach möglichst gesteigerter Geschwindigkeit. Meist erhält man schon bei der ersten Filtration ein klares Filtrat, evtl. kann natürlich ein zweites Mal filtriert werden. Zum weiteren Verarbeiten des Filtrats benutzt

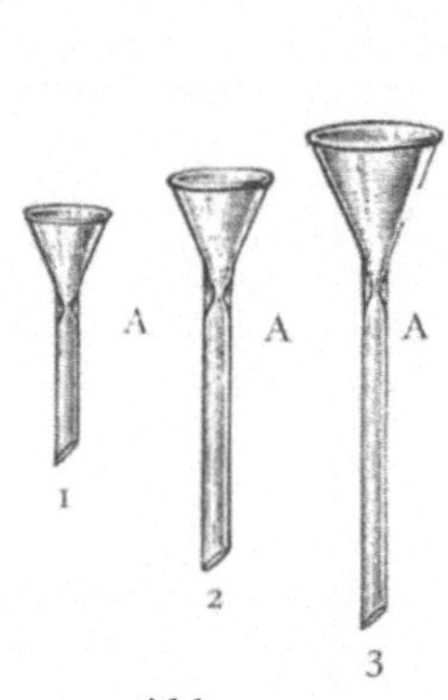

Abb. 21.
STRZYZOWSKIs Trichter.

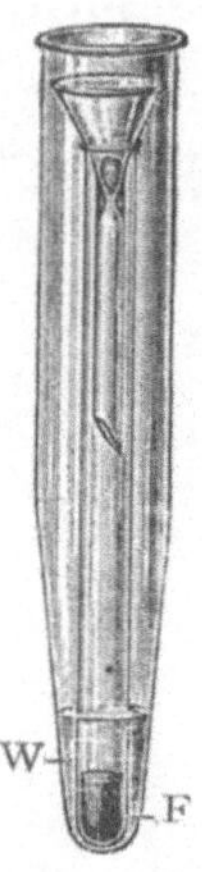

Abb. 22.
Trichterchen nebst Auffanggefäß im großen Spitzröhrchen der Zentrifuge. W Wasser, F Filtrat.

man haarfein ausgezogene Pipetten. Selbst Flüssigkeitsmengen von 5 mm^3 können filtriert werden und die vom Filter zurückgehaltene Menge beträgt in diesem Fall nur etwa 10% vom Aufgegossenen.

Die Trichterchen können leicht durch Zusammenfallenlassen eines „ausgezogenen Röhrchens" hergestellt werden. Die Art des Manipulierens ist aus Abb. 23

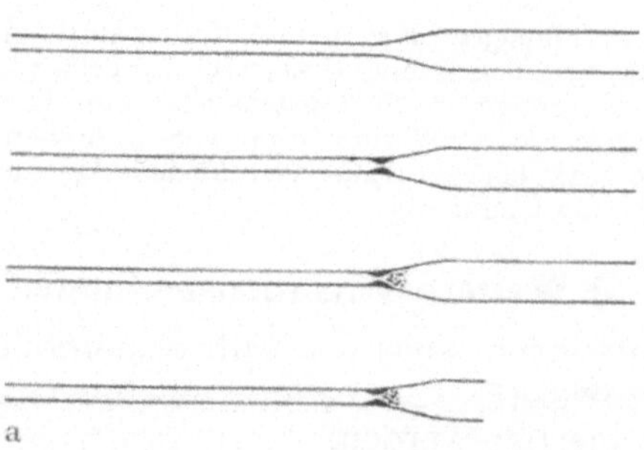

Abb. 23. Herstellung des STRZYZOWSKIschen Trichters.

ersichtlich; als Heizquelle dient das Zündflämmchen des Bunsenbrenners. — Unter Umständen kann es zweckmäßig sein, das Trichterchen bei a zuzuschmelzen. Man schneidet dann nach dem Auswaschen des Niederschlags den unteren Teil des Trichterchens ab und verfährt im übrigen, wie beim „ausgezogenen Röhrchen" angegeben worden ist. Sehr kleine Tropfen bringt man mitsamt dem Rohrstück, in dem sie sich befinden, vor dem Zentrifugieren (Mündung natürlich nach unten) in den Trichter.

VI. Das Umkrystallisieren.

1. *Zu präparativen Zwecken*[1] benutzt PREGL den „Mikrobecher", d. h. das 4—5 cm lange Ende einer gewöhnlichen Proberöhre von 14 mm Durchmesser, deren Rand umgebogen und an einer Stelle zu einem Schnabel geformt ist (Abb. 24). Beim Auflösen der Substanz quirlt man mit einem Glasstäbchen von 1 mm Dicke und 120 mm Länge, das am Ende zu einem schräg-hängenden Kügelchen geformt ist. Die heiße Lösung sei nicht völlig gesättigt, sie wird über Watte oder Asbest in einem Mikrotrichter, vgl. die Abbildung, filtriert, der aus einem Proberohr durch Ausziehen hergestellt wird. Die kugelige Erweiterung, in der sich das nur leicht festgedrückte Filtermaterial befindet, hat 5 mm Durchmesser. Die filtrierte Lösung wird unter Quirlen erkalten gelassen und mittels der SCHWINGERschen Mikronutsche[2] (Abb. 25) abgesaugt.

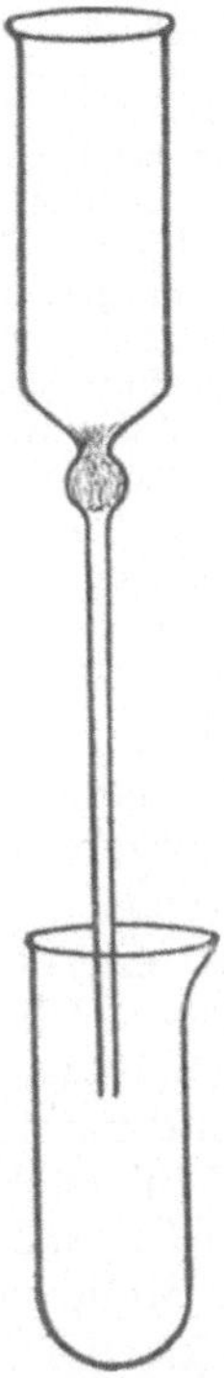

Abb. 24. Mikrotrichter und Mikrobecher. (Nach F. PREGL.) (natürl. Größe)

Diese besteht aus einer 100 mm langen, dickwandigen Glasröhre von 10 mm äußerem Durchmesser und 2 bis 2,5 mm Lumen. Das obere Ende ist eben abgeschliffen und poliert, das untere abgeschrägt. Aus einer Röhre von gleichem äußeren, aber 3—3,5 mm innerem Durchmesser ist der Oberteil verfertigt, der in einen 35 mm langen und 10 mm weiten Cylinder übergeht. Das untere Ende dieses Oberteils paßt genau auf die eben geschliffene Röhre und ist gleichfalls eben abgeschliffen und poliert. Diese beiden Glasstücke werden durch ein entsprechendes Schlauchstück zusammengehalten, nachdem man ein Mikrofilter (kreisrundes Scheibchen aus gehärtetem Filterpapier[3], mittels des Korkbohrers geschnitten) zwischen die beiden Schliffflächen gebracht hat. Zum Absaugen dienen die üblichen Vorrichtungen, z. B. eine kleine Glocke S. 70, deren einer Tubus zur Pumpe führt.

Nach dem Absaugen spritzt man mittels der kleinen Spritzflasche den Rest der Krystalle aus dem Becher in den Trichter, wäscht wenn nötig, und drückt zum Schluß, nachdem man den Gummischlauch über den Unterteil geschoben, die Krystalle aus dem Oberteil mittels eines Glasstäbchens heraus.

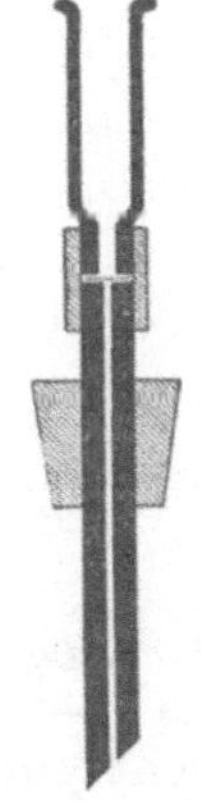

Abb. 25. Mikronutsche von SCHWINGER. ($^1/_2$ natürl. Größe.)

2. Sehr bequem und sauber arbeiten die DONAUschen Filter S. 70.

3. Bei leichtlöslichen Substanzen ist es oft besser, das Absaugen der Krystalle *im Mikrobecher selbst* vorzunehmen. Dies ist folgendermaßen zu erreichen. In ein Röhrchen von 1 mm Lumen (Abb. 26) bringt man ein winziges Bäuschchen Asbestwolle, die am Ende festgeschmolzen wird, wie die Nebenabbildung in dreifacher Vergrößerung zeigt; durch kurzes Erhitzen des Rohrendes, das man drehend in die Mikroflamme bringt, gelingt dies rasch. Das Röhrchen wird, wie aus der Abbildung ersichtlich, gebogen und mit der Absaugevorrichtung verbunden, deren

[1] FR. PREGL: Die quantitative organische Mikroanalyse, 3. Aufl., Berlin 1930, S. 243.
[2] Vgl. HAUSHOFER: Mikroskop. Reaktionen (Braunschweig 1885) S. 160.
[3] Monatsh. Chem. 30, 745 (1909).

seitliches Ansatzrohr zur Pumpe führt. Indem man die Krystalle mittels des Endes, wo die Asbestwolle sitzt, zusammenstreicht, sammelt man die Mutterlauge in dem Behälter c. Zweckmäßig faßt man hierbei den Mikrobecher mit der linken, den Behälter c mit der rechten Hand. Schließlich bringt man einen Streifen * gehärtetes Filtrierpapier in die Krystallmasse, verschließt mittels eines Korkes und überläßt das Röhrchen einige Stunden sich selbst. Statt des gehärteten Papierstreifchens kann bei sehr kleinen Mengen ein (gereinigter) Zwirnfaden gute Dienste leisten. An Stelle der Absaugevorrichtung (Abb. 26) wird oft auch eine Glascapillare, die am Ende in eine Spitze ausgezogen ist, ausreichen; man kann sie etwa horizontal in den Krystallbrei einlegen oder wohl auch durch Saugen mit dem Munde nachhelfen. Den Inhalt überträgt man durch Ausblasen in einen Mikrobecher. Das Einlegen des oben erwähnten Streifens * wird meist nicht zu umgehen sein. — Nach mehrmaligem Absaugen verstopft sich das Asbestfilter mitunter; man saugt dann etwas reines Lösungsmittel hindurch.

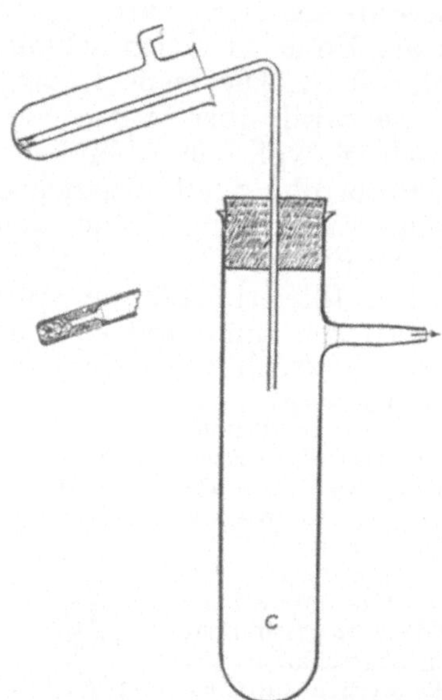

Abb. 26. Absaugen der Krystalle im Mikrobecher.

4. Über das Umkrystallisieren auf dem Objektträger vergleiche den besonderen Teil.

5. *Das Umkrystallisieren in der zugeschmolzenen Capillare* zeichnet sich durch besondere Einfachheit aus und ermöglicht weitgehende Materialersparnis. Wir verweisen zunächst auf S. 116, woselbst ein Verfahren beim Acetanilid beschrieben wird. Hier sei eine Arbeitsweise skizziert, die z. B. in Verbindung mit der Schlierenbeobachtung für *leichtschmelzbare* Stoffe benutzt werden kann[1]. Man verwendet (Abb. 27) eine 7—8 cm lange Capillare, die an einer verengten Stelle ein (nicht gezeichnetes) Asbestbäuschchen trägt.

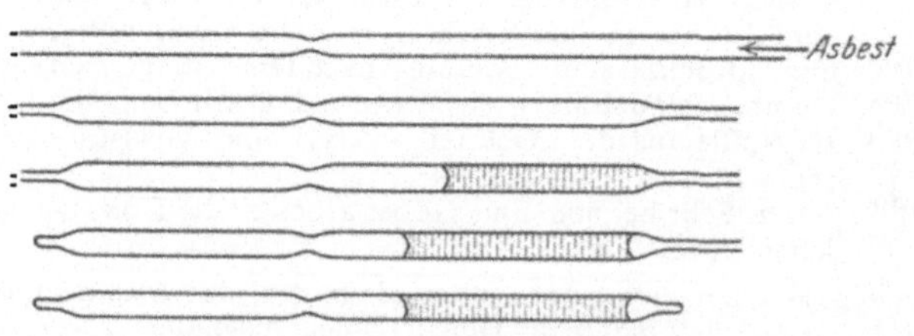

Abb. 27. Zum Umkrystallisieren in der zugeschmolzenen Capillare.

Durch das eine, zu einer Spitze ausgezogene Ende saugt man die zu untersuchende Flüssigkeit (z. B. 30—50 mm³) ein, das andere Ende wird zugeschmolzen. Das Asbestbäuschchen darf nicht benetzt werden. Nach dem Abkühlen des zugeschmolzenen

[1] Ausgearbeitet von HERBERT HÄUSLER: Monatsh. Chem. 53/54, 312 (1929). Daselbst auch Beschreibung der Methode der *fraktionierten* Krystallisation.

Endes entsteht ein leichtes Vakuum, das ein Nachziehen der eingesaugten Flüssigkeit und damit ein Entfernen derselben aus der Spitze zur Folge hat, so daß nun auch diese zugeschmolzen werden kann[1]. Die Stärke der Capillare kann je nach der Flüssigkeitsmenge von 1—3 mm äußerem Durchmesser gewählt werden. Der mit der Flüssigkeit beschickte Teil des Röhrchens wird auf die passende Temperatur, z. B. in eine Kältemischung gebracht. Ist die Masse erstarrt, dann wird das Röhrchen (Abb. 28) in einem Spitzröhrchen zentrifugiert. Die Mutterlauge tritt durch den Pfropfen, die Krystalle backen an der verengten Stelle der Capillare über dem Asbestbäuschchen zusammen. Die Capillare wird dann bei a (Abb. 28) abgeschnitten, die Mutterlauge M (Eutektikum) in eine Capillarpipette aufgesaugt und nach Bedarf weiter verwertet. In analoger Weise kann man mit den inzwischen aufgetauten Krystallen

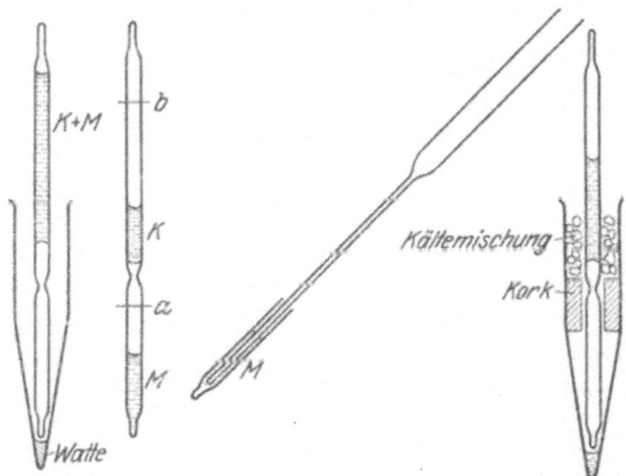

Abb. 28. Zum Umkrystallisieren in der zugeschmolzenen Capillare.

(bei K) verfahren, nachdem man z. B. den zweiten Teil des Röhrchens bei b abgeschnitten hat. Ist während des Zentrifugierens ein Auftauen der gesamten Krystallmasse zu befürchten, so kann man sich in der in Abb. 28 rechts ersichtlichen Art helfen.

6. Auf das Arbeiten mit der „Zentrifugalnutsche" von Pregl sei verwiesen[2].

VII. Siedepunktsbestimmung und Fraktionierung.

1. Siedepunktsbestimmung[3].

Aus gut gereinigtem Biegerohr stellt man durch wiederholtes Ausziehen eine Anzahl Röhrchen I (Abb. 29) her, die 7—10 cm

[1] Beim Zuschmelzen ist darauf zu achten, daß nicht infolge *Überhitzung* nennenswerte Mengen von Verunreinigung in die Proben gelangen.

[2] Fr. Pregl: Die quantitative organische Mikroanalyse, 3. Aufl., Berlin 1930, S. 245.

[3] Die Methoden der *Schmelz*punktsbestimmung werden als bekannt vorausgesetzt. Vgl. Hans Meyer: Analyse u. Konstitutionsermittlung, Berlin 1922, 100; ferner über Schmelzpunktbestimmung unter dem Mikroskop besonders G. Klein, Mikrochem., Pregl-Band 192 (1929).

lang sind und bei einem äußeren Durchmesser von 0,6—1,2 mm eine Wandstärke von etwa 0,1 mm besitzen. Die Röhrchen sind beiderseits offen und das eine Ende ist zu einer recht feinen (siehe unten), etwa 2 cm langen Spitze verengt. Taucht man diese in einen Tropfen der zu untersuchenden Flüssigkeit (die sich z. B. auch in einem Schmelzpunktsröhrchen befinden kann), so steigt er langsam auf, und zwar wird die erforderliche Substanzmenge von rund einem *Kubikmillimeter* den verjüngten (kegelförmigen) Teil anfüllen. Hierauf wird das Ende der capillaren Spitze durch Ausziehen oder auch wohl durch bloße Berührung mit einem Flämmchen zugeschmolzen. Durch diese Art des Zuschmelzens erreicht man, daß sich in der Spitze der Capillare ein Gasbläschen gebildet hat. Das so beschickte „*Sioderöhrchen*" ist unter II abgebildet.

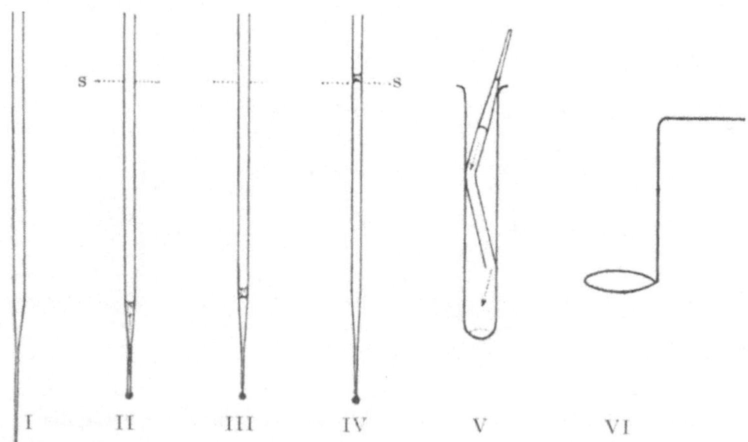

Abb. 29. Zur Siedepunktsbestimmung im Capillarrohr.

Auf das eben erwähnte Bläschen ist zu achten, denn seine Gegenwart ist wesentlich für das Gelingen des Versuchs. Wesentlich ist aber auch, daß das Volumen des Bläschens verschwindend klein sei gegenüber dem Volumen der später entstehenden Dampfblase. Für die schon angegebenen Dimensionen und für eine Weite der capillaren Spitze von 0,05—0,1 mm hat sich eine Länge des Bläschens von etwa einem Millimeter als entsprechend erwiesen. Natürlich kann es auch kürzer und dafür dicker sein.

Ist das Bläschen zu groß ausgefallen, so kann man sich unter Umständen wohl durch Zentrifugieren des Röhrchens helfen, indem man damit einen Teil der Gasmasse entfernt. Gewöhnlich wird sie aber dabei ganz verschwinden und es ist einfacher, wenn man ein neues Röhrchen beschickt. Um möglichst wenig Substanz zu verlieren, wird das mißlungene Röhrchen abgeschnitten und stumpf umgebogen; hierauf bringt man es, vgl. Abb. V, in ein kleines Proberöhrchen und schleudert den Tropfen mittels der Zentrifuge in dasselbe; nun kann er neuerdings mittels eines Röhrchens aufgesogen werden usw.

Die angegebenen Größenverhältnisse gelten annähernd; man kann sie mittels der Lupe prüfen, wobei das Röhrchen passend auf eine auf Glas geätzte Halbmillimeterteilung[1] gelegt wird. Sobald man die erforderliche Übung besitzt, ist das Messen natürlich überflüssig.

Das vorbereitete Sideröhrchen wird nach Art eines Schmelzpunktsröhrchens, also z. B. mittels Speichels an ein Thermometer geklebt und in das Bad eingesenkt, in dem die Heizflüssigkeit mindestens 4—5 cm hoch steht. Als Rührer dient ein Glasrohr von der bekannten Form (VI). Zuerst kann rasch erhitzt werden; sobald sich aber das Bläschen stark vergrößert (III) und der Tropfen unruhig zu werden beginnt, erhitzt man langsam und rührt fleißig. Der Tropfen hebt sich, endlich steigt er bis zum Spiegel SS der Badflüssigkeit *und damit ist der Siedepunkt erreicht.* Oft kann man hernach durch Abkühlenlassen den Tropfen zum Fallen, durch neuerliches Erhitzen wieder zum Steigen bringen und so an einem und demselben Röhrchen eine Reihe von Ablesungen vornehmen. Mitunter wird es allerdings vorkommen, daß bei diesen letzteren Versuchen ein neuer Tropfen in größerer Höhe kondensierend eine Luftblase einschließt. Dann ist die Beobachtung natürlich abzubrechen. Bei leicht beweglichen Flüssigkeiten, z. B. Äthyläther, ist mir der Tropfen mitunter nicht als zusammenhängende Säule aufgestiegen; dann wurde aber beim Siedepunkt ein richtiges Aufperlen beobachtet[2].

2. Fraktionieren.

Erstes Verfahren: Man wünscht möglichst viele Fraktionen, deren Siedepunkte bestimmt werden sollen.

Das „*Fraktionierröhrchen*“ Abb. 30 ist ein Glasrohr von 50 bis 60 mm Länge und einem äußeren Durchmesser von 5—8 mm. Die Wandstärke des Röhrchens soll nicht geringer sein als 0,8 mm. Es ist an einem Ende zugeschmolzen und zu einem kurzen Stiele ausgezogen. Am Stiele kann man (durch Umwickeln) einen Draht befestigen, der zum Halten des Röhrchens beim Erhitzen dient. Bequemer als Draht ist ein enges Messingrohr von etwa 12 cm Länge. Das Glasrohr besitzt in der Mitte eine Verengung und kann leicht durch Ausziehen eines gewöhnlichen Weichglasröhrchens hergestellt werden. (Für niedrig siedende Substanzen wird ein Röhrchen (Abb. 30, II) mit zwei Verengungen verwendet und um den zwischen den Verengungen gelegenen Teil des Röhrchens ein

[1] Derlei Glasmaßstäbe sind von der Größe eines Objektträgers und können von den optischen Firmen bezogen werden.

[2] Eine *Schmelzpunktsbestimmung* kann mit der Siedepunktsbestimmung vereinigt werden, doch ist es in diesem Falle notwendig, die *geschmolzene* Substanz in das Sideröhrchen einzufüllen (und nicht etwa das Pulver, das zu große Luftblasen bilden würde). Damit das Zuschmelzen der capillaren Spitze in diesem Fall leicht gelingt, ist das Rohrende während der gedachten Manipulation bis über den Schmelzpunkt zu erwärmen, am einfachsten wohl, indem man es mittels eines heißen Blechs unterstützt. — Wie CHR. J. HANSEN angibt, ist das Verfahren auch für verminderten Druck anwendbar. HOUBEN: Methoden der organischen Chemie 1, S. 850 (1925).

befeuchtetes Leinwandläppchen gelegt.) Am Boden dieser Fraktionierröhrchen befindet sich etwas Asbestwolle, die vorher durch Kochen mit konzentrierter Salzsäure gereinigt, mit destilliertem Wasser gewaschen und schließlich ausgeglüht wurde. Nach Gebrauch kann man das Röhrchen durch schwaches Ausglühen von allen flüchtigen Substanzen befreien.

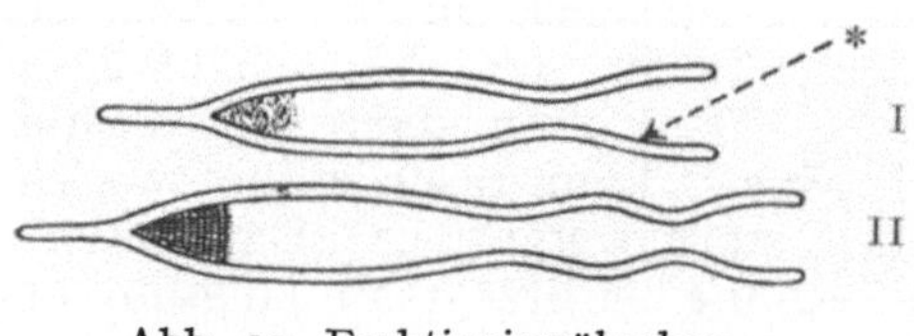

Abb. 30. Fraktionierröhrchen.

Zum Aufsaugen und zur Bestimmung des Siedepunktes der einzelnen Fraktionen bedient man sich der Siedepunktscapillaren (Abb. 29). Als Heizbad verwendet man ein mit Schwefelsäure oder Paraffinöl gefülltes Becherglas (Abb. 31). In das Becherglas taucht das Thermometer ein, an dem mit einem

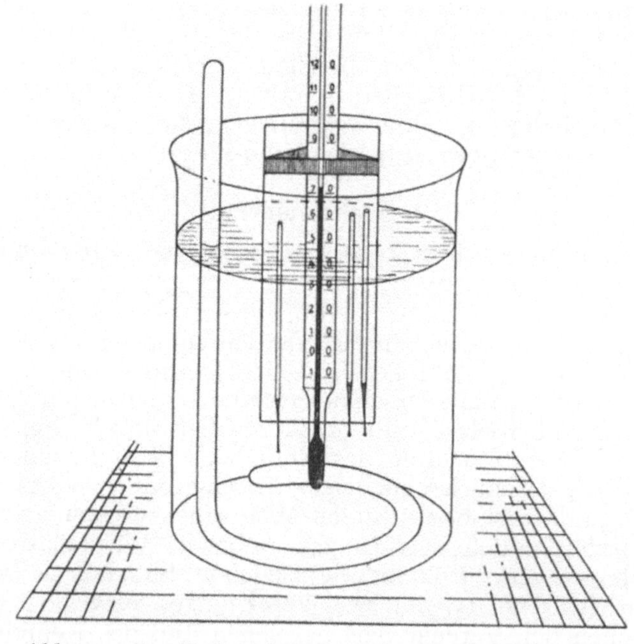
Abb. 31. Zur Fraktionierung kleiner Flüssigkeitsmengen.

Gummiring ein Objektträger befestigt ist. An diesem haften durch Adhäsion die Siedepunktscapillaren mit den einzelnen Fraktionen und man kann leicht bis zehn Röhrchen nebeneinander an dem Objektträger anbringen. *Sie werden der Reihe nach geordnet,* d. h., so wie sie gefüllt worden sind. Durch diese Anordnung ist man in der Lage, die Siedepunkte sämtlicher Fraktionen in einem Gange zu bestimmen. Zur gleichmäßigen Wärmeverteilung in der Badflüssigkeit dient ein einfacher Rührer aus Glas.

Hat man die Siedepunkte *hochsiedender* Flüssigkeiten zu bestimmen, so kondensieren sich leicht noch vor Erreichen des Siedepunktes Flüssigkeitströpfchen in dem Teile der Siedepunkstcapillare, der aus dem Bade herausragt. Man verwendet dann zweckmäßig einen Rundkolben mit weitem Hals, der durch einen Kork mit einer Bohrung für das Thermometer und einem seitlichen Einschnitt verschlossen wird. Ferner wählt man nicht zu enge Siedepunktscapillaren und senkt sie möglichst tief in das Heizbad ein.

Die Arbeitsmethode ist folgende: In das Fraktionierröhrchen werden 1—3 (=0,05—0,2 g) Tropfen des Flüssigkeitsgemisches einfließen gelassen. Um die Flüssigkeit möglichst vollkommen in das mit Asbest beschickte Ende des Fraktionierröhrchens zu bekommen, wird das Röhrchen in die Zentrifuge gegeben und der Tropfen durch einige Umdrehungen in die asbestgefüllte Spitze geschleudert. Um den oberen Teil des Fraktionierröhrchens von den letzten Resten des Flüssigkeitsgemisches zu befreien — was besonders bei höher siedenden Substanzen notwendig ist — wird das offene Ende des Röhrchens einige Male durch die Flamme gezogen und dann erkalten gelassen. Zur Fraktionierung wird das Röhrchen langsam über dem Mikrobrenner (Zündflämmchen) erhitzt, mit dem unteren Ende z. B. zirka 5 cm über der Flamme. Dies hat sehr vorsichtig und unter ständigem Drehen des Röhrchens zu erfolgen. Man beobachtet, wie sich ein kleiner Siedering bildet, der die Verengung des Röhrchens passiert. In diesem Moment wird das Erhitzen abgebrochen und das Röhrchen fast horizontal gelegt. Das Destillat sammelt sich in Form eines Tröpfchens an der in Abb. 30, I mit * bezeichneten Stelle. Nun saugt man das Tröpfchen mit einer Siedepunktscapillare ab. Der restliche Teil des Destillates wird wieder in das Röhrchen zurückzentrifugiert und der Vorgang bis zur letzten Fraktionierung wiederholt. Hierauf erfolgt die Bestimmung der Reihe der Siedepunkte im Apparat Abb. 31. Es ist auch möglich, Anfangs- und Endfraktionen einer neuerlichen Trennung zu unterwerfen, wie bei der gewöhnlichen Methode der fraktionierten Destillation größerer Flüssigkeitsmengen. Will man zu diesem Zwecke die Fraktionen aus den Siedepunktscapillaren wieder in das Fraktionierröhrchen zurückbringen, so zentrifugiert man das Röhrchen mit den Capillaren (Mündung nach unten), wodurch die Fraktionen wieder auf die Asbestschichte kommen.

Zweites Verfahren: Man wünscht z. B. zwecks Reinigung einer Flüssigkeit, nur eine oder wenige Fraktionen, die evtl. noch miteinander verglichen werden sollen[1].

Die Destillation erfolgt in Apparaten, wie sie die Abb. 32 zeigt. Die Verwendung einer mit Porzellanschrot beschickten Kolonne ist oft zweckmäßig, doch nicht in allen Fällen erforderlich.

Für das Arbeiten mit dem kleinen Apparat I, sind etwa 0,1 cm^3, für die größeren Apparate II und III mit Kolonne etwa 0,1—0,3 cm^3 der zu untersuchenden Flüssigkeit nötig. Das Hantieren mit den

[1] Monatsh. Chem. 53/54, 312 (1929).

kleinen Flüssigkeitsmengen gelingt leicht, wenn man sich entsprechender Pipettchen bedient. In die Siedeprobe bringt man einige Siedecapillaren, Glasröhrchen von z. B. 1 mm Außendurchmesser und 1 cm Länge, oben zugeschmolzen, unten fein ausgezogen. Auch die hufeisenförmigen Siedecapillaren nach A. P. KNOEBEL[1], haben sich sehr bewährt. Das Destillat sammelt sich bei D an und wird mittels eines Pipettchens herausgeholt, z. B. um zu einem Schlierenversuch (S. 38) zu dienen[2].

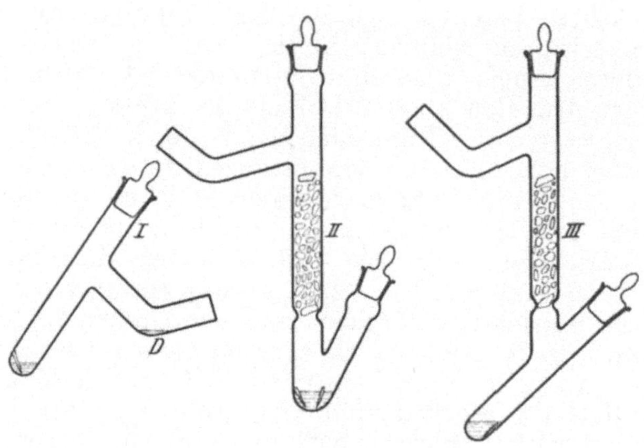

Abb. 32. Fraktionierkölbchen.

VIII. Sublimation.

Das große Interesse, das den Mikrosublimationsmethoden zukommt, geht u. a. aus dem Umstand hervor, daß es eine erhebliche Zahl von Verfahren gibt. Wir bringen a) einige Methoden für qualitativ-analytische und b) für mehr präparative Zwecke[3]. Auf die Bedürfnisse von Warenkunde und Botanik ist dabei nicht Rücksicht genommen.

a) Methoden zu qualitativ-analytischen Zwecken.

1. *Sublimation von Objektträger zu Objektträger.* Die Substanz befindet sich am Ende eines schmalen Objektträgers, den man in der einen Hand hält. In der anderen wird ein zweiter Objektträger bereit gehalten. Der erste wird mittels des Mikro-(Zünd-)flämmchens erhitzt und, sobald Verdampfung einsetzt, der zweite Objektträger über den ersten gebracht, so daß auf jenem die Kondensation erfolgt. Das Verfahren erfordert eine gewisse Übung und führt leicht

[1] Chem. Centr. 1, 1828 (1930)

[2] In den Apparat I bringen wir neuestens ein kleines Thermometer.

[3] Vgl. EMICH, Lehrbuch d. Mikrochemie, München 1926, S. 56 f. Von weiteren Veröffentlichungen seien etwa erwähnt: A. MAYRHOFER: Mikrochemie d. Arzneimittel u. Gifte, Wien u. Berlin 1923, I, 16; 1928, II, 10; G. KLEIN: Praktikum d. Histochemie, Wien 1929; WAGENAAR: Z. anal. Chem. 79, 44 (1929).

zu Verlusten, nicht nur infolge Entweichens von Dampf, sondern auch infolge des (nicht seltenen) Springens der Objektträger. Vorteile dagegen sind: Raschheit und die Möglichkeit, mit dem Sublimat in der bequemsten Weise weitere Mikroreaktionen ausführen zu können.

Daß man an Stelle des ersten Objektträgers nach Bedarf, z. B. bei schwer flüchtigen Substanzen, ein Glimmerplättchen oder Platinnäpfchen benutzen kann, versteht sich. Auch kleinste Porzellantiegel sind mitunter bequem. Als Vorlage kann auch ein mittels eines Wassertropfens gekühlter Platintiegeldeckel dienen.

2. KEMPF empfiehlt die Sublimation so zu bewerkstelligen, daß der Dampf nur einen ganz kleinen Weg, von z. B. einigen Zehntelmillimetern zurückzulegen hat; auch soll die Sublimation bei möglichst niedriger Temperatur vor sich gehen. Um trotzdem Sublimate zu erhalten, erhitzt man *stunden*lang; evtl. kann Vakuum angewandt werden. In der einfachsten (und für unsere Zwecke meist ausreichenden) Form besteht das Verfahren darin, daß man den Objektträger mit der Substanz auf einen ebenen Metallblock Abb. 69, S. 118 legt und zum Auffangen des Sublimats ein Deckglas benutzt. Ein Glasfaden oder deren zwei, auf denen das Deckglas liegt, bestimmen die Höhe der Sublimationskammer.

3. *Bequem und ökonomisch arbeiten die im nächsten Absatz unter b) 2. besprochenen Methoden,* doch kann man die Dimensionen des Sublimationsröhrchens auf etwa 2 mm Innendurchmesser reduzieren. Verschiedene Apparaturen bedienen sich besonderer Kühlvorrichtungen (zitiert auf S. 36, Fußnote 3).

b) Präparative Methoden.

1. In vielen Fällen wird man mit dem alten Verfahren der Sublimation zwischen Uhrgläsern auskommen.

2. PREGL[1] bringt die Substanz in ein 200 mm langes Glasrohr von 7 mm Außendurchmesser. Es wird in den Regenerierungsblock Abb. 44, S. 58 eingelegt und daselbst auf eine bestimmte Temperatur erhitzt. Das Rohr ist einseitig geschlossen und an dem herausragenden Ende offen, wenn unter gewöhnlichem Druck sublimiert werden soll. Wünscht man Vakuum anzuwenden, so wird das offene Ende mit der Wasserstrahl-, evtl. mit einer wirksameren Pumpe verbunden. Natürlich kann man auch einen indifferenten Gasstrom und hierbei auch wieder gewöhnlichen oder verminderten Druck anwenden. Ist die Sublimation vor sich gegangen, so wird das Röhrchen herausgenommen, zerschnitten und das Sublimat z. B. mittels eines scharfkantigen Glasstabes herausgeschabt.

---

[1] FR. PREGL: Die quantitative organische Mikroanalyse, 3. Aufl., Berlin 1930, S. 247.

IX. Über Schlierenbeobachtungen[1].

a) *Allgemeines. Schlieren* definiert A. Toepler als Stellen abweichender Refraktion in einem sonst optisch homogenen Medium. Zur Sichtbarmachung von Vorgängen wurde die Schlierenerscheinung seit Toepler bei ballistischen, physikalischen und physikochemischen Versuchen verwendet. Wir bringen zum Vergleich zweier Flüssigkeiten die eine, die „Standprobe", in eine kleine Cuvette (Abb. 33), die für viele Zwecke aus Objektträgern und Glasstückchen durch Zusammenkitten hergestellt werden kann. (Die Firma C. Zeiss, Jena, liefert ganz aus Glas verschmolzene Cuvetten.) Die andere Flüssigkeit, die „Fließprobe", läßt man

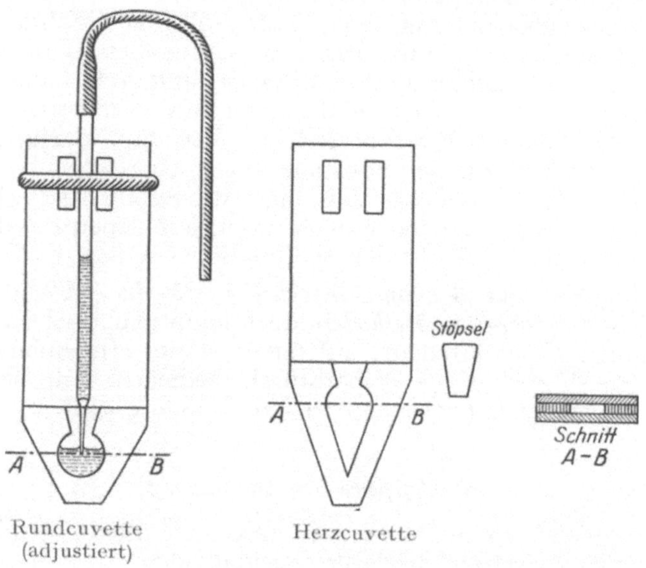

Abb. 33. Cuvetten zur Schlierenbeobachtung.

aus einer unten auf etwa 0,15 mm Lumen ausgezogenen Capillare, die im oberen Teil 1—2 mm lichte Weite besitzt, in die Standprobe einströmen. Um den Beginn des Strömens bequem auslösen zu können, trennt man zunächst Fließ- und Standprobe, indem man vor dem Eintauchen (in die Standprobe) ein Luftbläschen in die Auslaufspitze der Capillare einsaugt. Ein Fingerdruck auf den Gummischlauch treibt dann die Luftblase aus und das Einströmen der Fließprobe beginnt.

[1] Ostwalds Klassiker 157 u. 158. — Fr. Emich: Über Beobachtungen von Schlieren bei chemischen Arbeiten, Monatsh. Chem. 50, 269 (1928) u. 53/54 312 (1929). — Da das Gebiet erst seit ein paar Jahren bearbeitet wird, soll hier nur das Wichtigste angeführt werden. Alle Einzelheiten sowie anderweitige Anwendungen z. B. das Messen von Schlierenstärken usw. können den Originalarbeiten entnommen werden. Der Absatz stammt teilweise aus einem Vortrag von Benedetti-Pichler: Z. angew. Chem. 42, 954 (1929).

b) Die *Beobachtung* der Schliere kann in sehr verschiedener Weise erfolgen. Nur zwei Methoden seien skizziert: das Arbeiten mit dem Schlierenmikroskop und die „visuelle“ Methode.

Bequem ist ein Schlierenmikroskop Abb. 34. Man erkennt den Beleuchtungsspalt B, den um die optische Achse drehbaren Tisch H, an dem die Cuvette in aufrechter Lage eingespannt wird, und das um die Vertikalachse A drehbare Horizontalmikroskop, in dessen

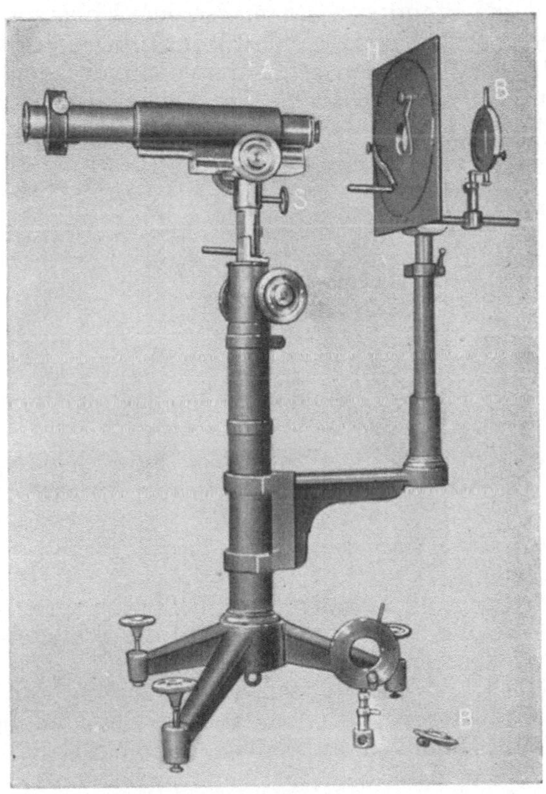

Abb. 34. Schlierenmikroskop.
(Buchstabenerklärung im Text.)

Tubus sich an bestimmter Stelle ein zweiter Spalt, der „Tubusspalt“, befindet. Die Beleuchtung besorgt eine mattierte Glühbirne, die nahe hinter dem Beleuchtungsspalt angebracht wird. Die Anordnung der beiden zueinander parallel gestellten Spalte bewirkt, daß die optischen Inhomogenitäten des abgebildeten Objektes deutlich hervortreten. (Vgl. den Abschnitt über die Bestimmung des Brechungsindex S. 10.)

Das Gesichtsfeld des Schlierenmikroskopes zeigt drei Zonen, Abb. 35 und 36, wenn man den Tubus in die für die Schlierenbeobachtung geeignete Lage bringt: Einen (linken) seitlichen Schatten mit verschwommenem Rand, ein hell erleuchtetes Mittelfeld und einen rechten Schatten mit etwas weniger verschwommenem Rand. Die Schliere wird am deutlichsten sichtbar, wenn ihr Bild am Rande des verschwommenen Schattens erscheint.

Ist der Schatten der Schliere dem verschwommenen Schatten zugewendet, dann besitzt die Fließprobe die *höhere* Refraktion. Die Schliere wird als *positiv* bezeichnet. Ist die Fließprobe schwächer brechend als die Standprobe, dann ist der Schlierenschatten vom verwaschenen Schatten abgewendet: Wir nennen die Schliere *negativ*.

Das Schlierenphänomen zeigt aber nicht nur den Unterschied der Refraktionen, sondern auch — und zwar in sehr empfindlicher Weise — die Verschiedenheit im *spezifischen Gewichte* der beiden

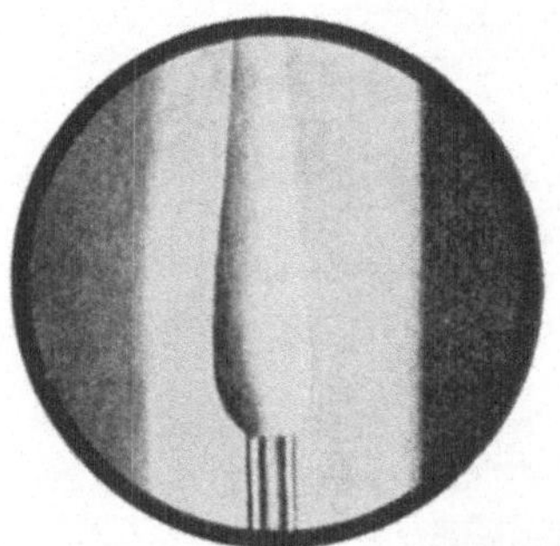

Abb. 35.
Fallende positive Schliere.

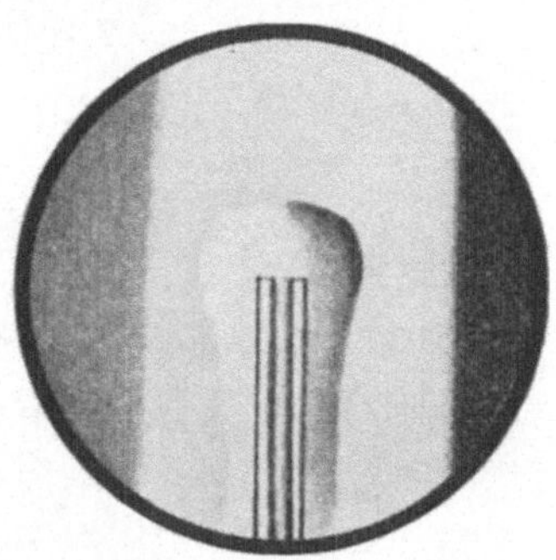

Abb. 36.
Steigende negative Schliere.

Flüssigkeitsproben. Je nachdem die Fließprobe spezifisch schwerer oder leichter als die Standprobe ist, wird die Schliere als *„fallend“* oder *„steigend“* bezeichnet.

c) Hinsichtlich der analytischen Verwendung der Schlierenerscheinung liegt es am nächsten, an die Bestimmung der Konzentration von Lösungen zu denken. Man läßt die zu prüfende Lösung in verschiedene Standproben von bekanntem Gehalt einfließen. Beim Übergang von der zunächstliegenden Vergleichslösung höherer Konzentration zur Vergleichslösung nächstniedrigeren Gehaltes wird das Schlierenbild eine zweifache Veränderung aufweisen. Die im ersten Versuch z. B. negative und steigende Schliere geht in eine positive und fallende Schliere über.

Besonders wertvoll erweist sich die Schlierenmethode für die *Reinheitsprüfung*, namentlich, wenn man dabei an die Feststellung der Gleichteiligkeit *erstmalig* isolierter Stoffe denkt.

Zur Untersuchung von *Flüssigkeiten* bieten sich die folgenden Wege:

1. Der Vergleich mit einem Standardpräparat.

2. Man unterwirft die Probe der fraktionierten Destillation und vergleicht das Destillat mit dem Rückstand („Phlegma“); auch

kann man das Destillat oder den Rückstand zur Originalprobe fließen lassen. Treten dabei Schlieren auf, so zeigt dies, falls eine Zersetzung bei der Siedetemperatur ausgeschlossen erscheint, daß ein Gemisch vorliegt, und daß durch die Destillation eine wenigstens teilweise Trennung der Bestandteile stattgefunden hat.

3. Man versucht eine Zerlegung des Gemisches durch fraktioniertes Schmelzen nach S. 31: die in die Capillarpipette gesaugte Mutterlauge M füllt man in eine Cuvette (Abb. 33, S. 38). Die aufgetaute Krystallmasse K saugt man in eine Capillare und läßt die beiden Flüssigkeiten zusammentreten. Das Auftreten einer Schliere zeigt das Vorhandensein von Verunreinigungen an.

d) Weiter eignet sich die Schlierenmethode u. a. für den *Nachweis von Fermenten.* Zum Beispiel wird in einer mit Wasser gefüllten Cuvette ein Stückchen einer Oblate (mit Kanadabalsam) befestigt. Auch bei längerem Stehen zeigen sich an der Oblate keine wesentlichen Veränderungen. Setzt man nun dem Wasser mit Hilfe einer Platinöse eine Spur Speichel zu, so beginnt nach einiger Zeit das Ptyalin die *Stärke* abzubauen. Es treten fallende positive Schlieren auf, die von der Oblate heruntersinken.

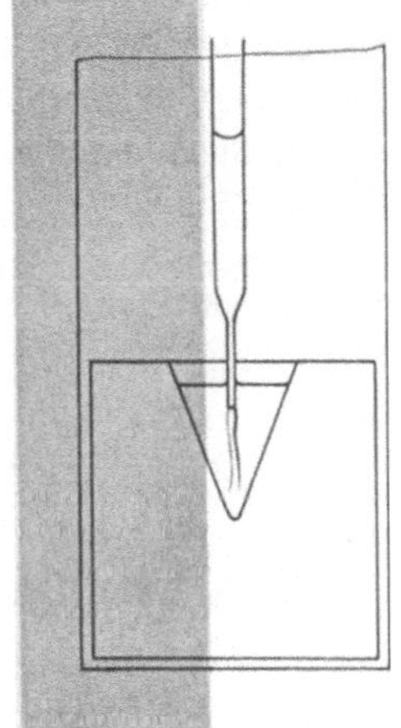

Abb. 37. Visuelle Schlierenbeobachtung. Links der dunkle Teil des „Feldes".

Oder man bringt eine *Fibrinflocke* in eine Cuvette mit $^{n}/_{10}$ Salzsäure. Ist die Fibrinflocke bereits in Säure derselben Konzentration vorgequollen, so zeigt sie keinerlei Veränderungen mehr. 10 Minuten nach Zusatz der Lösung eines Pepsinpräparates macht sich der Eiweißabbau bemerkbar, denn kräftige positive Schlieren sinken von der Fibrinflocke zur Tiefe.

e) *Schlierenbeobachtung mit unbewaffnetem Auge*[1]. Schlieren können (wie die tägliche Erfahrung lehrt) mit dem unbewaffneten Auge beobachtet werden; diese sogenannte „*visuelle Methode*" hat den großen Vorteil einer ganz besonderen Einfachheit, so daß sie überall beim Arbeiten mit großen und kleinen Substanzmengen, namentlich für die Zwecke der Reinheitsprüfung, herangezogen werden kann, ohne daß besondere Apparaturen notwendig sind. Man läßt die Fließprobe eben aus einer Capillare in die Standprobe, die sich in der Cuvette befindet, einströmen und hält die Cuvette so in der deutlichen Sehweite, *daß man die* (*gerade*) *Trennungslinie eines dunkel-hellen Feldes* (Fensterkreuz, Hauskante) *unmittelbar neben der Capillare erblickt.* Unter der Annahme, daß sich der an die Trennungslinie anschließende *dunkle* Teil *links* befindet, wird die Schattierung im Falle einer *positiven* Schliere in den

[1] Noch nicht veröffentlichte Versuche von Dr. Maria Renzenberg und Dr. Herbert Alber.

rechten, im Falle einer *negativen* Schliere in den *linken* Partien der Schliere sichtbar. Eine positive (und fallende) Schliere zeigt Abb. 37. Einen besonders zweckmäßigen Hintergrund bildet eine mattierte Glasplatte, die zur Hälfte mit schwarzem Papier überklebt ist; sie befindet sich in einer Entfernung von ½—1 m vom Beobachter und wird durch eine Glühbirne von rückwärts beleuchtet.

Die Empfindlichkeit des Verfahrens ist beträchtlich, wenn die Beobachtung der Schliere im unscharf gesehenen Trennungsrand erfolgt; *ein Unterschied im Brechungsindex* [Δn_D] von 0,0001 *kann noch nach Vorzeichen* (ob „+“ oder „—“) *und Fließrichtung* (*ob* ↓ *oder* ↑) *festgestellt werden*, sobald sich das Auge etwas an diese Beobachtungsweise gewöhnt hat.

An Stelle der Cuvetten mit planparallelen Wänden sind auch Proberöhren (⌀ = 17—19 mm) für die Standprobe anwendbar, wenn einerseits genügend Flüssigkeit vorhanden ist, andererseits keine besonders hohen Ansprüche an die Empfindlichkeit gestellt werden. Ein Δn_D von 0,0005 ist auch nach dem Vorzeichen bestimmbar; Schlieren überhaupt werden aber schon bei einem Δn_D 0,0003—0,0004 sichtbar. Das Verhältnis: Schattierung der Schliere zur Trennungslinie ist aber hier gerade entgegengesetzt, wie bei der Beobachtung in Cuvetten, da in den runden Proberöhren der dunkle Teil des Hintergrundes auf der entgegengesetzten Seite erscheint.

X. Über die Herstellung von mikrochemischen Dauerpräparaten.

Wenn auch ein frisch hergestelltes Vergleichspräparat jedem anderen vorzuziehen ist, so wird man in einzelnen Fällen doch gerne Dauerpräparate zur Verfügung haben. Ihre Herstellung kann z. B. bei gerichtlich-chemischen Untersuchungen besonders wünschenswert sein. Auch zu Projektions- und anderen Unterrichtszwecken ist eine kleine Sammlung nützlich. Man soll dabei aber weniger Wert auf Schaustücke legen, welche unter Anwendung aller möglichen Kunstgriffe gewonnen worden sind, als vielmehr auf Präparate, die *die* Formen und *die* Anordnungen zeigen, welchen man bei der Analyse begegnet.

1. In vielen Fällen wird es genügen, den Probetropfen in einfacher Art vor dem Eindunsten zu schützen, was in verschiedener Weise möglich ist. Man legt z. B. ein Deckglas auf, saugt den etwa heraustretenden Überschuß an Flüssigkeit mittels Filtrierpapier möglichst vollkommen ab und verschließt den Rand mit Vaselin. Hierzu dient ein Draht von folgender Form, der heiß in das Verschlußmittel eingesenkt wird (Abb. 38). Präparate, die man photographieren will, können in solcher Weise für die hierzu notwendige Zeit vollkommen ausreichend konserviert werden.

2. *Krystallfällungen* müssen, wenn sie trocken aufbewahrt werden sollen, in der Regel zuerst von der Mutterlauge getrennt und gewaschen werden. Wie dies zu geschehen hat, dafür sind kaum Vorschriften zu geben, die für jeden Fall passen. Häufig wird es genügen, die Mutterlauge zuerst mit einem zugespitzten Papierstreifen abzusaugen. Dabei ist darauf zu achten, daß das Präparat möglichst wenig durch Fasern verunreinigt werde. Gehärtetes Filtrierpapier entspricht dieser Anforderung gut, hat aber geringere Saugwirkung als gewöhnliches dickes Filtrierpapier oder Saugkarton, die man bei dickflüssigen Mutterlaugen vorziehen wird. Hierauf bringt man einen Tropfen Waschflüssigkeit auf den Krystallbrei, saugt wieder ab usw. Ob zum Waschen Wasser oder 50 %iger Weingeist oder eine andere Flüssigkeit vorzuziehen ist, richtet sich nach dem speziellen Fall; oft ist es zweckmäßig, einmal mit Wasser und danach ein oder zweimal mit verdünntem Weingeist zu waschen. Nach dem letzten Absaugen wird trocknen gelassen und unter eine Präparierlupe oder ein binokulares Mikroskop gebracht. Daselbst werden die

Verunreinigungen mittels einer Nadel entfernt, hierauf wird das Präparat evtl. nochmals sorgfältig unter dem Mikroskop durchmustert und endlich mittels Papierring und Deckglas verschlossen.

3. *Balsampräparate.* Die Vorbereitung der in Balsam einzuschließenden Präparate geschieht in der zuletzt angegebenen Weise, d. h. durch Waschen und Trocknen. Die Einbettung selbst bewerkstelligt man so, daß man auf das getrocknete Objekt zuerst einen Tropfen Benzol oder Chloroform bringt, damit das Präparat möglichst blasenfrei ausfalle. Hierauf wird ein Tröpfchen Balsam zugefügt und nun, falls dies angängig ist, durch einige Stunden auf 70—80° erhitzt (Trockenschrank), damit das Harz erhärte. Präparate, welche nicht erhitzt werden dürfen, bleiben vor dem Verschließen an staubgeschützter Stelle (Glasglocke) 24 bis 48 Stunden liegen. Schließlich wird ein Tropfen Balsam auf ein Deckgläschen gebracht und dieses auf das Präparat fallen gelassen.

Bei farblosen Objekten ist es wichtig, daß ihr Brechungsexponent dem des Einbettungsmittels nicht allzunahe stehe. Man wird deshalb z. B. Krystalle, welche in Canadabalsam ($n = 1{,}54$) zu sehr verblassen, in Metastyrol ($n = 1{,}58$) einbetten. Auch eine Lösung von Dammarharz ($n = 1{,}50$) wird von BEHRENS empfohlen. Alle diese Harze können in Benzol aufgelöst, Canadabalsam kann auch ohne weitere Behandlung benutzt werden. Die Lösung des Dammarharzes ist durch Extraktion (Rückflußkühler) und Filtrieren des Extraktes zu bereiten.

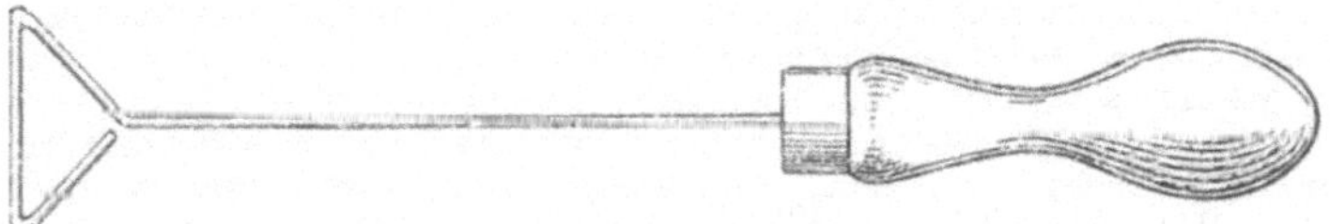

Abb. 38. Draht zum Verschließen der Präparate.

Das verschlossene Präparat kann noch mit einem *Lackring* versehen werden. Man bringt es zu diesem Zweck auf ein Drehscheibchen, zentriert, taucht einen kleinen Pinsel in schwarzen „Maskenlack" und verfertigt den Ring möglichst in einem Zuge. Durch die Anbringung des Lackringes wird zunächst bei Trockenpräparaten ein absolut staubdichter Verschluß, bei Balsampräparaten ein sicheres Haften des Deckglases zumal in jenen Fällen erzielt, in welchen das Einschlußmittel nicht erhitzt worden ist. Außerdem erhalten die Präparate ein gefälliges Aussehen. Schließlich werden sie gesäubert und mit Schildchen versehen.

B. Quantitativer Teil.

I. Einleitung. Historische Notizen, Abgrenzung des Gebietes.

Wenn man unter quantitativer Mikroanalyse die Bestimmung von Stoffmengen versteht, die mittels der gewöhnlichen Analysenwaage nicht mehr mit der notwendigen Genauigkeit von 0,1—0,2 % ausgeführt werden kann, so reichen die Anfänge des Gebietes ziemlich weit zurück. Wir erwähnen als — wie mir scheint — ältestes Verfahren, das der Ausmessung von Metallkügelchen unterm Mikroskop (VICT. GOLDSCHMIDT 1877[1]), welches Verfahren

[1] Vgl. die chronologische Zusammenstellung in BENEDETTI-PICHLERS Referat über die Fortschritte der Mikrochemie in den Jahren 1915—1926. G. KLEIN und R. STREBINGER: Fortschritte der Mikrochemie, Wien 1927 131—436. (Daselbst wolle S. 133, Z. 7 v. u. ein Druckfehler verbessert werden: es soll richtig „589" anstatt „289" heißen.)

neuestens durch die Arbeiten von FRITZ HABER und seiner Schule an Bedeutung gewonnen hat. (Noch älter sind einige colorimetrische und nephelometrische Methoden, doch liegen sie wesentlich außerhalb des Rahmens dieser Zusammenstellung.) Späteren Datums sind die Arbeiten von NERNST (1903), KROGH (1907) und von mir (ab 1909) und meinen Mitarbeitern, unter denen ich besonders PILCH und DONAU nennen muß, die u. a. auch schon Stickstoff, Halogen und Schwefel in organischen Substanzen bestimmt haben. Nachdem durch diese Untersuchungen die Möglichkeit des Arbeitens unter Aufwand von einigen Milligrammen Analysenmaterial erwiesen war, erschien 1912 die erste, 1917 die zweite Veröffentlichung PREGLs über quantitative organische Mikroanalyse. Seit etwa 1920 ist die Zahl der einschlägigen Arbeiten fast ins Ungemessene gestiegen.

Die oben gegebene Abgrenzung des Gebietes der „quantitativen Mikroanalyse" ist insofern unwissenschaftlich, als sie keine untere Grenze anführt. Besser wäre es z. B. jeweils die Dezimalstelle (Größenordnung) anzugeben, in der sich die Mengen der Ausgangssubstanz bewegen. In dieser Hinsicht sagen die von mir vorgeschlagenen Bezeichnungen „Zentigramm-" und „Milligrammverfahren[1]" (identisch mit Halbmikro- und mit gewöhnlichem Mikroverfahren) schon mehr. Analog würde das Arbeiten mit Tausendstelmilligrammen als „Gammaverfahren" zu bezeichnen sein, „Dekagammaverfahren" hieße es, wenn die nächsthöhere Zehnerpotenz in Betracht käme usw. Man könnte aber auch vielleicht noch besser 10^{-2}-, 10^{-3}-Verfahren sagen (wobei sich später ähnlich wie bei den p_H-Werten weitere Abkürzungen wohl von selbst ergäben). So wäre z. B. „10^{-4}-Verfahren" eine Methode, bei der man mit 0,000 n g Substanz arbeitet usw.

Häufig wird bei Einführung von Benennungen, die ein im Werden befindliches Gebiet betreffen, zu wenig an seine mögliche Weiterentwicklung gedacht. Die Folge davon ist, daß man Namen schafft, die, wie Zusammensetzungen mit „Mikro-", „Ultramikro-", Halbmikro-" usw. objektiv gar nichts bedeuten, sondern günstigenfalls nur dem jeweiligen Stande des experimentellen Könnens entsprechen. Man sollte sie nach Möglichkeit vermeiden und durch solche ersetzen, die das, was man sagen will, *zahlenmäßig* ausdrücken. Beispielsweise ist vor einiger Zeit eine „Ultrawaage" aufgetaucht, die (angeblich[2]) 0,1 γ bei einer Belastung von 10—20 g zu wägen erlaubte. Diese Benennung war unzweckmäßig, weil ihre Erfinder natürlich nicht wissen konnten, was für Verfeinerungen die Zukunft noch bringen werde, und sie war unrichtig, weil es damals schon empfindlichere Waagen gegeben hatte. Jede derartige Unstimmigkeit wäre unmöglich, wenn man die Waage nicht durch Bestimmungswörter wie „Mikro-" oder „Ultra-", sondern durch die *Leistungsfähigkeit* kennzeichnen würde. Man könnte z. B. eine Waage, die 10 g mit einer Genauigkeit von 1 γ zu wägen erlaubt, „Gamma-Dekagrammwaage" nennen. Das wäre einfach, eindeutig und würde weiterem in keiner Weise vorgreifen. Unsere gewöhnliche Analysenwaage wäre dann z. B. eine „Milli-Hektogrammwaage" usf. Ich meine ja nicht, daß man gerade diese Wörter wählen müßte, aber der Gedanke scheint mir erwägenswert. (Die Zusammensetzungen wären lange nicht so monströs, wie jene, zu denen unsere Strukturauffassungen zwingen, selbst dann nicht, wenn man seine Zuflucht zu genaueren Angaben nehmen müßte, wie z. B. Zweidezimilli-Fünfdekagramm-Waage usw.). — Eine gewisse Unstimmigkeit liegt wohl auch darin, daß „Mikro" derzeit in zweierlei Sinn angewandt wird, nämlich (qualitativ) als klein z. B. in „Mikroskop" und „Mikrowaage" und (quantitativ) im Sinne von 10^{-6}, z. B. in „Mikrogramm" und „Mikrofarad[3]".

---

[1] Ber. dtsch. chem. Ges. **43**, 29 (1910).

[2] Vielleicht fehlt noch die genaue Gebrauchsanweisung.

[3] S. z. B. KÜSTER-THIEL: Rechentafeln (Berlin u. Leipzig 1929) 102.

II. Allgemeines über Waagen, Wägung und quantitative Mikromethoden.

1. *Vorbemerkung.* Es gibt eine große Anzahl von „Mikrowaagen[1]", wobei zunächst bemerkt werden muß, daß feine physikalische Waagen, die etwa 0,001 mg angeben, seit langem bekannt sind. Meist waren es Vakuumwaagen, die, z. B. für Eichzwecke bestimmt, für die gewöhnliche Laboratoriumsarbeit zu unbequem sind. Später hat sich namentlich die *Nernstwaage* bei hunderten von Bestimmungen bewährt. Leider kann sie nur mit 50—100 mg belastet werden. Es war deshalb sehr verdienstvoll, daß PREGL in der von KUHLMANN konstruierten (und von mir schon 1906 benutzten) Probierwaage ein Instrument fand, das bei sachgemäßer Behandlung nicht, wie ursprünglich gedacht, etwa 0,01 mg, sondern sogar 0,001—0,002 mg zu wägen erlaubt. Und da es eine beiderseitige Belastung von 20 g gestattet, war damit vor allem der Weg für die Durchführung von organischen Mikroanalysen ermöglicht, wobei zumal die Absorptionsapparate größere Anforderungen an die Tragfähigkeit der Waage stellen. Aber auch für die *anorganische* Arbeit bedeutete die Einführung der KUHLMANN-Waage insofern einen Fortschritt, als man nun auch Tiegel, Filterröhrchen usw. anwenden konnte[2].

Im allgemeinen wird bei einer quantitativen Bestimmung jeweils nur *eine* Eigenschaft der Messung unterzogen, am häufigsten die Masse, bzw. das Volumen, gelegentlich aber auch andere Eigenschaften von welchen man annimmt, daß sie zur Masse in einfachen Beziehungen stehen, wie Farbe, Brechungsindex, Drehung der Polarisationsebene usw Meist wird nicht einmal die Masse unmittelbar festgestellt, sondern z. B. nur eine *Gewichtszunahme,* die etwa ein Filterröhrchen bei einer Reihe von Manipulationen erfährt. Wir setzen dabei voraus, daß dasselbe einerseits sein Gewicht selbst nicht verändere, und daß anderseits die Gewichtszunahme z. B. lediglich von reinem Bariumsulfat herrühre. Beide Annahmen treffen in Wirklichkeit niemals zu, denn es gibt keine absolut gewichtskonstanten Gefäße und keine absolut reinen Niederschläge. Immer wirken also eine Reihe von Umständen zusammen, und es kommt darauf an, daß man einen bestimmten Erscheinungskomplex so beeinflusse, daß gerade ein bestimmter Vorgang (den wir den Hauptvorgang nennen können)

---

[1] Vgl. meine Zusammenstellung in ABDERHALDENS Handbuch: 9. Erg.-Bd., S. 55—147, gekürzt wiedergegeben in Abt. I, T. 3 desselben Werks, S. 183 f. (Wien u. Berlin 1921).

[2] In der dritten Auflage seiner Quant. organ. Mikroanalyse (Berlin 1930) wendet sich PREGL S. 8 gegen die von mir S. 73 im Lehrbuch der Mikrochemie (München 1926) ausgesprochene Behauptung, daß die KUHLMANNsche Waage Nr 19b wesentlich dieselbe Leistungsfähigkeit habe, wie die spätere, verbesserte „Mikrochemische Waage". Ich werde auf diese Meinungsverschiedenheit bei anderer Gelegenheit zurückkommen; nach einem Brief, den ich von Prof. PREGL im Herbst 1929 erhielt, könnte ein Mißverständnis vorliegen.

alle anderen Vorgänge derart in den Hintergrund dränge, daß sie praktisch nicht in Betracht kommen.

2. *Einteilung der Methoden.* Bei der großen Zahl von Mikromethoden ist es kaum möglich, sie sämtlich von einem einheitlichen Gesichtspunkte zu betrachten; versucht man, sie in Gruppen zu bringen, so können etwa die folgenden unterschieden werden. Die Menge der Ausgangssubstanz (Analysenmaterial) wird natürlich als bekannt vorausgesetzt.

A. Die Bestimmungsform wird gewogen:
- a) als (Glüh-)Rückstand (1),
- b) als elektrolytischer Niederschlag (2),
- c) als (gefällter) Niederschlag (3),
- d) als Gewichtszunahme eines Absorptionsapparats (4).

B. Die Bestimmungsform wird (volumetrisch) gemessen:
- a) als Gasbläschen oder -säule (5),
- b) als Metallkügelchen, Krystall oder dgl. (6),
- c) in Form einer titrierten Lösung, wobei die zahlreichen Möglichkeiten, den Umschlagspunkt zu bestimmen, weitgehende Variationen gestatten (7),
- d) als Niederschlagssäule (8).

C. Die Menge der Bestimmungsform wird auf optischem Wege auf Grund besonderer Eigenschaftsänderungen ermittelt:
- a) aus der Farbintensität, Fluoreszenz, ... (9),
- b) aus der Lichtintensität eines Funkens, einer Flamme (10),
- c) aus der Intensität der Refraktion, Polarisation, ... (11).

Dabei sind die indirekten Methoden der Gewichtsanalyse und wohl auch noch manches andere nicht berücksichtigt, insbesondere nicht das Gebiet der Molekulargewichtsbestimmungen. Als praktisch besonders wichtige Methoden kommen für unsere Zwecke die Fälle 1, 2, 3, 4, 5, 7 und 11 in Betracht, doch lehrt auch hier eine einfache Überlegung, daß die individuelle Verschiedenheit der einzelnen Fälle die allgemeine Behandlung erschwert. Versuchen wir, die praktisch wichtigsten Gesichtspunkte herauszugreifen.

3. Am einfachsten liegen die Zusammenhänge bei den *Rückstandsbestimmungen,* falls sie praktisch frei von methodischen Fehlern (Flüchtigkeit eines Stoffes und dergleichen) sind. Ist die Bestimmungsform (z. B. ein Edelmetall) identisch mit dem gesuchten Bestandteil, so sind die Bestimmungsfehler durch die Wägungsfehler gegeben, die z. B. bei der KUHLMANN-Waage auf 1—2 γ herabgedrückt werden können. Dann genügen rund 5 mg Substanz reichlich, um den Analysenfehler bei z. B. 50 % Rückstand auf den normal gewünschten Betrag von rund 0,1 % zu reduzieren.

4. Bei Angabe des *Fehlers* der Analyse wird leider nicht einheitlich vorgegangen. Er wird am besten in „Wertperzenten“ angegeben, denn es ist einleuchtend, daß ein Unterschied von 0,1 % im Resultat zwischen dem gefundenen und dem tatsächlichen

Wert *etwas ganz Verschiedenes* bedeutet, wenn man z. B. einmal 99,9% statt 100,0%, einmal 9,9 statt 10,0% und einmal 0,9 statt 1,0% feststellt. Wenn auch der *absolute* Fehler jedesmal „0,1%" beträgt, so hat man doch im ersten Fall um $^1/_{1000}$, im zweiten um $^1/_{100}$, im dritten um $^1/_{10}$ zu wenig gefunden. Der *relative* Fehler beträgt also einmal 0,1, einmal 1 und einmal 10%. Obwohl schon mancher Autor[1] auf diese (ziemlich selbstverständlichen) Beziehungen aufmerksam gemacht hat, werden sie immer wieder außer acht gelassen.

Es ist in diesem Zusammenhang natürlich nicht richtig, wenn man an dem Grundsatz festhält, daß immer gerade zwei Dezimalstellen bei den Analysenperzenten angegeben werden sollen. Denn die zweite Dezimale kann ebensowohl mit einer großen, wie mit einer kleinen, ja u. U. mit gar keiner Unsicherheit behaftet sein. Viel besser wäre es, z. B. nach dem Vorschlag von SAAR (zitiert unter[1]), überhaupt nur drei Stellen anzugeben, also z. B. 0,376%, bzw 3,76%, bzw. 37,6%.

Im allgemeinen wird eine einfache Überlegung zeigen, ob die letzte Stelle noch sicher ist oder nicht. Ist sie es nicht, so erscheint mir die „Abrundung" der vorhergehenden Stelle richtiger als die Angabe einer Ziffer, von der man mit ziemlicher Wahrscheinlichkeit annehmen kann, daß sie falsch ist. Zum mindesten sollte man eine unsichere Stelle äußerlich kenntlich machen, z. B. durch die Schreibweise $37{,}6_4$% oder dergleichen.

Diese Betrachtungen haben natürlich für alle anderen Fälle sinngemäße Anwendung zu finden.

5. Wird also beispielsweise eine Rückstandsbestimmung mit bloß 0,3 mg Substanz unter Zuhilfenahme der KUHLMANN-Waage durchgeführt, so liegt bei Erreichung einer größeren relativen Genauigkeit als einer solchen von 1% ein Zufall vor. Dagegen kann man z. B. mittels der elektromagnetischen Mikrowaage[2] recht gut Rückstandsbestimmungen unter Anwendung von 0,02 mg Analysenmaterial durchführen und eine Genauigkeit von 0,2% erwarten.

Verhältnismäßig günstig ist es, wenn die relative Genauigkeit mit abnehmenden Massen innerhalb weiter Grenzen wesentlich dieselbe bleibt. Dieser Fall scheint bei den LUNDEGÅRDHschen Methoden vorzuliegen[3], welcher Autor kleine Mengen von Kalium und vielen anderen Elementen *spektrometrisch* ermittelt; dabei kann die Genauigkeit von etwa 5% zwischen 1 mg und 0,001 mg Ausgangsmaterial erreicht werden.

---

[1] Vgl. z. B. SAAR: Z. Unt. Nahr.- u. Gen.-M. **47**, 169 (1924); THIEL: Physikochem. Praktikum 11, Berlin 1926; FRESENIUS: Quant. Anal. **1**, 211 f. (1903); G. BRUHNS: Chem. Centr. **1**, 2768 etc. (1930).

[2] Methoden der Mikrochemie in ABDERHALDENS Handbuch, I. 3, S. 259. Wien und Berlin 1921.

[3] LUNDEGÅRDH: Die quantitative Spektralanalyse der Elemente, Jena 1929. — Der in diesem Buch S. 138 ausgesprochene Satz „ . . . für die meisten Elemente gibt es überhaupt keine ganz zuverlässigen Mikromethoden" kommt einer Verurteilung der quantitativen Mikroanalyse in Bausch und Bogen gleich und ist m. E. unrichtig. Vgl. Z. anal. Chem. **80**, 320 (1930). S. die 71. Übung.

6. Ist die Bestimmungsform ein Niederschlag im engeren Sinne, so beträgt sein Gewicht oft ein mehrfaches des zu ermittelnden Elements (Ions). Dadurch wird natürlich unter sonst gleichen Umständen die Genauigkeit erhöht. In einigen, wenigen Fällen sogar sehr bedeutend, da z. B. das Gewicht des phosphormolybdänsauren Ammoniums zirka siebzigmal so groß ist, wie das Gewicht des darin enthaltenen Phosphors. Dagegen bedingt eine große Tara (Wägeröhrchen, Filterröhrchen...) eine Verminderung der Wägegenauigkeit, weil das Gewicht größerer Objekte schwerer zu reproduzieren ist.

Wenn von extremen Fällen abgesehen wird, können wir danach als Norm für die quantitative Mikroanalyse angeben, daß sie mit einer Menge von einigen Milligrammen Ausgangsmaterial arbeitet, der im allgemeinen auch wieder einige Milligramme Bestimmungsform entsprechen werden.

Eine Verminderung der Materialmenge setzt entweder eine Erhöhung der Empfindlichkeit der Waage voraus oder hat eine Preisgabe von Genauigkeit im Resultat zur Folge.

Endlich sei noch bemerkt, daß zwar die meisten quantitativen Mikromethoden verkleinerte Makroverfahren sind, daß es aber in der Regel *nicht angängig ist, eine Mikroanalyse bloß auf Grund der bei der Makroanalyse gewonnenen Erfahrungen auszuführen.* U. a. muß die Mikroarbeit in den meisten Fällen weit höhere Anforderungen an die Gewichtskonstanz der zu wägenden Objekte stellen. Beim Makroverfahren genügt es, wenn ein Tiegel von 10 g Gewicht auf 0,2 mg genau gewogen wird; die Mikroanalyse verlangt, daß ein halb so schwerer Tiegel wenn möglich auf 0,002 mg konstant sei, das Verhältnis ist also im ersten Fall 2×10^{-5}, im zweiten Fall 4×10^{-7}. Man darf auch nie vergessen, *daß gerade beim quantitativen Arbeiten die individuellen Eigentümlichkeiten der Stoffe hervorragendst zur Geltung kommen.*

7. Eine wichtige Frage ist noch die, ob man bei Mikroanalysen wohl auf die Gewinnung einer einwandfreien *Durchschnittsprobe* rechnen könne. Hierüber hat BENEDETTI-PICHLER[1] teils allein, teils gemeinsam mit Prof. B. BAULE Arbeiten geliefert, die das Problem experimentell und rechnerisch behandeln. Als Hauptresultat sei angegeben, *daß die Anwendbarkeit des Milligrammverfahrens schon bei einem nicht sehr weitgehenden Zerkleinerungsgrad (Korngröße unter* 0,02 *mm) und guter Durchmischung sichergestellt erscheint.*

III. Über Waagen und Wägung im besonderen.

a) Die mikrochemische Waage von WILHELM H. F. KUHLMANN[2].

1. Einrichtung und Benutzung der Waage.

Der Forderung, Wägungen mit einer Genauigkeit von $\pm$ 0,002 mg vornehmen zu können, genügen wie gesagt verschiedene Instrumente. In meinem Institute sind namentlich von Dr. J. DONAU (und auch von mir) sehr zahlreiche Bestimmungen mit Hilfe von modifizierten *Nernstwaagen* ausgeführt worden, und ähnliche Instrumente haben auch anderwärts für Mikroanalysen gute Dienste

[1] Z. anal. Chem. **61**, 305 (1922), **74**, 442 (1928), daselbst auch weitere Literatur.

[2] Teilweise nach FR. PREGL: Die quantitative organische Mikroanalyse, 3. Aufl., Berlin: Julius Springer, 1930, S. 7 f.

geleistet. Wer im Gebrauch der Nernstwaage Übung hat, erspart bei den Wägungen unter Umständen viel Zeit, und ich habe deshalb an anderer Stelle die hierfür notwendigen Anweisungen ausführlich gegeben[1]. Gegenwärtig *muß* jedes Institut, in dem quantitativ mikroanalytisch gearbeitet werden soll, wegen der organischen Elementaranalysen über die Mikrowaage nach dem System von WILH. H. F. KUHLMANN verfügen, und da dieses Instrument wegen des weit größeren Wägebereichs die allgemeinere Anwendung besitzt, wollen wir uns hauptsächlich auf dessen Beschreibung beschränken.

Die Waage[2] (Abb. 39) besitzt einen etwas über 20 g schweren, massiven Messingbalken von 70 mm Länge, dessen Oberkante mit den für den Reiter nötigen Einkerbungen versehen ist; der Balken spielt auf Steinschneiden und ebenen Lagern. Die Empfindlichkeit ist bis zur Maximalbelastung von 20 g praktisch konstant. Die

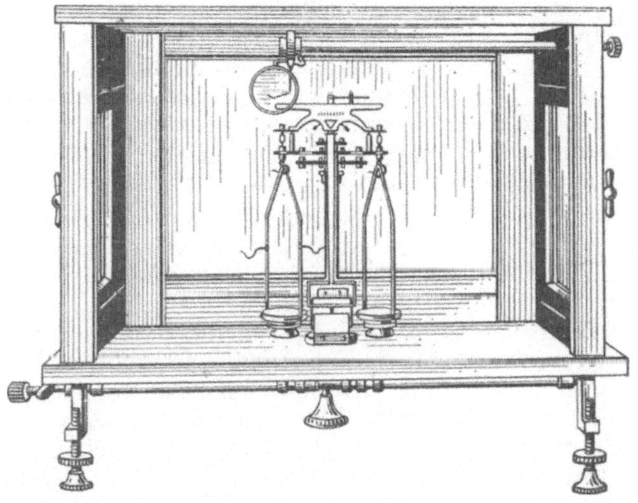

Abb. 39. KUHLMANN-Waage. ($^1/_5$ der natürlichen Größe.)

Spitze des Zeigers, sowie eine kleine Skala werden mittels eines vergrößernden Zylinderspiegels betrachtet.

Das Reiterlineal besitzt im ganzen nur 100 Kerben; da der Reiter 5 mg wiegt, muß die Justierung so getroffen sein, daß die Waage auf Null einspielt, wenn der Reiter in der ersten Kerbe links sitzt. Dagegen entspricht sein Gewicht 10 mg, wenn er den Platz in der letzten Kerbe rechts einnimmt. Um das Aufsetzen des Reiters zu erleichtern, hat PREGL eine (für den Kurzsichtigen entbehrliche) Lupe an der Reiterverschiebung anbringen lassen; damit der Reiter sicher die tiefste Stelle der Kerbe einnimmt, gibt man ihm nach dem Aufsetzen auf das Lineal mittels der Reiterverschiebung wiederholt (und zwar abwechselnd von links

[1] EMICH, Methoden der Mikrochemie, ABDERHALDENs Handb. I. 3, S. 183 f. Berlin u. Wien 1921.

[2] Bezugsquelle: Wilh. H. F. Kuhlmann, Hamburg, Steilshoperstr. 103. In neuerer Zeit verfertigen auch andere Firmen Waagen ähnlicher Konstruktion: Starke und Kammerer, Wien IV, Sartorius, Göttingen u. a.

und von rechts) einen leichten Stoß, so daß er jedesmal einen Augenblick pendelt. Wir nennen diese Manipulation das „Einreiten". Das Lineal ist mit Ziffern von 1—10 versehen, welche ganze Milligramme bedeuten. Aus der Stellung des Reiters ist also die dritte und vierte Grammdezimale abzulesen. Die fünfte ergibt sich aus dem Ausschlag unmittelbar, die sechste wird geschätzt. KUHLMANN justiert die Waage so, daß die Ausschlags*differenz* für ein Zehntelmilligramm zehn Teilstrichen der Zeigerskala entspricht. Wenn also der Zeiger rechts bis 4,9, links bis 2,6 ausschlägt, so ist die Schale links, wo sich das Wägegut befindet, um 2,3 Hundertstelmilligramm schwerer. Steht hierbei der Reiter auf dem Strich 5,8, so beträgt das Gewicht in Milligrammen

5,823.

Es empfiehlt sich bei genauen Wägungen den Reiter dann noch um einen Zahn nach rechts, also in unserem Fall auf die Kerbe 5,9, zu verschieben; der Ausschlag soll in diesem Falle so sein, daß sich eine Ausschlagsdifferenz von 7,7 Hundertstelmilligramm im entgegengesetzten Sinne ergibt. Trifft dies nicht zu, so nimmt man das Mittel aus den beiden Ablesungen[1].

Zu beachten ist noch folgendes. Wenn die Arretierungsvorrichtung der Waage ausgelöst (nach rückwärts gedreht) wird, so werden zuerst bloß die Schalen frei. Kommen sie dabei, wie dies in der Regel zutreffen wird, ins Pendeln, so arretiert man neuerdings und wiederholt dieses Spiel so lange, bis die Schalen auf das Senken der Arretierungsstifte überhaupt so gut wie nicht mehr reagieren. Dann erst dreht man die Arretierungskurbel vorsichtig so lange, bis Gehänge und Balken frei werden und die Arretierungswelle nicht mehr weiter gedreht werden kann. Man bekommt bald ein Gefühl dafür, wie schnell man drehen muß, damit der Balken nur ganz kleine Schwingungen vollführt. Die ersten Schwingungen, die sich nach dem Freimachen einstellen, sind oft nicht ganz regelmäßig, sie werden daher nicht beachtet; dagegen wird die fünfte und sechste, oder besser fünfte, sechste und siebente Schwingung abgelesen, und zwar am zweckmäßigsten so, daß man die Zehntelintervalle (d. h. die Tausendstelmilligramme) als Einheit betrachtet. Wenn also der Ausschlag, wie oben angegeben, 4,9 Teile nach links beträgt, so merkt (oder notiert) man sich die Zahl „49", bei der nächsten Schwingung die Zahl „26". Gewöhnlich wird der folgende (siebente) Ausschlag nicht mehr „49", sondern vielleicht „48"

[1] Ist eine Waage schon lange in Gebrauch, so kann es wohl auch vorkommen, daß ein Teilstrich am Reiterlineal nicht mehr 10 Teilstrichen Ausschlagsdifferenz entspricht. Es stehen dann zur Behebung dieser Unstimmigkeit zwei Wege offen: entweder man bestimmt das in Rede stehende Verhältnis durch eine Reihe von Ablesungen, aus denen man das Mittel nimmt und legt für die Ausschlagsdifferenzen von 1 bis z. B. 87 eine Tabelle an, die den Werten von 1—100 Tausendstelmilligrammen entspricht, oder man verändert die Empfindlichkeit durch Drehen der Schwerpunktschraube; diese letztere Arbeit, die einige Vorsicht erfordert, wird so vorgenommen, daß man jedesmal nur ganz kleine Verschiebungen besorgt und jeweils auf gute Fixierung der gegeneinander drückenden Muttern achtet.

oder „47" sein. Man nimmt dann das Mittel aus dem fünften und siebenten Ausschlag und die Differenz ist dann natürlich nicht „23" sondern „22". Diese Rechnungen sind so einfach, daß man sich schnell daran gewöhnt, sie im Kopf zu machen, während die Waage schwingt. Wir brauchen nicht hinzuzufügen, daß „Ausschlagsdifferenz" nicht identisch ist mit „Nullpunktsverschiebung", diese ist selbstverständlich die Hälfte von jener, wird aber hier nicht weiter berücksichtigt.

Daß Ausschläge, welche nach derselben Seite hin erfolgen, zu addieren sind, versteht sich.

Es ist nicht zweckmäßig, die Waage allzu große Schwingungen machen zu lassen.

Bei sorgfältigem Arbeiten wird der Unterschied zweier aufeinanderfolgender Wägungen nicht größer als 0,002 mg ($=2\,\gamma$) sein[1].

2. Aufstellung und Behandlung der Waage[2].

Die Waage soll auf einer Marmorplatte stehen, die z. B. unter Vermittlung einer Zwischenlage von Bleiblech auf eingemauerten, eisernen Wandkonsolen ruht. (Abb. 40, S. 52.)

Um die Waage gegen zufällige Verschiebungen zu schützen, lasse ich in der Nähe der Mitte der Bodenplatte unter oder an dem Lager der Arretierungswelle einen Haken anbringen, in dem ein zweiter Haken eingreift, der das obere Ende einer Messingstange bildet, die durch eine Bohrung der Marmorkonsolplatte hindurchgeht, und die am anderen Ende mit einer Schraubenmutter und einer Feder versehen ist. Die Abb. 40 zeigt diese einfache Vorrichtung (die auch bei den gewöhnlichen kleinen Analysenwaagen gute Dienste leistet) in Vorderansicht bzw. Durchschnitt in $^1/_4$ natürlicher Größe. B und B' sind die Lager der (weggelassenen) Arretierungswelle, GG' stellt die Bodenplatte des Gehäuses, CC' die Marmorkonsolplatte vor.

Vor der Aufstellung und auch im Gebrauch ist die Waage (z. B. einmal im Semester) einer gründlichen *Reinigung* zu unterziehen; sie hat namentlich dann Platz zu greifen, wenn die Arretierungskontakte kleben, d. h. die Waage beim Freimachen nicht zu schwingen anfängt. Das wichtigste ist die Reinigung der erwähnten Kontakte, der Schneiden und der Lager. Sie erfolgt durch Abreiben mit kleinen Rehlederläppchen, die man mittels einer spitzen Pinzette so faßt, daß nur das Leder mit den Achatflächen in Berührung kommt. Die Arbeit wird mit einer guten Lupe kontrolliert, namentlich achte man auf feine Härchen, die an einer Schneide oder an der Zeigerspitze kleben können. Balken, Reiterlineal,

---

[1] Daraus ist nicht zu folgern, daß man mit der Waage in der Lage sei, das Gewicht eines 20 g schweren Körpers tatsächlich auf $0{,}002:20\,000 = 10^{-7}$ genau zu bestimmen, denn erstens sind die Gewichte nur auf höchstens 1—2 Hundertstelmilligramm genau (ändern sich auch mit der Zeit ein wenig) und zweitens ist die Oberfläche vieler Körper ständigen Veränderungen ausgesetzt und daher kaum genau reproduzierbar. Das ändert aber nichts an der Richtigkeit des Satzes, der der Anwendung der Waage zugrunde liegt: daß nämlich die Genauigkeit der notwendigen *Differenzwägungen* mit den Forderungen des (Zentigramm- und) Milligrammverfahrens in Einklang steht.

[2] Vgl. E. SCHWARZ-BERGKAMPF: Z. anal. Chem. 69, 321 (1926).

Gehänge werden abgepinselt, die Schalen und Bügel mit einem größeren Rehlederlappen abgewischt. Den Balken selbst berührt man möglichst nicht mit den Fingern, man faßt vielmehr stets den oberen Teil der Zunge an; *auf die Spitze der letzteren ist besonders zu achten.* Wer zu feuchten Fingern neigt, tut gut, sich während der gedachten Manipulationen öfter die Hände zu reinigen. An Stelle von Rehleder (das auch von FELGENTRAEGER nicht empfohlen wird) hat Dr. BENEDETTI-PICHLER Leinwand benutzt, die wiederholt gut, zuletzt mit destilliertem Wasser gewaschen wurde. Man muß dann aber als letzte Reinigung unbedingt ein *Abpinseln* anwenden; der Pinsel ist mittels Aceton zu entfetten.

Vor der Zusammenstellung kontrolliert man das Funktionieren der Arretierungsvorrichtung, entfernt etwa vorhandene Unreinheiten und fettet die Lager der Welle, wenn nötig, mit einer Spur Uhrmacheröl ein. Hierauf wird die Arretierung gehoben und der Balken aufgelegt, der natürlich, weil der Reiter fehlt, nach rechts umkippt. Indem man mittels eines Pinsels einen leichten Druck auf die linke Seite der Zunge ausübt, bringt man den Balken zum Umkippen nach links. Während er sich in dieser Lage befindet, hängt man das linke Gehänge ein. Man läßt mit dem Druck vorsichtig nach, der Balken kommt nun in die horizontale Lage. Hierauf hängt man das rechte Gehänge ein. Darauf folgt das Einhängen der Schalen. Sehr bequem lassen sich diese Arbeiten vornehmen, wenn das ganze Glasgehäuse *von der Grundplatte abgehoben werden kann*, eine Einrichtung, die KUHLMANN auf Wunsch besorgt. Die Waage wird ferner unter Beobachtung des Senkels horizontal gestellt, an der Konsolplatte befestigt (s. o.) und in bezug auf das Funktionieren der Arretierung geprüft. Auch kann jetzt schon festgestellt werden, ob der Zeiger nach dem Aufsetzen des Reiters annähernd auf Null einspielt. Ist dies nicht der Fall, so kann die Fahnenschraube vorsichtig betätigt werden. Auch für diesen Fall ist das abnehmbare Gehäuse angenehm.

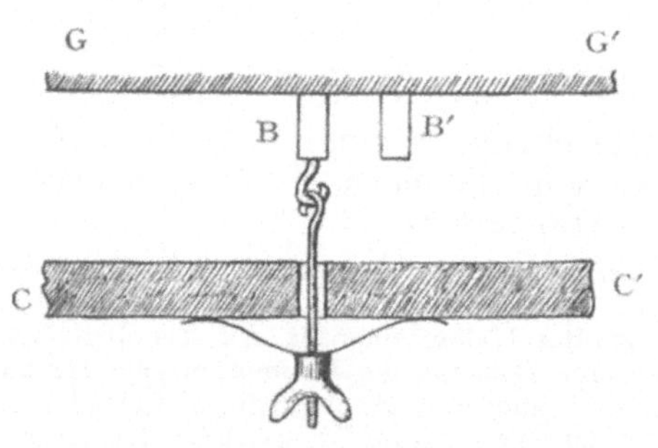

Abb. 40.
Fixierung der Waage auf der Konsolplatte.

Die Waage wird nun zum Temperaturausgleich einige Stunden bei offenen Türen sich selbst überlassen.

Hierauf wird das Gehäuse geschlossen, die linke Hand erfaßt die Arretierungskurbel links, die rechte legt man symmetrisch dazu an die Seite des Gehäuses, um dessen Temperatur möglichst gleichförmig zu beeinflussen. Wird jetzt entarretiert, so wird der

Balken im allgemeinen eine um ein paar Hundertstelmilligramme andere Ruhelage einnehmen als vorher. Ist die Abweichung größer, so muß mit der Fahnenschraube[1] manipuliert und danach neuerdings einige Zeit gewartet werden. Meist wird dies nicht der Fall sein, und man kann dann die Einstellung der Waage mittels einer der Fußschrauben auf „Null" bringen. Dieses letztere Verfahren ist wohl physikalisch nicht ganz einwandfrei, aber praktisch zulässig und jedenfalls äußerst bequem.

Ein gutes, normales Auge kann die Ablesung ohne weiteren Behelf vornehmen und lernt namentlich die Intervalle (Tausendstelmilligramme) bald schätzen. Für ein kurzsichtiges (und nicht völlig korrigiertes) Auge ist die Anwendung einer „*Fernrohrlupe*[2]" sehr zu empfehlen. Man braucht dann nicht zu fürchten, daß die vom Kopf des Beobachters ausgehenden Wärmestrahlen die Ablesung nennenswert beeinflussen.

Weiters überzeugt man sich von der Gleichheit der beiden Balkenarme, die in der Regel vorhanden sein wird. Man verbindet damit die Prüfung auf die Empfindlichkeit bei der Maximalbelastung von 20 g. Ist die Waage nicht gleicharmig, so notiert man das Verhältnis der Balkenarme, um es in den wenigen Fällen berücksichtigen zu können, wo dies notwendig ist.

Als nächste Übung empfehle ich die Eichung der Zentigrammstücke des Gewichtssatzes. (Die übrigen Gewichte werden fast nur zu Tarierzwecken benötigt und brauchen deshalb, wenn nicht besondere Gründe vorliegen, gar nicht sehr genau justiert zu sein.) Da man den *Reiter* am häufigsten benutzt, bezieht man die Zentigrammgewichte auf ihn als Einheit in dem Sinne, daß man sein Gewicht genau gleich 5 mg annimmt (65. Übung). Natürlich stellt man die betreffenden Zahlen in einer kleinen Tabelle zusammen.

Bei den Wägungen von Tiegeln, Absorptionsapparaten usw. benutzt PREGL Tarierfläschchen (die zugleich mit der Waage bezogen werden können), in die er *Schrotkörner* einfüllt. Das Verfahren ist dabei folgendes: man bringt das Fläschchen auf die rechte Waagschale, entarretiert ganz wenig und bringt zur Tara ein 100 mg-Gewicht. Nun wird so lange Korn für Korn mittleres Schrot in das Fläschchen gebracht, bis die Waage umschlägt. Hierauf entfernt man das zugelegte 100 mg-Gewicht und bewirkt den weiteren Ausgleich mit feinstem Schrot („Vogeldunst"). Ist endlich das Objekt nur noch um etwa 1 mg zu schwer, so tritt der Reiter in Anwendung, wie schon besprochen. — Ich bevorzuge das Tarieren mittels des Gewichtssatzes, bzw. mit den gleich zu erwähnenden Tarierstücken. Damit die Stücke gleichen Gewichtes nicht verwechselt werden, läßt man sie vom Mechaniker signieren (bei den Dezi- und Zentigrammgewichten genügt z. B. ein Umbiegen des nach oben stehenden Drahtendes oder dergleichen.) Zweckmäßig ist es, ein zweites (evtl. drittes) Zentigrammstück anzufertigen[3], damit man beim Übergang von z. B. 4,59 auf 4,60 g die Fehler des Gewichtsatzes ausschaltet.

---

[1] Manche Firmen stellen Waagen her, bei denen die Betätigung des Fahnenschräubchens bei *geschlossenem* Gehäuse möglich ist.

[2] S. z. B. die Druckschrift „Med. 9" von Carl Zeiss, Jena.

[3] FR. PREGL empfiehlt u. a. auch Aluminiumtarierstücke von ca. 5 mg Gewicht. Die quantitative organische Mikroanalyse, 3. Aufl., Berlin: Julius Springer 1930, S. 19.

Tarierstücke, die dem zu wägenden Objekt möglichst an Gestalt und Material gleichen, sind *besonders zweckmäßig*, also z. B. ein Porzellantiegel als Tara für den Porzellanarbeitstiegel usw. Ist die Tara zu schwer, so kann sie durch Abschleifen leicht auf das entsprechende, etwas kleinere Gewicht gebracht werden. Ist sie zu leicht, so ergänzt man das fehlende durch Glasperlen oder Stäbchen aus widerstandsfähigem Glas. Tariergeräte und Gewichte bewahrt man im Waaggehäuse auf.

Vor der Wägung wird das Gehäuse wieder 10 Minuten lang „gelüftet", wie oben angegeben; dann wird die Nullage kontrolliert und wenn nötig die Waage durch Betätigung der Fußschrauben bei schwingendem Balken zum genauen Einspielen gebracht.

Hierauf wird gewogen und hernach evtl. nochmals die Nullage ermittelt.

Alle Objekte, die gewogen werden sollen, müssen die Temperatur des Gehäusraumes angenommen haben; man läßt sie, wenn sie geglüht worden sind, zunächst im Laboratorium abkühlen, z. B. einen Tiegel auf dem Kupferblock usw., dann aber bringt man sie je nach ihren Dimensionen auf 5—20 Minuten in die Nähe der Waage und schließlich 5—10 Minuten lang in das Innere des Gehäuses. Die Objekte werden niemals mit der Hand, sondern stets mittels Pinzetten, Drahtklemmen u. dgl. angefaßt. Glasgefäße (Absorptionsapparate, Mikrobecher) werden erst mit feuchtem Flanell, dann mit zwei trockenen Rehlederlappen abgewischt, „bis man das Gefühl des leichten Darübergleitens hat" und dann auf einem Drahtgestell oder dergleichen (Federstiel- und Bleistiftträger) 15 Minuten sich selbst überlassen. Auf solche Weise erzielt PREGL eine stets reproduzierbare Wasserhaut[1].

Hier könnte noch folgendes eingeschaltet werden:

a) Kleine, dünnwandige Porzellantiegel[2] von 0,5—10 cm³ Inhalt verändern das Gewicht bei wiederholtem Ausglühen im Bunsenbrenner oder in der elektrischen Muffel nicht merklich. Die Tiegel werden nach dem Glühen wie oben angegeben abkühlen gelassen.

b) *Platintiegel* von etwa 1 cm³ Inhalt werden behufs Reinigung mit Salpetersäure 1:1 gekocht, gewaschen und geglüht, bis die Flamme nicht mehr gelb leuchtet. Sie werden dabei fast jedesmal um eine Spur leichter. Der Tiegel wird nach flüchtigem Abkühlen mittels der Platinpinzette auf ein Kupferblöckchen gestellt, nach 2 Minuten auf ein zweites gebracht und schließlich eine Minute im Waaggehäuse (57) verweilen gelassen.

c) Über den Temperaturausgleich anderer Gefäße s. S. 65 u. 68.

3. Einige weitere Bemerkungen.

1. Über das *Waagzimmer* ist zu sagen, daß seine Fenster nach Norden gelegen sein sollen, damit die Waage nie von Sonnenstrahlen

---

[1] Näheres über die Behandlung der Absorptionsapparate ist aus dem PREGLschen Werk zu entnehmen. — Das Verfahren des feuchten und trockenen Abwischens rührt im Prinzip bekanntlich von WI. OSTWALD her.

[2] Z. B. von der Staatl. Porzellanmanufaktur Berlin, Wegelystraße.

getroffen werden kann; ebenso ist die *Nähe* von Öfen, Flammen und elektrischen Lampen zu vermeiden. Als künstliche Lichtquelle empfiehlt PREGL Deckenlampen (Halbwattlampen von 600 Normalkerzen). Ist die Skala nicht genügend hell, so stellt man an passender Stelle ein Spiegelchen auf, das z. B. unter Vermittlung eines Kugelgelenks von einem Stativchen gehalten wird. Stört die Nähe der Wand, so bringt man nach FELGENTRAEGER zwischen ihr und dem Gehäuse ein dickes Aluminiumblech an. Wird die Waage nicht gebraucht, so dreht man die Arretierungskurbel so um, daß der Griff *unter* die Bodenplatte der Waage zu stehen kommt. Die Waage kann dann bei zufälliger Berührung der Kurbel nicht entarretiert werden.

Steht die Waage im ungebrauchten Zustand unter einem Pappendeckelschutzkasten, so ist er einige Stunden vor Benützung der Waage zu entfernen.

Der Innenraum der Waage wird nicht getrocknet, wohl aber ist das Einbringen eines nußgroßen Stückchens Pechblende nützlich, damit sich elektrische Ladungen leichter ausgleichen können, die u. U. bei *sehr trockener* Luft ganz merkwürdige Störungen hervorrufen.

2. Wir berichten zum Schluß kurz über einige Erfahrungen, die E. SCHWARZ-BERGKAMPF (zitiert auf S. 51) bei seinen umfangreichen Untersuchungen gemacht hat. Eine Gewichtskonstanz von $\pm 2\,\gamma$ ist nur zu erreichen, wenn man die Waage in ein auf konstante Temperatur (z. B. mit Gas) geheiztes Zimmer bringt, in dem die täglichen Temperaturschwankungen unter 1^0 C liegen. Die Temperatur soll im Waaggehäuse gemessen werden. Die Wägungen sind erst konstant, nachdem im Waagzimmer schon einige Tage lang dieselbe Temperatur herrscht; *unter 18—20⁰ C soll diese Temperatur nicht sein*, weil sich sonst die Erwärmung durch den Wägenden zu schnell bemerkbar macht. Bei Tarawägungen mit einem gleichdichten Gegenstand (man verwendet auch für Glas einen Porzellantiegel) ist dann keine Korrektur mehr nötig. Bei Wägungen mit Gewichten ist gewöhnlich auch keine Korrektur nötig, außer wenn eine größere Zeitspanne (Nacht) verstrichen ist. In diesem Falle muß man evtl. die Luftauftriebsdifferenz berücksichtigen. Die Änderung der Luftfeuchtigkeit spielt keine wesentliche Rolle.

Nach jeder Wägepause (Nacht) ist es gut, die Waage unter etwa fünfmaligem Arretieren etwas ausschwingen zu lassen. Zwischen zwei Wägungen, nicht aber beim Einwägen, muß man wegen der Erwärmung durch den Wägenden mindestens 5 Minuten lüften. Das hinter dem Vorderschieber stehende Thermometer steigt während der Wägung meist um 0,1—$0{,}2^0$ C; beträgt die Zunahme mehr als $0{,}3^0$ C, so ist die frühere Gleichgewichtslage der Waage gestört. Den Reiter muß man bei jeder Wägung mindestens dreimal einreiten, das erste Schwingungsergebnis ist zu verwerfen, das erste Doppelresultat ist das richtige; bei den Zwischenarretierungen wird nur der Balken fixiert, die Schalen bleiben frei. Wenn sich bei Ausführung einer Wägung das Gewicht immer ändert, meist im gleichen Sinn (Erwärmung durch den Gegenstand oder den Wägenden), muß man sich von dem Instrument entfernen und das Gehäuse 5 Minuten lang offen lassen.

Den Nullpunkt bestimmt man am besten *nach* der Wägung. Wenn das Waagzimmer konstante Temperatur zeigt, nimmt man den Nullpunkt als konstant an, d. h. berücksichtigt ihn gar nicht.

Besonders bemerkbar machen sich diese Verhältnisse im Winter, da die Räume meist nur während der Arbeitszeit geheizt werden und die Nachwirkungen des Temperaturabfalles während der Nacht die Gleichgewichtslage der Waage sehr beeinflussen. Im Sommer ist ein günstig gelegenes Waagzimmer bei vorsichtiger Lüftung leicht auf fast konstanter Temperatur zu halten.

Der Reiter muß senkrecht sitzen, eine Neigung von 1° ändert das Gewicht schon um 6 γ. Eine Beeinflussung durch ein magnetisches Feld kann nicht stattfinden (weil die Waage nur aus Messing und Argentan gebaut ist).

Durch die Anwendung eines auf konstanter Temperatur gehaltenen Waagzimmers hat man den Vorteil, schneller arbeiten zu können. Jede Wägung beansprucht nur die halbe Zeit wie sonst. Denn es entfällt die Nullpunktsbestimmung, die oft auch ein etwas verzerrtes Bild liefert, weil durch die zwei Wägungen doppelte Fehlermöglichkeit besteht und die Waage durch den Wägenden meist schon etwas erwärmt ist. Ebenso findet bei konstanter Temperatur die Einstellung der richtigen Gleichgewichtslage schneller und eindeutiger statt.

b) Über andere Waagen.

Daß sich der Mikrochemiker in den Fällen, in welchen eine geringere Genauigkeit erfordert wird, der gewöhnlichen Analysenwaage bedient, braucht nicht besonders bemerkt zu werden. Namentlich bei der präparativen Arbeit wird sie oft benutzt. Aber auch andere Waagen können gute Dienste leisten, zumal, wenn, wie z. B. bei Serien von Versuchen, möglichst schnell gewogen werden soll. Wir machen

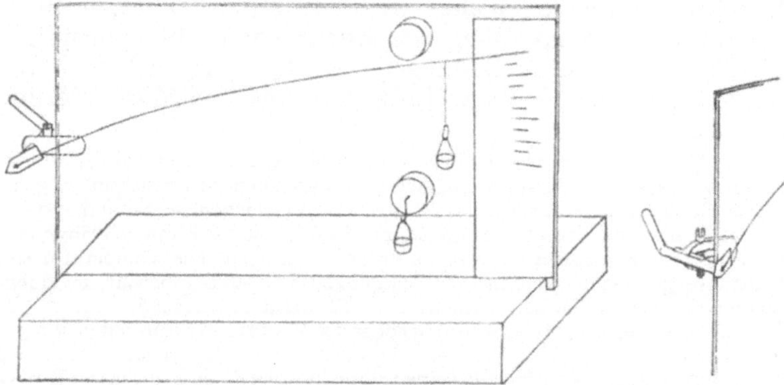

Abb. 41. Vereinfachte Salvioniwaage.

für solche Fälle auf die „*Torsionsfederwaagen*“ von Hartmann & Braun, Frankfurt a. M., auf die *Nernstwaage* und auf die *Projektionsfederwaage* aufmerksam [1], endlich kann für ganz rohe Wägungen (z. B. für präparative Zwecke) eine einfache Glasfaden-(Salvioni-)Waage benutzt werden, die wir im folgenden kurz beschreiben.

Eine Glasscheibe 9 × 12 cm ist (Abb. 41) lotrecht in ein Grundbrettchen eingesteckt. Links befindet sich eine Klemmvorrichtung (in der Nebenabbildung in seitlicher Ansicht gezeichnet), die durch einen angesiegelten Kork ersetzt werden kann, in dem ein ⌉-förmig gebogener Glasstab mit einiger Reibung drehbar steckt. An ihm ist eine Glasfeder angesiegelt, die 0,1 mm dick und 12 cm lang genommen wird. Ihr freies rechtes Ende trägt mittels eines Quarz- oder Wolframfadens oder Wollastondrahtes ein Häkchen, an dem entweder ein Platinbügelschälchen oder ein gleichschweres Platinfilterschälchen (S. 69) angehängt werden kann. Letzteres besitzt einen durchlöcherten Boden und dient namentlich zum Absaugen von Krystallen. Das freie Ende der Glasfeder spielt vor einer Kartonskala, die empirisch geeicht, bis 50 mg reicht und halbe Milligramme schätzen läßt. Im unbenützten Zustand bedeckt man das Instrumentchen mittels einer Exsiccatorenglocke. Die Wägungen gehen sehr schnell vor sich, die Herstellung des Apparatchens kostet wenig Zeit und Material, auch ist es gegen Erschütterungen und gegen Laboratoriumsluft unempfindlich.

[1] Emich, Methoden der Mikrochemie, Abderhaldens Handb. I. 3, S. 252, 255, Berlin u. Wien 1921.

IV. Das Trocknen.

Exsiccatoren und Trockenschränke.

1. Beim Arbeiten mit sehr kleinen Gefäßen benutzt man ein Canadabalsamglas (Abb. 42) als *Hand-(Dosen-)Exsiccator*. Im unteren Teil befindet sich das Trockenmittel, z. B. eine Stange Ätzkali und einige Stücke gebrannten Kalks (nur diese müssen öfter erneuert werden), der obere Teil enthält z. B. ein Silberdrahtnetz (gestrichelte Linie), das man ab und zu *schwach* ausglüht.

2. Für größere Gefäße wird *der gewöhnliche Dosenexsiccator* benutzt; damit sie möglichst schnell abkühlen, bringt man einen (eventuell vernickelten) Kupferblock (Platte von 1 cm Höhe und 2 × 2 cm Basis) in den Trockenraum. (Ein ebensolches aber kleineres Blöckchen, etwa von der Größe eines Markstücks, steht z. B. vor der Skala in der Kuhlmannwaage, ein drittes neben derselben.)

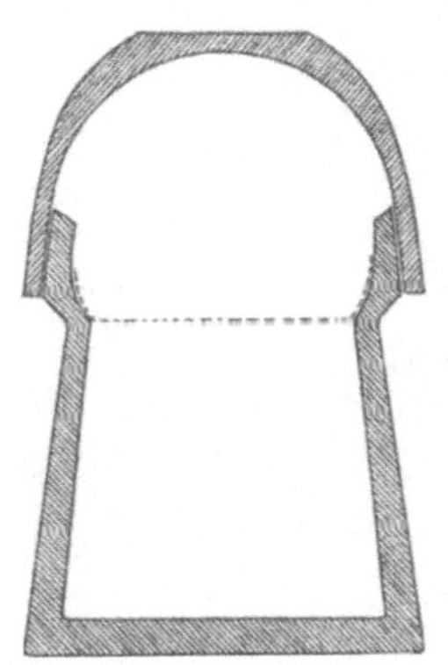

Abb. 42. Mikrodosenexsiccator. ($^2/_5$ der natürlichen Größe.)

3. Als *Röhrenexsiccator*, z. B. zum Trocknen von Substanzen, die sich im Verbrennungsschiffchen befinden, benutzt Pregl[1] den Apparat Abb. 43.

Eine 240 mm lange Röhre von 10 mm äußerem Durchmesser, deren Lumen in der Mitte auf einer Strecke von 20—30 mm zu einer feinen Capillare verengt ist, ist auf der einen (rechten) Seite mit mehreren Lagen feiner Watte gefüllt, auf welche gekörntes Chlorcalcium in einer Länge von 50 mm folgt. Danach kommt wieder eine Lage Watte, endlich ist die Mündung mit einem gut passenden Stopfen versehen, durch dessen Bohrung eine haarfeine (Thermometer-) Capillare gesteckt ist. Darauf folgt eine Erweiterung, die auch wieder mit Watte vollgestopft ist, um das Eindringen von Staub in die Capillare zu verhindern. Die andere (linke) Hälfte der Röhre dient zur Aufnahme

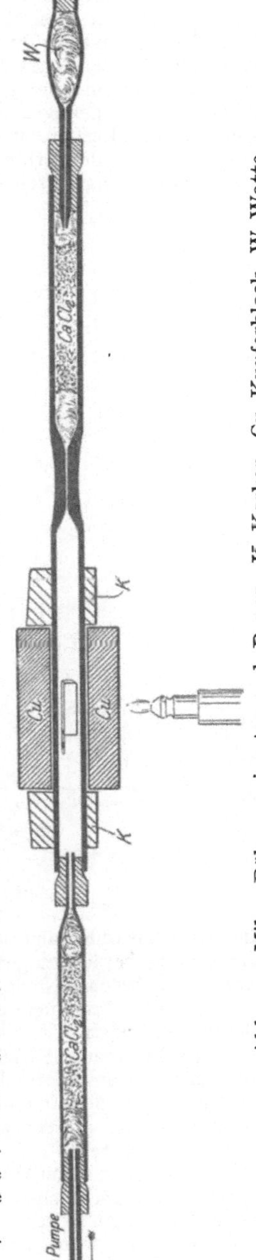

Abb. 43. Mikro-Röhrenexsiccator nach Pregl. K Korken. Cu Kupferblock. W Watte.

[1] S. z. B. H. Lieb: Mikroelementaranalyse, Abderhalden: Biolog. Arbeitsmethoden Bd. 1, 3, S. 351. Über eine ähnliche Vorrichtung vgl. Bouillot: Chem. Centr. 2, 1170 (1923).

des Schiffchens. Die Mündung wird unter Zwischenschaltung eines Chlorcalciumrohres mit der Wasserluftpumpe verbunden. An den Korken K sind ebene Flächen angefeilt, damit der Apparat nicht rollen kann.

Soll der Mikroexsiccator *erhitzt* werden, so benützt PREGL den „Regenerierungsblock[1]" (Abb. 44). Der Röhrenteil mit der Substanz wird in den weiten Kanal des Blocks gelegt und ein Rollen der Röhre durch Anpressen der beiden Korke an die Wand des Kupferblocks vermieden. Nach Anschalten der Pumpe sinkt der Druck im Exsiccator annähernd auf das durch dieselbe erzielbare Minimum, wenn die Capillaren fein genug sind. Zur Regulierung der Temperatur dient die Einstellschraube am Mikrobrenner. Vor der Wägung stellt man die Pumpe ab, nimmt den Exsiccator aus der Erhitzungsvorrichtung heraus, wartet einige Minuten bis genügend Luft eingetreten ist und bringt ihn noch warm in die Nähe der Waage.

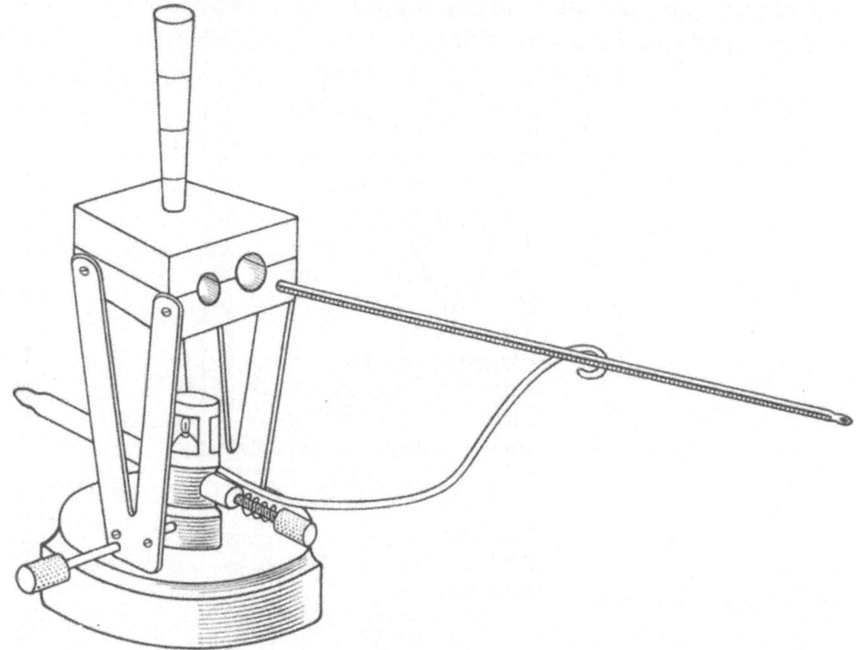

Abb. 44. PREGLs Regenerierungsblock.

Hier wird das Chlorcalciumrohr abgenommen, das Schiffchen mittels eines Platindrahthakens herausgezogen und rasch in das schon bereitgehaltene Wägegläschen (Abb. 47) gebracht. Nach einigen Minuten Wartezeit erfolgt die Wägung selbst.

Über das Trocknen der mittels des Filterstäbchens gesammelten Niederschläge vgl. S. 65 f.

4. In den meisten Fällen wird man mit den üblichen *Trockenschränken* auskommen; übrigens läßt sich eine einfache Trockenvorrichtung improvisieren, indem man eine Proberöhre in einen etwa 100 cm³ fassenden Kolben einsenkt, der auf dem Asbestdrahtnetz erhitzt werden kann. Im Proberöhrchen stecken mittels eines dreifach gebohrten Korks ein Thermometer und ein Knierohr, durch das man getrocknete Luft einleitet; ein zweites ermöglicht den Austritt der feuchten Luft. Tiegel, Fällungsschälchen und dergleichen werden entweder an einem Haken aufgehängt, den man in der Nähe der Thermometerkugel anbringt oder auf ein Drahtnetz oder dergleichen aufgelegt.

---

[1] FR. PREGL: Die quantitative organische Mikroanalyse, 3. Aufl., Berlin: Julius Springer 1930, S. 76.

5. Bequem ist auch ein STÄHLER*scher Block*, der natürlich in kleineren Dimensionen ausgeführt werden kann. Vergleiche die Abb. 45, die nur insofern einer Erläuterung bedarf, als das eingezeichnete Thermometer ein „*kurzes Thermometer*" ist. Es ist nämlich nur von 5:5 Graden geteilt und infolgedessen, obwohl es bis 360° reicht, nur 8 cm lang. Solche Thermometer sind für viele Zwecke ausreichend genau und dabei sehr handlich.

Über das Trocknen bei Glühtemperatur ist hauptsächlich zu sagen, daß man die Platingefäßchen kaum je direkt mit der Flamme erhitzt, sondern in der Regel auf einer passenden Unterlage,

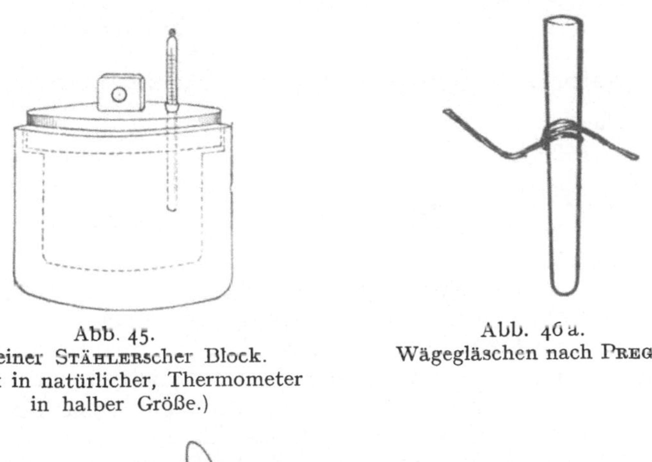

Abb. 45. Kleiner STÄHLERscher Block. (Block in natürlicher, Thermometer in halber Größe.)

Abb. 46 a. Wägegläschen nach PREGL.

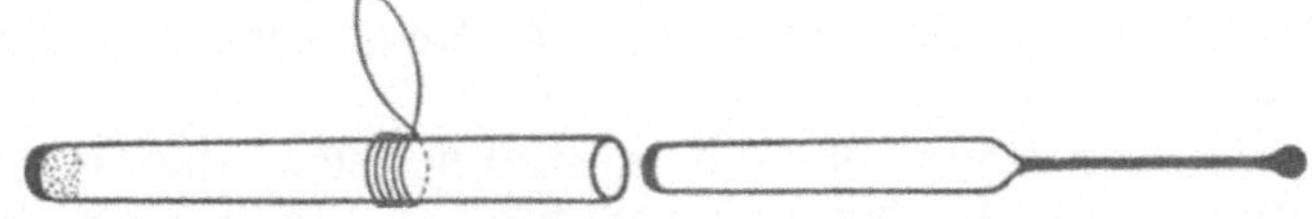

Abb. 46 b. Wägegläschen nach PREGL.

als welche sich gewöhnliche Porzellantiegel, deren Deckel oder namentlich Quarzgutuhrgläser von ca. 5 cm Durchmesser besonders eignen.

6. Die von PREGL[1] angegebenen Wägegläschen (Abb. 46) müssen hier gleichfalls erwähnt werden.

Die Röhrchen können leicht durch Ausziehen und Zuschmelzen von Proberöhren erhalten werden. Länge 30—35 mm, offenes Ende 4 mm, geschlossenes 2—3 mm Durchmesser. Der Stopfen (Abb. 46b) ist nicht eingeschliffen. Zum Anfassen dient einerseits der dünne Glasgriff, andererseits ein um das Röhrchen geschlungener Aluminiumdraht von 0,5 mm Durchmesser. Bei dem Röhrchen b ist die Form des Drahtes aus der Zeichnung ersichtlich; bezüglich des Röhrchens a sei bemerkt, daß das rechte Ende des Drahtes nach abwärts gebogen ist, das linke zuerst nach abwärts, dann nach aufwärts. Das Röhrchen ruht nur mit drei Punkten auf der Unterlage, nämlich mit dem zugeschmolzenen Ende, ferner mit der Spitze des kürzeren (rechten) und der Umbiegungsstelle des längeren (linken) Drahtschenkels. Muß das Röhrchen — etwa um Substanz zu entnehmen — mit den

[1] FR. PREGL: Die quantitative organische Mikroanalyse, 3. Aufl., Berlin: Julius Springer, 1930, S. 109.

Fingern angefaßt werden, so geschieht dies nicht unmittelbar, sondern unter Anwendung eines reinen Gazeläppchens. Natürlich ist dann für entsprechenden Temperaturausgleich zu sorgen.

7. Wenn bei Rückstandsbestimmungen im Schiffchen eine Substanz angewandt wird, die nicht offen gewogen werden darf, so benützt PREGL[1] ein Wägeglas nach Abb. 47.

Dieses Gläschen selbst trocknet PREGL nicht, es wird z. B. im Waaggehäuse aufbewahrt. Ist die Substanz im Schiffchen getrocknet worden, so bringt man es

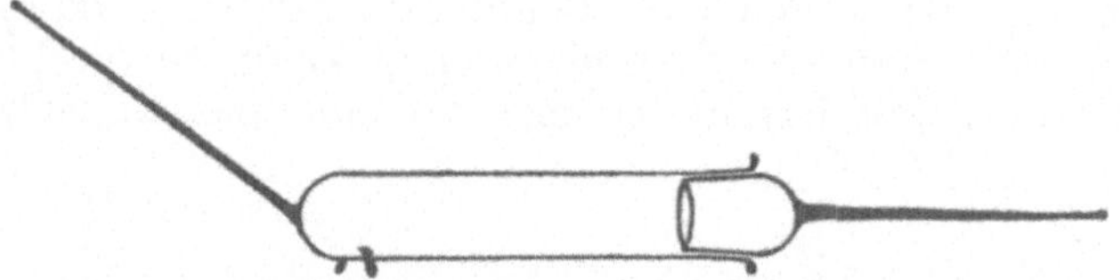

Abb. 47. Wägegläschen nach PREGL. Natürliche Größe.

möglichst schnell in das Wägeglas, verschließt und wartet den Temperaturausgleich ab. Vgl. den Absatz „Mikromuffel" S. 62.

V. Über Rückstandsbestimmungen.

1. Unter Rückstandsbestimmungen verstehen wir Bestimmungen, bei denen eine gegebene Substanz ohne Wechsel des Gefäßes und ohne Wasch- oder Filtrieroperationen in eine zweite einheitliche Substanz übergeführt wird. Derartige Bestimmungen sind die einfachsten und infolgedessen im allgemeinen die genauesten Analysen; auch erfordern sie unter günstigen Umständen außer dem Tarieren des Arbeitsgefäßes nur noch zwei Wägungen. Man kann also auch von einer *„Methode der drei Wägungen"* sprechen.

Wieder besonders einfach gestalten sich die Rückstandsbestimmungen z. B. bei den organischen Edelmetallsalzen, wie Chloroplatinaten, ferner bei Chromaten organischer Basen, bei Kupfersalzen organischer Säuren usw. Bei manchen Metallverbindungen ist auf ihre Flüchtigkeit Rücksicht zu nehmen (valeriansaures Kupfer und andere Kupferverbindungen[2], Dimethylglyoxim-Nickel u. a.).

Zu den Bestimmungen verwendet man a) Porzellantiegel von 0,5—5 cm³ Inhalt, b) Platintiegel von etwa 1 cm³ Inhalt, c) die nach dem Verfahren von J. DONAU (S. 69) hergestellten Bügelschälchen aus Platinfolie, d) die in der Mikroelementaranalyse benutzten Platinschiffchen. Die unter c) und d) genannten Gefäße gestatten wegen ihrer raschen Abkühlung das schnellste Arbeiten; nur muß man sich vor ihrer Anwendung (etwa durch einen qualitativen Versuch) überzeugen, daß bei der betreffenden Reaktion kein Überschäumen erfolgt; es läßt sich, nebenbei bemerkt, oft

[1] FR. PREGL: Die quantitative organische Mikroanalyse, 3. Aufl., Berlin: Julius Springer 1930, S. 73.

[2] Vgl. insbesondere H. MEYER: Analyse u. Konstitutionsermittlung, Berlin 1922, S. 341.

durch Zusatz von (mitgewogenem) Asbest verhüten[1]. Wesentlich langsamer kühlen schon die unter b) genannten Tiegel aus, deren Gewicht etwa 2 g beträgt und am langsamsten arbeiten Porzellantiegel, deren völlige Gewichtskonstanz erst nach etwa einer halben Stunde eintritt (vgl. S. 54).

Für das Arbeiten mit den Gefäßen a und b empfehlen wir folgende Vorsichtsmaßregeln, die sich in erster Linie auf das Abrauchen organischer Salze von Kalium, Natrium, Magnesium, Calcium, Barium und Kobalt mit konz. Schwefelsäure beziehen. Das betreffende Salz wird mit etwa zwei kleinen Tropfen konz. Schwefelsäure benetzt, die man aus einem Tropfröhrchen (Capillare, s. u.) hinzufügt, der Deckel aufgelegt und nun *von oben* erhitzt[2], was PREGL[3] in der Weise bewerkstelligt, daß er den Deckel des Tiegels in Intervallen von 3—5 Sekunden mit der Bunsenflamme bespült. Natürlich überzeugt man sich davon, das die Kohle vollständig verbrannt ist; bei der Bestimmung von Kalium oder Natrium wird vor dem letzten Ausglühen ein hirsekorngroßes Stückchen Ammoniumcarbonat in den abgekühlten

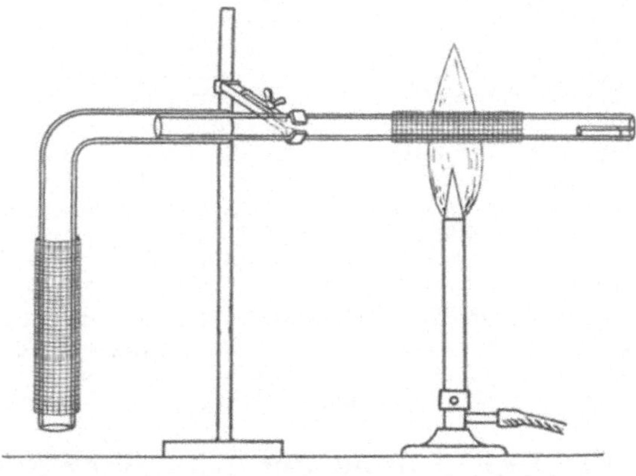

Abb. 48.
Mikromuffel nach PREGL.

Tiegel fallen gelassen. Ebenso kommt man rasch zum Ziel, wenn man den Tiegel mit dem pyrosulfathältigen Rückstand unter eine Glocke neben ein Schälchen bringt, in dem sich konz. Ammoniak befindet.

Beim Abrauchen von Bleisalzen ist der Schwefelsäure etwas Salpetersäure zuzusetzen, damit kein Schwefelblei gebildet wird, das den Platintiegel beschädigen könnte[3].

Chromsalze glüht PREGL stets im Porzellantiegel, dagegen habe ich Quecksilberchromat unzählige Male in DONAUschen Schälchen erhitzt[4], ohne mehr als eine leichte Anlauffarbe an der Stelle zu bemerken, wo sich das Salz im Tiegel befunden hatte.

Zum Erhitzen der Glühschiffchen benutzt PREGL eine Glasröhre, die im folgenden beschrieben wird.

---

[1] BENEDETTI-PICHLER: Z. anal. Chem. 70, 289 (1927).

[2] FRESENIUS: Quant. Analyse I, 81 (Braunschweig 1903).

[3] FR. PREGL: Die quantitative organische Mikroanalyse, 3. Aufl., Berlin: Julius Springer 1930, S. 181. — E. SUSCHNIG hat manchmal Schwierigkeiten gehabt, die letzten Reste von Pyrosulfat mittels Ammoncarbonat zu entfernen. Dagegen gab Zusatz von einem Tropfen konz. Ammoniak und von einer Spur Alkohol gute Resultate. Monatsh. Chem. 42, 401 (1921).

[4] EMICH, Methoden der Mikrochemie. ABDERHALDENs Handb. Bd. I, 3, Berlin u. Wien 1921, S. 232, 268, 277.

2. *Die* PREGL*sche Mikromuffel*[1] (Abb. 48) besteht aus einem Hartglasrohr von 200 mm Länge und 10 mm im äußeren Durchmesser, das mit einem Ende in horizontaler Lage so eingeklemmt wird, daß es vom heißesten Teile einer darunter gestellten Bunsenflamme erhitzt werden kann. Die in einem Platinschiffchen abgewogene zu analysierende Substanz, mit einem Tröpfchen verdünnter Schwefelsäure (1:5) versetzt, wird in den nichteingeklemmten Endteil der Hartglasröhre eingeschoben. Um einen möglichst kleinen Tropfen Schwefelsäure zuzusetzen, wodurch man ein nachträgliches Überkriechen vermeidet, bedient man sich einer etwa 1 mm weiten Capillare, die an einem Ende auf eine Länge von einigen Millimetern haarfein ausgezogen ist und beim Zutropfen vertikal gehalten werden muß. Über das linke Rohrende befestigt man ein rechtwinklig gebogenes, 15—17 mm im äußeren Durchmesser messendes Glasrohr, von dem der längere Schenkel etwa 150, der kürzere 50 mm mißt, mit einem über den kürzeren Schenkel geschobenen, nicht zu streng passenden darum gewickeltem Asbestpapier. Erhitzt man nun den horizontal gestellten, mit einer etwa 100 mm langen festsitzenden Drahtnetzrolle umwickelten Schenkel und bringt ihn dann durch Drehung in vertikale Lage, so entsteht darin ein kontinuierlicher, aufsteigender Luftstrom, der in die Hartglasröhre eintritt und dort über das Schiffchen hinwegstreicht. Mit der Flamme eines schräg hingelegten Bunsenbrenners, die die Drahtnetzrolle des vertikalen Rohrschenkels umspielt, kann dieser Luftstrom dauernd in unveränderter Stärke erhalten werden. Nun erhitzt man die Hartglasröhre in einer Entfernung von etwa 50 mm vom Schiffchen mit einer eben entleuchteten Bunsenflamme. Auch hier empfiehlt es sich, eine etwa 50 mm lange Drahtnetzrolle zum Schutze der Röhre leicht verschiebbar anzubringen. Die Entfernung der Flamme vom Schiffchen ist wichtig; ist sie zu weit von diesem entfernt, so dauert das Abrauchen sehr lange; bei zu kurzen Entfernungen kommt es hingegen leicht zum Überkriechen des Schiffcheninhaltes und damit zu Substanzverlusten. Nachdem alle Schwefelsäure verjagt ist, was in der Regel nach 5, höchstens nach 10 Minuten beendet ist, nähert man sich mit der Flamme rasch dem Schiffchen und glüht schließlich die Stelle des Rohres, an der sich das Schiffchen befindet, durch weitere 5 Minuten heftig. Dadurch wird auch bei Natriumbestimmungen die nachträgliche Anwendung von Ammoniumcarbonat überflüssig, weil durch anhaltendes starkes Glühen auch das primäre Sulfat unter Abspaltung von Schwefelsäure vollkommen in sekundäres Sulfat übergeführt wird.

VI. Behandlung der Niederschläge.

Bei der Behandlung der Niederschläge haben die verschiedensten Makroverfahren als Vorbild gedient. In der letzten Zeit haben wir *die* Methoden bevorzugt, bei denen *das Fällungsgefäß mit dem Niederschlag gewogen wird.* Man erspart hierbei das quantitative Überführen des Niederschlages und bringt (wenigstens in den meisten Fällen) damit auch die „Methode der drei Wägungen" (S. 60) zur Anwendung. Nach mancherlei anderen Versuchen hat es sich als einfach und zweckmäßig herausgestellt, ein kleines *Tauchfilter*[2], das wir *„Saugstäbchen"* nennen, mit dem Fällungsgefäß mitzuwägen. Dieses Verfahren arbeitet so rasch und genau, daß mir die meisten anderen Methoden entbehrlich erscheinen.

a) Das Arbeiten mit dem Saugstäbchen.

1. Die Apparatur ist grundsätzlich dieselbe, ob man den Niederschlag bei etwas über 100^0 oder bei Glühhitze trocknet. Nur benutzt man im ersten Fall vorwiegend Geräte aus Glas, im

[1] FR. PREGL: Die quantitative organische Mikroanalyse, 3. Aufl., Berlin: Julius Springer 1930, S. 182.

[2] STÄHLER: Handb. d. Arbeitsmethoden Bd. 1, S. 680, Leipzig 1913.

letzten Falle Porzellan-, Quarz- oder Platingeräte. Die ersteren kann man leicht selbst herstellen, für die letzteren folgen unten die notwendigen Winke.

a) *Der Niederschlag wird nicht geglüht, sondern bei z. B.* 120° *getrocknet.*

Die Apparatur besteht in diesem Falle aus:

α) Dem *Mikrobecher* (Abb. 49a), der aus einer Proberöhre

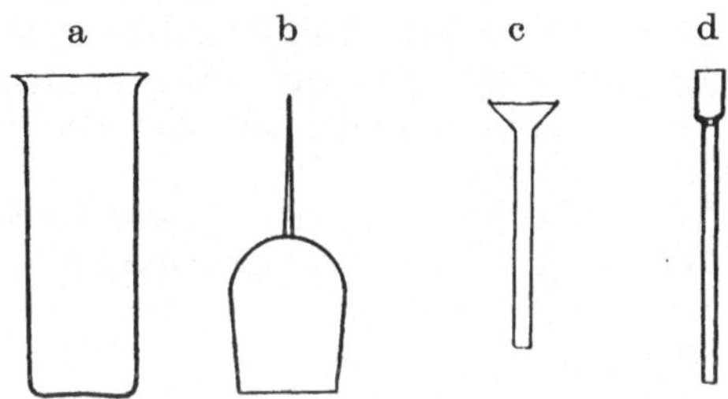

Abb. 49. Mikrobecher und Stäbchen.

aus SCHOTTschem Geräteglas hergestellt wird; Gewicht 2—3 g. Inhalt 5—10 cm³.

β) Einem hohlen *Glasstopfen* mit zartem Stiel b, Gewicht 1—1½ g. Der Stopfen braucht nicht eingeschliffen zu sein; er ist überhaupt fast stets entbehrlich, falls nicht hygroskopische Substanzen in Betracht kommen.

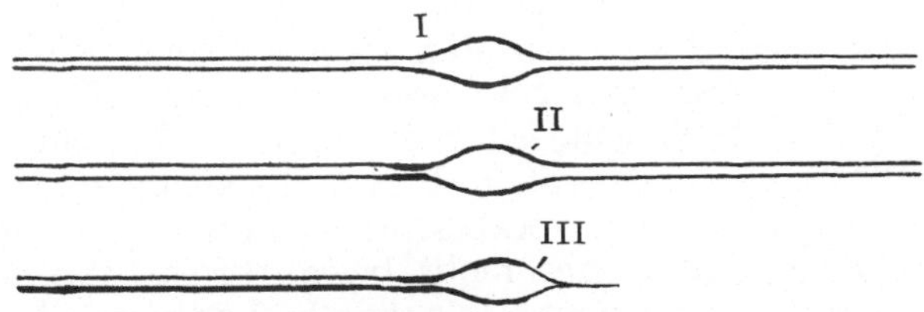

Abb. 50. Herstellung des Glasstäbchens.

γ) Einem „*Stäbchen*", das zur Filtration dient. Gewicht ½—1 g. Dieses Stäbchen kann leicht vor der Lampe hergestellt werden. Wir verwenden[1] chemisch widerstandsfähiges Glas; der Stiel ist 70—90 mm lang, sein Außendurchmesser beträgt 2 mm. Der Kopf ist ca. 8 mm lang und hat einen größten Durchmesser von rund 6 mm. Vorteilhaft sind Jenaer Verbrennungsröhren. Man zieht also aus einer Röhre von etwa 6 mm Weite kurze, dickwandige Capillaren aus. Dabei erhält man zwischen je zwei Capillaren eine kölbchenförmige Ausbauchung (Abb. 50), aus der der Kopf des Stäbchens hergestellt wird, indem man zunächst bei I die Capillare unter Drehen in der Stichflamme des Gebläses zusammenfallen

[1] BENEDETTI-PICHLER: Z. anal. Chem. 64, 409 (1924); HERM. HÄUSLER: daselbst 64, 362 (1924); E. SCHWARZ-BERGKAMPF: daselbst 69, 321 (1926).

läßt. Dann richtet man die kleine Stichflamme gegen II, erweicht das Glas tüchtig und zieht derart aus, daß der Teil II des Kopfes dünnwandig wird. Endlich schleift man die Stelle III (am besten auf einer schnell rotierenden Carborundumscheibe) ab. Schließlich werden die Schleifränder des Kopfes und das Ende des Stieles, nach gründlicher Reinigung des Stäbchens mit Wasser und Alkohol, rundgeschmolzen.

Hierauf bringt man als Unterlage für die Asbestschichte ein Glaskügelchen oder ein Platindrahtknäulchen an die mit Pt bezeichnete Stelle der Abb. 51 und füllt endlich den Asbestpfropfen A ein, dessen Dichte und Dicke der Qualität des Niederschlags angepaßt werden soll[1].

Stäbchen und Mikrobecher können in der von PREGL empfohlenen Weise zuerst mittels heißer Chromschwefelsäure und Wasser gereinigt werden. D. h. man bringt die Säuremischung in den Becher, setzt das Filtrierstäbchen ein, so daß die Säure den Asbest durchtränkt und erhitzt 5 Minuten im siedenden Wasserbad. Hernach wird der Becher mit heißem Wasser ausgespült und das Filter an der Pumpe gewaschen, wie unten bei der Niederschlagsbehandlung ersichtlich. Dann erfolgt die Reinigung mit heißer Salpetersäure und Wasser in gleicher Weise. Oft wurde der Becher auch eine Zeitlang ausgedämpft.

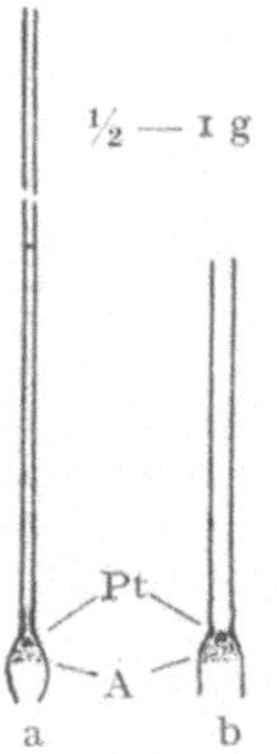

½—1 g

Pt

A

a b

Abb. 51. Asbestfilterstäbchen.

b) Der Niederschlag muß geglüht werden. Die Apparatur ist ganz ähnlich, nur benutzt man an Stelle des Mikrobechers einen dünnwandigen Porzellantiegel von 5—10 cm³ Fassungsraum. Das Saugstäbchen ist in diesem Fall aus Porzellan, Quarzglas oder Platin herzustellen, evtl. auch bloß aus schwerschmelzbarem Glas. *Becher* aus Quarzglas haben sich bisher nicht bewährt; sie sind schwer auf konstantes Gewicht zu bringen (elektrische Ladungen?).

Das Quarzstäbchen wird durch Zusammenschmelzen von zwei Röhren im Knallgasgebläse erhalten; seine Form ist aus Abb. 51b ersichtlich. Es wird ganz wie das Glasstäbchen mit Asbest beschickt und vorbereitet. Der Stiel ist 40 mm, der Kopf 6 mm lang. Außendurchmesser des Stieles 3—4 mm, des Kopfes 6 mm. Auch Stäbchen aus Jenaer Verbrennungsröhren erleiden weder Gewichtsverlust, noch Deformation bei längerem Erhitzen auf Dunkelrotglut.

Platinstäbchen mit Neubauerfilterboden (Abb. 49c) können bei HERAEUS in *Hanau* bezogen werden. Gewicht etwa 2,3 g.

[1] Bisher wurde mit bestem Erfolg „chemisch reiner Asbest" von Hugershoff, Leipzig, benutzt; bei den winzigen Mengen, die zur Herstellung eines Stäbchens erforderlich sind, dürften auch andere Sorten befriedigen. Ich erwähne dies, weil mir Prof. PREGL mitteilte, daß es jetzt sehr schwer sei, Asbest zu erhalten, der bei der Verwendung im Filterröhrchen konstantes Gewicht zeige. Für das hier besprochene Verfahren ist dies kaum von Belang, da die notwendige Asbestmenge beim Filterröhrchen vielleicht 10—20mal so groß ist wie beim Stäbchen.

Porzellanstäbchen werden von der Staatlichen Porzellanmanufaktur Berlin hergestellt. Der Filterboden besteht aus poröser Tonmasse.

2. *Gebrauch des Stäbchens.* a) *Wägung.* Nach der Reinigung wird das Stäbchen bei einer passenden Temperatur *getrocknet.* Hierzu kann der gewöhnliche Trockenschrank benutzt werden. Damit die etwa von der Reinigung noch vorhandenen Wassertropfen nicht zum Sieden kommen, legt man Becher und Stäbchen zuerst für kurze Zeit in den *geöffneten* Schrank. Sind die Tropfen verschwunden, so erhitzt man etwa 10 Minuten lang bei geschlossener Tür, läßt abkühlen, setzt evtl. den Stopfen auf und wischt nach S. 54 Stopfen und Becher feucht und trocken ab. Dann bleibt die kleine Apparatur 10 Minuten neben und 5 Minuten in dem Waaggehäuse. Endlich wägt man auf 5 γ genau.

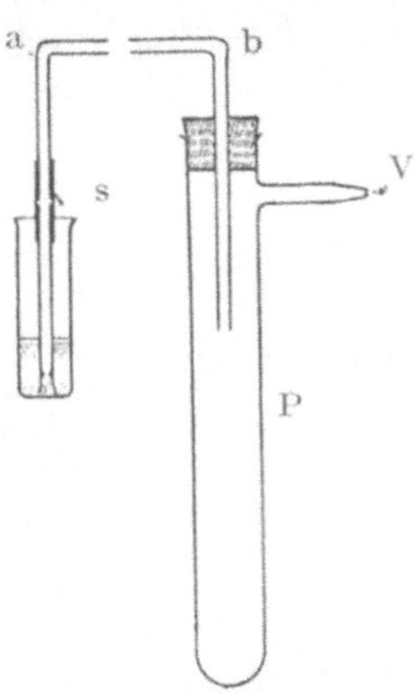

Abb. 52. Filtration mittels des Stäbchens. (Buchstabenerklärung im Text.)

Ein anderes Trockenverfahren wird unten beschrieben.

Besteht das zu wägende Analysenmaterial aus einzelnen losen Stücken (Krystallen), so kann das Stäbchen in den Becher gestellt werden. Sonst legt man es neben denselben auf die Waagschale, da z. B. pulveriges oder flüssiges Material ins Filter eindringen könnte. Hierauf wird wieder auf 5 γ genau gewogen. Man legt das Stäbchen auf ein sauberes Uhrglas und schreitet zur Auflösung.

b) Das *Auflösen und Fällen* geschieht nach den bei der Makroanalyse erprobten Vorschriften. Die Reagenzien müssen vor ihrer Verwendung auf Reinheit geprüft und für den Fall, daß sie Trübungen aufweisen, kräftig zentrifugiert werden. Für den tropfenweisen Zusatz der Reagenzien bedient man sich kleiner, langstieliger Pipetten von ungefähr 2 cm³ Inhalt, welche zu einer feinen, rundgeschmolzenen Spitze ausgezogen sind.

c) *Das Filtrieren.* Die Asbestschicht des Stäbchens wird mit einem Tropfen Wasser benetzt (damit sicher kein Fäserchen beim weiteren Hantieren wegfällt) und hierauf an die Saugvorrichtung Pba (Abb. 52), die von einer Retortenklemme gehalten wird, mittels des Schlauches s angeschlossen. Soll kalt gewaschen werden, so wird der Becher in eine zweite Klemme eingespannt, die von derselben Stativsäule wie P getragen wird, beim heißen Waschen bleibt der Becher z. B. auf dem Wasserbad. Da das Glas bei längerer Einwirkung vom Dampf angegriffen wird, stellt man den Mikrobecher in einen hohen Tiegel oder dergleichen. Im allgemeinen ist das Stäbchen derart in den Becher einzusenken, daß dessen Boden den unteren Rand des Stäbchens berührt.

In manchen Fällen ist es angenehmer, den Becher beim Filtrieren *in der Hand zu halten*; durch vorsichtiges Heben des Bechers kann die über dem Niederschlag befindliche Flüssigkeit abgesaugt werden, ohne daß der Niederschlag in größerer Menge auf das Filter gelangt; sehr feine Niederschläge können sonst durch Verlegen der Filterschichte die Dauer des Filtrierens erheblich verlängern.

Im Interesse der Bewegungsfreiheit macht man das Stück ab nicht zu kurz, 10—12 cm dürften meist genügen. Bei V ist ein mindestens ½ m langer Schlauch angeschlossen, an dem mit dem Munde oder mit der Wasserstrahlpumpe gesaugt werden kann. Die Regulierung der Filtrationsgeschwindigkeit erfolgt in bequemer Art durch Einschaltung eines T-Stückes in die Leitung V, dessen freie Öffnung nach Bedarf mit dem Finger verschlossen wird, wodurch sich der gewünschte Druck rasch einstellt. Zur vollkommenen Absperrung schiebt man evtl. Quetschhähne über die beiden Schläuche. Ist der Niederschlag von der Lösung befreit, so spritzt man das Waschmittel in den Becher, wobei man ihn in der Hand dreht und die Wände möglichst gut abzuspülen trachtet; dieses Verfahren wird nach Bedarf wiederholt.

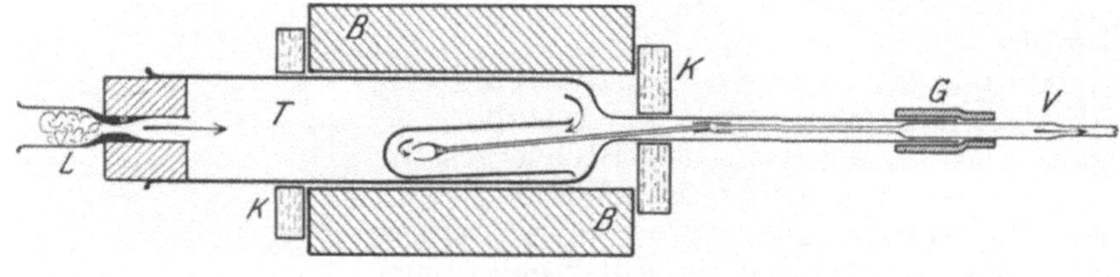

Abb. 53.
Trockenvorrichtung nach BENEDETTI-PICHLER.
(Buchstabenerklärung im Text.)

Soll geprüft werden, ob das Auswaschen vollendet ist, so wird das Auffanggefäß P ausgespült, neuerdings Waschflüssigkeit aufgegossen usw. Noch bequemer ist es, in die Proberöhre P ein besonderes Gefäßchen zu bringen, in dem sich das Filtrat ansammelt.

d) *Das Trocknen.* α) Über das Trocknen im gewöhnlichen Trockenschrank ist dem oben unter 2a Gesagten nichts hinzuzufügen.

β) Das folgende, bequeme, schnell arbeitende Verfahren rührt von A. BENEDETTI-PICHLER her[1]. Das Trocknen erfolgt in einem Gas-(Luft-)Strom in sehr kurzer Zeit und die Apparate sind vor Staub geschützt. Die Abb. 53 zeigt die Trockenvorrichtung[2], die sich bei den verschiedensten Bestimmungen bewährt hat. Das

[1] Mikrochem., PREGL-Band, 6 (1929); vgl. auch DICK: Z. anal. Chem. 77, 352 (1929).
[2] Bezugsquelle: Mechaniker K. Schmitt, Graz, Lessingstr. 25.

Trockenrohr T wird in dem mit Gas geheizten Aluminiumblock B durch die beiden Korke K gehalten. Dieselben werden beim Einlegen des Rohres an den Block angedrückt. Die Reibung an den Seitenwänden des Blockes verhindert das Rollen des Trockenrohres.

Um Becher und Stäbchen in das Trockenrohr einzuführen, nimmt man letzteres aus dem Block heraus und legt es auf den Arbeitstisch. Je eine ebene Fläche an den Korken K gibt auch in diesem Falle dem Rohr eine sichere Lage. Der Gummistopfen bei L wird entfernt und das Verbindungsrohr V so weit in das Trockenrohr eingeschoben, daß das normalerweise im Trockenrohr befindliche Ende aus der Mündung des weiten Rohres bei L herausragt. Mit Hilfe eines Gummischläuchchens wird das aus der Mündung des Mikrobechers herausstehende Ende des Filterstäbchens angeschlossen. Dann ergreift man mit der rechten Hand das Verbindungsrohr bei V und zieht mit Hilfe desselben das Filterstäbchen in das Trockenrohr hinein, während man gleichzeitig mit den Fingern der linken Hand den Becher derart nachschiebt, daß das Saugstäbchen stets den Boden des Bechers berührt. Die mit der Innenseite des Bechers in Berührung gekommenen Teile des Filterstäbchens müssen selbstredend immer im Becher belassen werden, da man sonst Niederschlagsverluste zu befürchten hätte. Schließlich führt man den Stopfen mit dem Luftfilter L ein und setzt die Vakuumpumpe, mit der V stets durch einen Schlauch von 2 mm Innen- und 4 mm Außendurchmesser verbunden ist, in Tätigkeit. Dann erst bringt man das Trockenrohr in den auf die gewünschte Trocknungstemperatur erhitzten Block.

Der Weg des Luftstroms ist durch Pfeile angedeutet. Selbstverständlich muß die Gummischlauchverbindung bei G gasdicht sein. Damit das Verbindungsrohr V aber trotzdem leicht beweglich bleibt, besitzt es nur über eine kurze Strecke die für das Dichthalten der Verbindung G erforderliche Weite. Das Verbindungsrohr muß natürlich länger sein als das Trockenrohr. Ferner ist erforderlich, daß das Schlauchstück, welches den Anschluß des Filterstäbchens an das Verbindungsrohr vermittelt, sich bereits außerhalb des erhitzten Rohrteiles jenseits des Korkes K befindet. Da der Kopf des Stäbchens gleichzeitig den Boden des Mikrobechers berühren soll, muß der Stiel der Filterstäbchen wenigstens 90 mm lang genommen werden. In das Luftfilter L kommt ein Bausch langfaseriger Watte. Das Lumen des Luftfilterrohres lasse man nur auf etwa 1 mm zusammenfallen. Ein irgend höheres Vakuum ist im Trocknungsraum nicht vorteilhaft. Die im Becher befindlichen Reste der Waschflüssigkeit verdampfen dann zu rasch und man erhält unerwünschte Kondensate an allen kalten Teilen des Trockenrohres. Will man im späteren Verlauf des Trocknens das Vakuum verstärken, so kann dies jederzeit erfolgen, indem man in die äußere Mündung des Luftfilters einen Stopfen mit einer feinen Capillare einsetzt. In ähnlicher Weise kann auch die Verbindung mit einer geeigneten Gasquelle erfolgen, wenn die Trocknung nicht in Luft, sondern in einem anderen Gase vorgenommen werden soll.

γ) Das Arbeiten mit Niederschlägen, die *geglüht* werden müssen, erfolgt ganz analog. Wägung und Fällung werden wie gesagt in einem Porzellantiegel vorgenommen, der nicht feucht und trocken abgewischt zu werden braucht; wohl aber ist natürlich für guten Temperaturausgleich zu sorgen (vgl. S. 54). Schnell, sauber und genau arbeitet das Platinstäbchen.

Zum Glühen benutzen wir den elektrischen Tiegel- (evtl. Muffel-)Ofen von HERAEUS. Als Unterlage für den Tiegel dient ein unglasierter Porzellantiegeldeckel. An Stelle der den Tiegelöfen

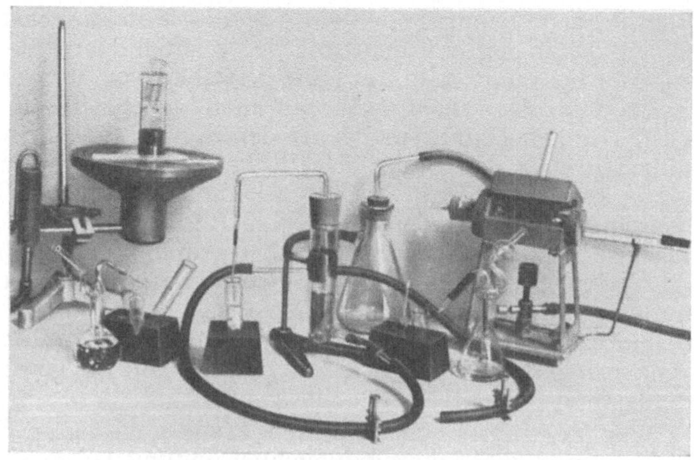

Abb. 54. Apparatur für die Stäbchenarbeit.

Links: Wasserbad mit Aufsatz zum Erhitzen des Bechers. Pipette für den Reagenzienzusatz. Spritzflasche. Zentrifugierröhren zur Reinigung der Reagenzien. *Mitte:* Becher und Stäbchen in Filtrationsstellung. Absaugvorrichtung, Gummischlauchanordnung, Holzblöckchen mit Becher und Stäbchen. *Rechts:* Trockenblock nach BENEDETTI-PICHLER. Spritzflasche.

beigegebenen Deckel, die innen mit Chamotte ausgekleidet sind, benutzt man zum Bedecken des Glühraumes einen größeren Porzellantiegeldeckel. Den Glühraum reinige man von Zeit zu Zeit mit einem feinen Pinsel. Mit der Temperatur gehe man nicht über 1100°, um nicht infolge der Zerstäubung des Heizbandes unerwünschte (und u. U. erhebliche) Gewichtszunahmen des Tiegels zu erzielen.

Wir pflegen die Tiegel in glühendem Zustande aus dem Ofen zu nehmen und zunächst 5—10 Minuten lang auf ein Tondreieck zu stellen. Dann bringt man sie in einen Handexsiccator ohne Trocknungsmittel, in dem die großen Tiegel 15 Minuten verbleiben müssen, worauf sie in die Nähe des bereits *offenen* Waaggehäuses gebracht werden können. Nach weiteren 10 Minuten setzt man den Tiegel auf die Waagschale, das Waaggehäuse wird geschlossen, und nach 5 Minuten kann die endgültige Wägung erfolgen.

Die Becher läßt man nach dem Abwischen[1] 10 Minuten neben der Waage und hierauf 5 Minuten auf der Waagschale in der geschlossenen Waage verweilen, wonach bereits die endgültige Wägung erfolgen kann.

Die in Arbeit befindlichen Becher und Tiegel sollen nie frei auf dem Tisch herumstehen, sondern unter eine Glasglocke auf eine reine Glas- oder Porzellanunterlage gebracht werden. Wir benutzen Holzblöcke mit einer Reihe von Bohrlöchern für die Becher; dahinter befindet sich eine zweite Reihe von engen Bohrungen, die schräg nach rückwärts geneigt sind, zum Einstecken der Filterstäbchen (mit dem Kopf nach oben). Man nimmt diese Blöcke beim Einwägen zur Waage mit und stellt dort gleich die austarierten Becher mit Stäbchen in die betreffenden Bohrungen des Blocks. Derart kann man viele Proben zugleich einwägen, ohne sich der Gefahr einer späteren Verwechslung der Stäbchen etc. auszusetzen. (Die Öffnungen für die Becher werden am besten numeriert.) Arbeitet man mit einer größeren Zahl von Tiegeln, so läßt man sich für dieselben ähnliche Blöcke machen. Zur Aufbewahrung der Filterstäbchen von der Wägung bis zur Verwendung eignen sich auch Wägegläschen von hoher, schmaler Form. (Beim Hantieren mit dem trockenen, gewogenen Filterstäbchen immer *Kopf* desselben *nach oben!*)

Als besonderer Vorteil der Stäbchenmethode sei hervorgehoben, daß sie geringere Anforderungen an die Geschicklichkeit und Aufmerksamkeit des Arbeitenden stellt, wie vielleicht irgend ein quantitatives Filtrierverfahren. Als ein kleiner Nachteil könnte erwähnt werden, daß man sich natürlich vor etwa vorhandenem Laboratoriums*staub* besonders in acht nehmen muß; bei den hiesigen Institutsverhältnissen haben wir diesen Übelstand niemals störend empfunden.

Wir fügen die Abb. 54, S. 68, bei, die nach einer von Herrn Ing. BRENNEIS aufgenommenen Photographie angefertigt wurde.

b) Andere Methoden der Niederschlagsbehandlung.

Zahlreiche andere hierhergehörige Methoden sind den Makromethoden nachgebildet. Wir verweisen insbesondere auf die von PREGL benutzten Verfahren des Sammelns von Chlorsilber[2] und Bariumsulfat, worüber in der Organ. Mikroanalyse nachzusehen ist.

Hier sind vielleicht einige Worte über die DONAUschen Filter am Platz. Es sind dies kleine Goochtiegelchen, die man sich selbst aus Platinfolie von etwa 0,004 mm Dicke nach einem einfachen Preßverfahren herstellt, das aus Abb. 55 zu entnehmen ist. Als Preßstempel kann z. B. auch ein Glasstab dienen, die Unterlage bildet ein Gummistopfen.

Der Boden dieser Schälchen wird mit zahlreichen feinen Löchern versehen und mit Asbest oder durch Verglühen von Platinsalmiak eine filtrierende Schichte erzeugt. Die DONAUschen Filter waren ursprünglich zum ausschließlichen Arbeiten mit der NERNSTschen Mikrowaage bestimmt. Infolgedessen mußte ihr Gewicht sehr klein gewählt werden und damit waren den Methoden einige Beschränkungen auferlegt.

Weil die DONAUschen Methoden mit sehr kleinen und leichten Gefäßen arbeiten, erscheint das Gewicht des Niederschlags immer als *Differenz von zwei relativ kleinen Zahlen* und damit hängt wieder zusammen, daß auch die Wägungen auf der KUHLMANN-Waage schnell und mit geringem Aufwand an Vorsichtsmaßregeln ausgeführt werden können.

Denn da die kleinen Gefäße sehr rasch konstantes Gewicht annehmen, hat man nur auf die Unveränderlichkeit der Ruhelage bei der Waage zu achten, bzw.

[1] FR. PREGL: Die quantitative organische Mikroanalyse, 3. Aufl., Berlin: Julius Springer 1930, S. 49; HERM. HÄUSLER: Z. anal. Chem. **64**, 367 (1924).

[2] Vgl. STRITAR: Z. anal. Chem. **42**, 582 (1903); HANS MEYER: Analyse und Konstitutionsermittlung, Berlin 1922, S. 52.

etwaige Änderungen entsprechend zu berücksichtigen. Als nicht zu unterschätzender Vorteil kommt auch der geringe Materialpreis der Gefäße in Betracht.

Für die gedachten Methoden benötigt man meine *Filtriercapillare*[1] (Abb. 56) ein oben eben geschliffenes Glasröhrchen, das in der Abb. 56 mit einem aufgelegten

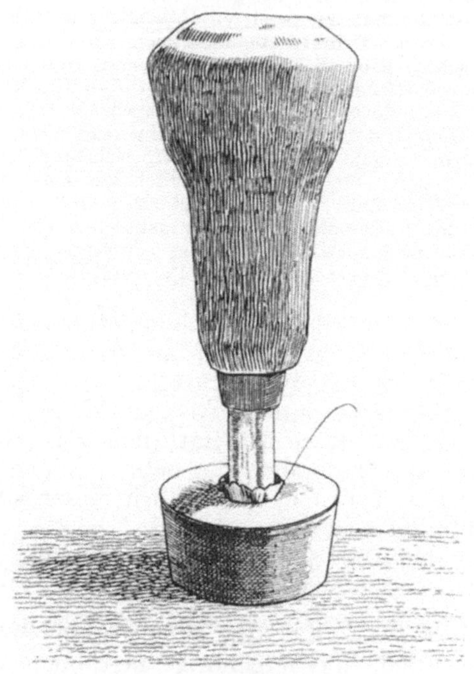

Abb. 55. Herstellung der DONAUschen Schälchen.

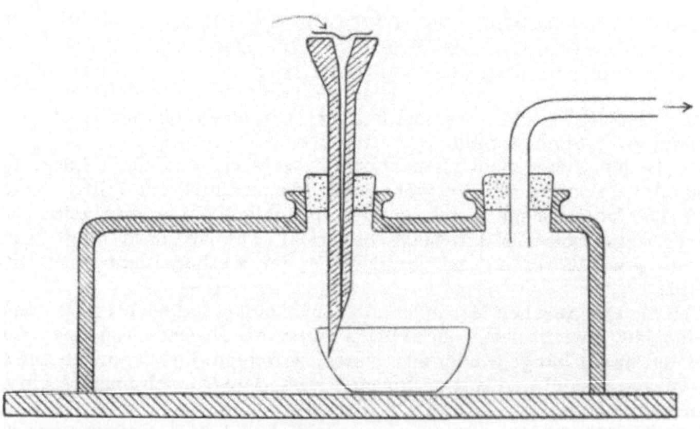

Abb. 56. Filtriercapillare mit Absaugeglocke.

[1] Monatsh. Chem. **30**, 745 (1909). Bezugsquelle: Vereinigte Fabriken f. L. B., Berlin N, Scharnhorststr. 22. Eine ähnliche, aber gröbere Einrichtung wird neuestens von der Firma E. Leitz, Berlin, in den Handel gebracht. Vgl. noch EMICH: Lehrbuch d. Mikrochemie, München 1926, S. 89 f.

Papiermikrofilter (kreisrundem Scheibchen mit aufgebogenem, eingefettetem Rand) gezeichnet und ohne weitere Beschreibung vorstellbar ist.

Als Saugvorrichtung dient ein *Aspirator*, der mit Dreiweghahn und Pumpe so verbunden wird, daß man an der Stelle Abb. 56, wo der Pfeil gezeichnet ist, entweder Vakuum oder Aspiratorunterdruck anwenden kann. Eine dritte Hahnstellung veranlaßt die Füllung des entleerten Aspirators.

Über weitere Einzelheiten vgl. die Literatur, bemerkt sei nur noch, daß die Platinfilterschälchen (ohne Asbestfüllung) namentlich zum Absaugen von Krystallen für die *präparative* Mikroarbeit äußerst bequem sind.

VII. Maßanalyse.

Man kann zwei Arten von maßanalytischen Mikromethoden unterscheiden, nämlich:

1. Solche, bei denen stark verdünnte, z. B. 0,01—0,001-Normallösungen in gewöhnlichen Büretten verwendet werden und

2. Methoden, bei denen gewöhnliche, z. B. 0,5—0,01-Normallösungen in besonderen (Mikro-)Büretten benutzt werden, die aus entsprechend engen Röhren leicht herzustellen sind. Wichtig ist u. a., daß sie vor dem Gebrauch sehr sorgfältig gereinigt werden[1].

In der letzten Zeit sind verschiedene Bürettenformen neu vorgeschlagen worden, z. B. solche mit oberem Hahn von A. Benedetti-Pichler und E. Schilow. Auch *Wägebüretten* erfreuen sich zunehmender Beliebtheit.

Für die Zwecke des vorliegenden Werkchens scheinen mir die Methoden von Pregl, die den Vorteil haben, daß sie kaum einer besonderen Apparatur bedürfen, ausreichend. Sie sind in seiner Organ. Mikroanalyse genauestens beschrieben, auf welche wir hier verweisen können[2], da das Werk jedem Mikroanalytiker zugänglich sein muß. Zur allgemeinen Orientierung folgende Andeutungen.

Als *Büretten* benützt man z. B. gewöhnliche Quetschhahnbüretten von 10 cm^3 Fassungsraum, welche in Zwanzigstelkubikzentimeter geteilt sind. Die Auslaufröhren sind eng ausgezogen, so daß die Endcapillaren 6—8 cm Länge bei einem Außendurchmesser von 1 mm aufweisen. Als *Titerflüssigkeiten* verwendete Pregl entweder $^1/_{70}$ oder $^1/_{45}$-Normallösungen, je nachdem es sich entweder um Kjeldahl- oder um Carboxylbestimmungen handelte; gegenwärtig werden $^n/_{100}$-Lösungen bevorzugt. Zur Bereitung der Lösungen geht Pregl von $^1/_{10}$n-Salzsäure in der Weise aus, daß er z. B. in einen 500 cm^3-Meßkolben 50,0 cm^3 einfließen läßt und dann den Meßkolben mit Wasser bis zur Marke füllt[3]. Die Lauge wird wesentlich in üblicher Weise auf die Säure eingestellt.

---

[1] Zur Theorie vgl. F. L. Hahn: Z. anal Chem. **80**, 321 (1930).

[2] Fr. Pregl: Die quantitative organische Mikroanalyse, 3. Aufl., Berlin: Julius Springer 1930, S. 127 f., 196 f.

[3] Das Verfahren setzt natürlich voraus, daß die Zehntelnormallösungen derart genau gestellt sind, daß die Verdünnung auf das zehnfache einwandfrei möglich ist. Hierüber vgl. die Lehrbücher der quantitativen Analyse, z. B. das von Treadwell. — Die Natronlauge stellt Pregl nach Sörensen her, d. h. es wird höchst konzentrierte, ölige, carbonatfreie Lauge mit gut ausgekochtem Wasser verdünnt, das beim Abkühlen vor dem Zutritt von kohlensäurehaltiger Luft geschützt wurde.

Die Indikatorlösung wird bereitet, indem man *Methylrot* (p-Dimethylaminoazobenzolorthokarbonsäure) mit einer zur völligen Lösung nicht ausreichenden Menge von $^1/_{10}$ n-Natronlauge versetzt. Von dieser Lösung fügt man die erforderlichen Mengen mittels eines Glasfadens zu der zu titrierenden Flüssigkeit.

Die Titration geschieht in üblicher Weise, man nimmt die neutrale Reaktion an, wenn die saure (rote) Flüssigkeit rein kanariengelb geworden ist. Der Indikator erlaubt das Arbeiten bei künstlichem Licht. Über zahlreiche andere Methoden vgl. die Literatur[1], besonderes Interesse verdienen die potentiometrischen Verfahren.

---

[1] Insbesondere etwa: BENEDETTI-PICHLERS Referat über die Fortschritte der Mikrochemie in den Jahren 1915—1926; G. KLEIN u. R. STREBINGER: Fortschritte der Mikrochemie, S. 131—436, Wien 1927; BANG: Mikromethoden zur Blutuntersuchung, München 1922; PINCUSSEN: Mikromethodik, Leipzig 1930; MANDEL u. STEUDEL: Minimetr. Methoden, Berlin u. Leipzig 1924; der physiologische Chemiker wird in erster Linie HOPPE-SEYLER-THIERFELDERS Handbuch, Berlin 1924, zu Rate ziehen. Siehe u. a. auch H. J. FUCHS, Mikrochem. **8**, 159 (1930).

II. ÜBUNGSBEISPIELE.

Qualitative Übungen.

1. Übung. Durchmustern eines Pulvers, Auslesen eines Gemengteils.

1—2 mg Mennige werden mit der 100fachen Menge gefällten Bariumsulfats so lange in der Reibschale verrieben, bis die roten Körnchen für das unbewaffnete Auge verschwinden. Das Gemisch wird aufbewahrt. Der Praktikant erhält davon etwa 1 mg.

Die Probe wird auf einen Objektträger gebracht und daselbst mittels der sauberen Präpariernadel in dünner Schicht ausgebreitet. Der Objektträger wird unter das binokulare Mikroskop gelegt, auf dessen Objekttisch sich etwas mattes dunkles Papier befindet, falls das Instrument nicht mit der entsprechenden Hintergrundscheibe ausgestattet ist. Die linke Hand faßt den Objektträger zwischen Zeigefinger und Daumen; indem man das Präparat entsprechend bewegt, wird man die roten Partikelchen gut wahrnehmen können. Um sie auszulesen, nimmt man in die rechte Hand eine *Präpariernadel* (S. 16). Die Spitze derselben benetzt man mit einer Spur Glycerin, indem man z. B. einen Tropfen auf dem Rücken der linken Hand verreibt und mit der Nadel über diese Stelle hinwegfährt. Man bringt nun (Beobachtung mit freiem Auge) die Spitze der Nadel unter das Objektiv und stellt hierauf, wenn nötig, nochmals scharf auf das Pulver ein. Die Nadelspitze wird dabei undeutlich und doppelt über dem Präparat erscheinen. Man senkt sie, bis sie ein rotes Körnchen berührt, das leicht an ihr haftet. Meist werden auch ein paar benachbarte weiße Körnchen erfaßt werden. Senkt man hierauf die Spitze in einen in der Nähe befindlichen Wassertropfen, so fallen die Körnchen ab. Diese Auslesemanipulation wird 5—10mal wiederholt, bis man eine genügende Anzahl roter Körnchen aus dem Gemenge herausgefischt hat. Da sie noch mit weißen Körnern vermengt sind, ist ein weiteres Auslesen angebracht. Man entfernt zunächst das Wasser, indem man ein Streifchen Filtrierpapier oder eine Glascapillare so lange in den Tropfen bringt, bis er aufgesaugt ist. Hierauf wird die Trennung der weißen und roten Teilchen unter dem Mikroskop fortgesetzt, indem man z. B. die einen nach rechts, die anderen nach links schiebt. Dazu dient die unbenetzte (gereinigte) Präpariernadel. Schließlich wird das weiße Pulver mit einem Papierstreifchen weggewischt, mit den roten Körnchen können folgende Versuche ausgeführt werden:

1. Gelindes Erhitzen auf dem schmalen Objektträger (S. 15) bewirkt vorübergehende Dunkelfärbung, stärkeres Erhitzen Gelbfärbung, d. h. Überführung in Bleioxyd.

2. Behandlung mit einem Tröpfchen verdünnter Salpetersäure bewirkt Braunfärbung. Prüfung jedesmal gegen weißen und schwarzen Hintergrund. Die salpetersaure Lösung wird mittels eines Capillarröhrchens auf eine andere Stelle des Objektträgers übertragen, über dem Mikroflämmchen abgedampft, mit Kupferacetatlösung versetzt und nach Übung 7 zur Tripelnitritreaktion verwendet.

Natürlich können auch andere Mischungen oder Objekte für derartige Übungen benutzt werden. Der Mediziner wird vielleicht Magen und Darm eines mit Arsenik vergifteten kleinen Tieres bevorzugen. Hunderte von Beispielen bieten Mineralogie und Geologie. Mit dem gewöhnlichen, nicht binokularen Mikroskop ist der Versuch möglich, erfordert aber mehr Mühe. Man wähle die schwächste Vergrößerung. Ist das Objektiv (wie z. B. Winkel, [Göttingen] AB) teilbar, so benutzt man nur die eine Hälfte.

In vielen Fällen kann die Einbettung in eine Flüssigkeit, deren Brechungsindex dem des Hauptbestandteils der Mischung nahekommt, gute Dienste leisten (N. Schoorl, Privatmitteilung).

2. Übung. Einige weitere einfache Arbeiten mit dem Mikroskop.

a) Auswertung der Skala des Okularmikrometers nach S. 7;

b) Prüfung des Verhaltens der Nicolschen Prismen (S. 8), Ermittlung ihrer Orientierung (S. 8, Fußnote 2).

c) Feststellung des Verhaltens eines einfachbrechenden Krystalls (Kochsalz) zwischen gekreuzten Nicols nach S. 8.

d) Prüfung doppelbrechender Krystalle; Feststellung der Aufhellung, die z. B. eine Harnstoffnadel verursacht (3. Übung b);

e) Beobachtung der Auslöschungsrichtungen:

α) Gerade Auslöschung. Man legt ein Körnchen Oxalsäure in einen Tropfen 1%ige Manganchlorürlösung, der sich auf dem Objektträger befindet und wartet, bis sich Sterne nach Art der Abb. 1 (S. 9) gebildet haben. Werden sie zwischen gekreuzte Nicols gebracht, so erscheinen (z. B. beim Drehen des Objekttischs) die frontal oder sagittal verlaufenden Speichen dunkel, alle anderen hell.

β) Schiefe Auslöschung. Man läßt einen Tropfen Natriumchloroplatinatlösung auf dem Objektträger eindunsten und beobachtet die Krystalle (Abb. 2) wie unter α). Der Winkel von etwa 22^0 (die „Auslöschungsschiefe") kann unter Zuhilfenahme von Fadenkreuz (im Okular) und Winkelskala (am Rand des drehbaren Objekttisches) abgelesen werden. Vgl. Anhang II.

f) Über Pleochroismus vgl. S. 10.

3. Übung. Ermittlung der Brechungsindices nach dem Einbettungsverfahren.

a) Versuch mit einem *isotropen* Körper. Man bringt nach S. 10 einige Milligramm *Kochsalz* auf den Objektträger und bedeckt es mittels eines Deckglases: Die Stückchen haben sehr kräftige Konturen. Nun wird mittels eines Capillarröhrchens etwas Alkohol unter das Deckglas fließen gelassen: die Konturen sind gut sichtbar, aber schwächer als früher. Endlich läßt man den Weingeist verdunsten und ersetzt ihn durch Äthylenbromid, worauf die Konturen nahezu verschwinden. Äthylenbromid und Kochsalz haben also annähernd denselben Brechungsindex. Er beträgt (für die Natriumlinie bei 18°) 1,54. Eine Übereinstimmung bis in die zweite Dezimale genügt für vorliegenden Zweck.

b) Versuch mit einem *anisotropen* Körper. Als Versuchsobjekt dient ein Bruchstückchen einer *Harnstoff*säule, das etwa $^1/_4$ mm Dicke und 1 mm Länge besitzt.

Die beiden Brechungsindices (vgl. S. 10) betragen beim Harnstoffkrystall 1,61 und 1,485. Um dies festzustellen, macht man folgende Versuche:

Das Objekt wird in *Nelkenöl* (oder Anisöl) eingelegt, dessen Brechungsindex 1,53 (1,56) beträgt. Die Probe wird, wie in den folgenden Fällen mit einem (recht kleinen) Bruchstück eines Deckglases bedeckt und unter das Polarisationsmikroskop gebracht (schwächste Vergrößerung, Kondensor entfernt, kleine Blende, Planspiegel). Dreht man den Objekttisch, so ist die „gerade Auslöschung" nach Übung 2 leicht festzustellen. Wir bringen nun den Krystall zwischen gekreuzten Nicols zum Verschwinden und entfernen hierauf den oberen Nicol. Man stellt gut auf eine Grenzlinie des Krystalls ein und hebt den Tubus: die „Beckesche Linie" wandert bei der langen Kante entgegengesetzt wie bei der kurzen, d. h. *der Brechungsindex ist in der einen Richtung größer als 1,53 (1,56), in der anderen kleiner.* Nun können systematische Versuche mit Flüssigkeiten von anderem Brechungsindex folgen. Man wird hierbei auf- und absteigend bei Ricinusöl (1,49) und bei einer Mischung von zwei Teilen Benzaldehyd und einem Teil Schwefelkohlenstoff (1,61) angelangt, Gleichheit der Indices, d. h. Verblassen der betr. Konturen wahrnehmen. Und zwar verblaßt die Kante im Ricinusöl, wenn sie mit der Polarisationsebene des Nicols parallel läuft, und in der erwähnten Mischung in der darauf senkrechten Lage.

4. Übung. Schlierenversuche.

(Zusammengestellt von Dr. H. Alber.)

Man führe nach S. 38 f. etwa folgende Beispiele aus und beobachte hierbei sowohl mit dem Schlierenmikroskop, als auch mit unbewaffnetem Auge (visuelle Methode). Wir benützen im folgenden zwei Capillaren, welche verschiedene Innendurchmesser der Ausströmungsöffnungen besitzen; diese sind für jedes System empirisch festgestellt worden. Die *„enge"* Capillare hat 0,14 mm Durchmesser, die *„weite"* Capillare 0,17 mm.

a) Standprobe: destilliertes Wasser; Fließprobe: 0,2%ige Kaliumchloridlösung; weite Capillare; es tritt eine positive, fallende Schliere auf. Beim Vertauschen von Fließ- und Standprobe kommt es zur Bildung einer negativen, steigenden Schliere. Der Unterschied im Brechungsindex (Δn_D) beträgt 0,00025.

b) Standprobe: 0,3% Alkohol in Wasser; Fließprobe: destilliertes Wasser; enge Capillare; die Schliere ist negativ, fallend. Wenn man Fließ- und Standprobe vertauscht, beobachtet man eine positive steigende Schliere. $\Delta n_D = 0,00012$.

c) Grenzschlieren (Schlieren, die an der Grenze der Wahrnehmbarkeit liegen) treten auf, wenn man z. B. eine 0,09%ige Kaliumchloridlösung und destilliertes Wasser abwechselnd als Fließ- und Standprobe verwendet; man benützt hierbei die weite Capillare. $\Delta n_D = 0,0001$.

d) Die Fermentversuche werden nach S. 41 durchgeführt.

e) Für die Krystallisationsversuche (S. 30) bedient man sich z. B. einer Mischung von Benzol mit 2% p-Xylol; enge Capillare.

f) Die Destillationsversuche (S. 36) führt man mit derselben Mischung aus oder mit wässerigem Alkohol (Siedecapillaren!). Man beobachtet die Schlieren, welche beim Zusammenfließen von Destillat und Phlegma unter Verwendung der *engen* Capillare auftreten.

5. Übung. Nachweis der Wasserstoff- und Hydroxyl-Ionen mittels Lackmusseide.

Um den Lackmusfarbstoff in eine für die mikrochemische Analyse geeignete Form zu bringen, kocht man käuflichen Lackmus mit etwa dem doppelten Gewichte Wasser, filtriert, übersättigt das Filtrat siedend mit Schwefelsäure, bringt gereinigte Seide[1] etwa 30 Minuten lang in das heiße Bad und wäscht sie schließlich in fließendem Leitungswasser, wo die rein rote Farbe bald einen Stich ins Violette erhält. Nach dem Trocknen wird das Präparat, die „*rote Lackmusseide*", im Dunklen aufbewahrt.

Behufs Herstellung der „*blauen Lackmusseide*" übergießt man die rote mit wenig Wasser, setzt vorsichtig stark verdünnte Lauge zu, spült rasch einmal mit destilliertem Wasser ab, preßt zwischen Papier und trocknet. Da die so gewonnene blaue Seide ihren Farbstoff beim Auswässern nach und nach verliert, darf sie nur in solchen Fällen benützt werden, wo sehr kleine Flüssigkeitströpfchen zur Anwendung gelangen. Für weniger schwierige Fälle dient eine blaue Seide, welche aus der roten durch Einlegen in *Bleiessig* und nachheriges Waschen gewonnen worden ist.

Die Prüfung auf die Reaktion einer Lösung wird folgendermaßen durchgeführt: Man befestigt einen gefärbten einzelnen Kokonfaden von z. B. 2 cm Länge mittels einer Spur Canadabalsam oder Gummilösung an einem Glasstäbchen, schneidet ihn mit einer scharfen Schere so ab, daß ein etwa zentimeterlanger Teil frei bleibt, zieht diesen behufs Reinigung durch einen Tropfen Alkohol hindurch, legt ein Deckglas auf das Fadenende und überzeugt sich mittels des Mikroskops von der tadellosen Beschaffenheit des Endstückes. Von der Flüssigkeit, deren Reaktion festgestellt werden soll, wird ein Tröpfchen von etwa 0,05 mg auf eine passende Unterlage gebracht und in dessen Mitte das Ende des Kokonfadens etwa lotrecht eingetaucht, *damit es während des Verdunstungsprozesses der Wirkung der sich konzentrierenden Lösung ausgesetzt ist.* Sehr bequem erweist sich hierbei ein Präparierstativ, bei welchem man einen ⊣-förmigen Glasstab leicht einklemmen kann, der am unteren Ende den Kokonfaden trägt; man kann aber auch ein Wachsklötzchen am Objektträger festkleben, wie Abb. 57 zeigt.

Nach dem Eindunsten des Tropfens, das, wie gesagt, an der Spitze des Fadens vor sich gehen muß, wird das zu prüfende Ende nochmals unter das Mikroskop gebracht, evtl. wieder abgeschnitten und damit für einen folgenden Versuch vorbereitet. Um vom Alkaligehalt des Glases unabhängig zu sein, überzieht man den Objektträger mit (neutralem) Paraffin oder benützt Quarz als Unterlage.

[1] Die Reinigung der Rohseide geschieht durch Kochen mit Seifenlösung und Auswaschen.

Die Prüfung der Färbung erfolgt bei etwa 100facher Vergrößerung; selbstverständlich ist Kondensorbeleuchtung anzuwenden; Tageslicht ist den künstlichen Lichtquellen vorzuziehen.

Die Übung geschieht so, daß man immer kleinere Säure- und Alkalimengen anwendet; hierbei werden sich etwa folgende Erfassungsgrenzen ergeben: für rote Lackmusseide 0,0003 γ Natriumhydroxyd, für blaue Lackmusseide 0,0005 γ Salzsäure, für Bleioxydlackmusseide 0,001 γ Salzsäure.

Anmerkungen: 1. Eine gute Übung ist die Einführung eines Fädchens *roter* Lackmusseide in das Brennhaar einer Nessel, z. B. Urtica dioica: Das *rote* Lackmusseidenfädchen wird wie oben an das Ende eines Glasfadens festgeklebt und zunächst für einen Augenblick beiseite gelegt. Dann reißt man mittels einer Pinzette ein Brennhaar ab, legt es auf einen Objektträger unter das binokulare Mikroskop und schneidet (etwa mittels der Präpariernadel oder eines kleinen Taschenmessers) den unteren, weiteren Teil ab, wodurch das (röhrenförmige) Haar zum Klaffen kommt. Man bringt jetzt die Lackmusseide ins Gesichtsfeld dreht den Objektträger bis Faden und Haar *eine* Richtung haben und führt den ersteren rasch ein. — Zur Beobachtung der Farbenveränderung bringt man das Präparat, das am Ende des Glasfadens hängt, unter das gewöhnliche, mit dem *Kondensor* ausgestattete Mikroskop. In der Regel wird sich die Blau- oder Violettfärbung der Lackmusseide in kurzer Zeit einstellen.

2. Wenn es sich um einigermaßen größere Mengen von Alkali oder Säure handelt, z. B. um Tausendstelmilligramme (und weniger), wird man mit fein zugespitzten schmalen Streifchen guten Lackmuspapiers oder mit empfindlicher Tinktur völlig auskommen.

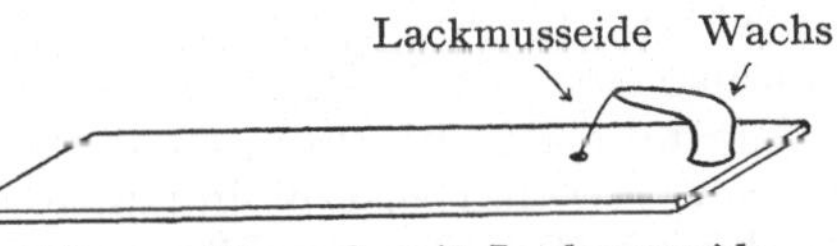

Abb. 57. Versuch mit Lackmusseide.

3. Zu Projektionsversuchen empfiehlt sich die Lackmusseide nicht, weil die künstlichen Lichtquellen zu arm an blauen Strahlen sind. Will man an einem Präparat die Fadenfärbung mittels Säure zeigen, so kann etwa ein mit Helianthin gefärbtes (weißes) Kopfhaar benutzt werden, dessen Ende mit einer Spur verdünnter Schwefelsäure in Berührung gebracht worden ist.

6. Übung. Neutralisieren.

In ein Spitzröhrchen bringt man etwa 4 mm^3 verdünnte Salzsäure, die mittels des Rührhäkchens mit etwas Lackmustinktur versetzt wird. In einem zweiten Spitzröhrchen befindet sich ein Tropfen verdünnte Lauge. Säure und Lauge sind etwa zehntelnormal. Das Neutralisieren der Säure geschieht, indem man das Rührhäkchen in die Lauge einsenkt, den hängengebliebenen Tropfen durch Quirlen mit der Säure vermischt und dies fortsetzt, bis der Umschlag des Indikators erfolgt. Wünscht man in der Hitze zu neutralisieren, so ist der Apparat Abb. 5 anzuwenden. In der neutralen Lösung muß ein Tröpfchen, wie es beim Eintauchen des Rührhäkchens hängen bleibt, den Umschlag bewirken. Der Versuch kann unter Anwendung der Wanne (Cuvette) S. 14 projiziert werden.

Kann man den Indikator der betreffenden Lösung nicht zusetzen, so prüft man den am Rührhäkchen hängenbleibenden Tropfen, indem man dieses reiterartig auf die Kante von gutem Lackmus-(Azolithmin-)papier auflegt.

Anorganische Kationen.

7. Übung. Blei.

I. Von den zahlreichen Mikroreaktionen des Blei-Ions ist die Überführung in das *Tripelnitrit* $K_2PbCu(NO_2)_6$ eine der wichtigsten[1].

Da wir damit zum ersten Male einer derartigen Reaktion (Krystallfällung) begegnen, sollen alle Handgriffe ausführlich beschrieben werden. Wichtig ist, daß man die Reaktion mit *verschiedenen* Mengen des nachzuweisenden Ions ausführe, damit man über die Art des Eintretens der Reaktion und namentlich über die Empfindlichkeit richtige Vorstellungen gewinnt.

Wir beginnen mit z. B. 0,2 mg einer 1 %igen[2] (d. h. ca. $^1/_{20}$ normalen Blei-(acetat)Lösung; sie wird mittels der Platinöse (S. 21) der Standflasche entnommen und durch Klopfen auf den Objektträger übergeführt. Daneben tippt man die 10fache Menge einer 1 $^0/_0$igen Kupfer-(acetat)Lösung ab und vermengt die Lösungen mittels eines Glasfadens, den man ad hoc aus einer Capillare auszieht. Man dampft (S. 15) die Mischung auf dem Objektträger ein, wobei sie nicht ins Sieden kommen soll. Hierauf wird der Objektträger zur Abkühlung auf einen kalten Metallgegenstand (kleiner Amboß, Kupferblock, Fuß des Mikroskops usw.) gelegt. Der Abdampfrückstand der gemischten Bleikupferlösung wird mit einem Reagens betupft, das man erhält, indem man einen Tropfen einer Mischung gleicher Teile Wasser, Eisessig und 2 n-Ammonacetatlösung mit einem Tropfen einer gesättigten wässerigen Lösung von Kaliumnitrit vermengt[3]. Von diesem Reagens bringen wir wieder mittels eines Glasfadens einen kleinen Tropfen auf die eingedunstete Bleikupfersalzmischung: das Kaliumkupferbleinitrit scheidet sich sofort in Form brauner oder schwarzer, würfelförmiger Krystalle ab, die eine Größe von 10—25 μ erreichen können, gewöhnlich aber kleiner ausfallen. Ihre Beobachtung geschieht bei etwa 100facher Vergrößerung ohne Auflegen eines Deckglases. Will man die Krystalle messen, so ist nach S. 7 zu verfahren.

Der Versuch wird mit etwa $^1/_{10}$ der angegebenen Mengen wiederholt, indem man entsprechend verdünntere Lösungen anwendet; mit 0,01 γ Pb soll noch eine deutliche, einwandfreie Reaktion erhalten werden. Wichtig ist, daß der einzudampfende Tropfen, keine zu große Fläche bedecke und daß vom Reagens recht wenig genommen werde. — Ist die Flüssigkeitsmenge, die man auf einen kleinen Raum einengen will, groß, so läßt man sie in einem Capillarrohr aufsteigen, bläst ein wenig davon auf den Objektträger, dampft ein, bringt neuerdings Flüssigkeit an dieselbe Stelle usw.

---

[1] Behrens-Kley: Mikrochem. Analyse, Leipzig u. Hamburg 1915 bzw. 1922, S. 93. Über die Erfassungsgrenzen der einzelnen Reaktionen s. die Tabellen in Emich: Lehrbuch der Mikrochemie, München 1926, S. 125—138.

[2] Es braucht wohl nicht betont zu werden, daß die in analoger Weise später angegebenen Zahlen auch dann nur angenähert gelten, wenn dies nicht besonders hervorgehoben wird.

[3] S. z. B. Geilmann u. Brünger: Glastechn. Berichte 7, 328 (1929).

In bezug auf das Blei-Kupfer-Verhältnis hat N. SCHOORL[1] gefunden, daß das Verhältnis 1:10 am günstigsten ist, und daß 1000:1 und 1:300 die *Grenzverhältnisse* darstellen, bei denen die Reaktion noch gelingt. — Andere Ionen stören im allgemeinen nicht, wenn sie in mäßiger Menge vorhanden sind; dagegen wird das Erscheinen der braunen Krystalle z. B. bei Gegenwart der 300fachen Menge Quecksilberchlorid verhindert, ebenso stören Wismutsalze, wovon man sich leicht überzeugen kann. — Das Reagens soll im Ernstfalle vor seiner Verwendung *stets geprüft* werden.

II. *Fällung des Bleis als Sulfid PbS; weitere Bleireaktionen.*

1. In ein Spitzröhrchen bringt man 1—2 mg der 1%igen Bleilösung; dies geschieht z. B. so, daß man mit der betreffenden Öse (S. 21) ein Tröpfchen der Vorratsflache entnimmt, es an der Seitenwand abtippt und dann mittels der Zentrifuge in die Spitze schleudert. Zuerst überzeugt man sich mittels eines fein zugespitzten Lackmuspapierstreifens von der Reaktion; ist sie nicht entschieden sauer, so wird (Rührhäkchen) mit verdünnter Salpetersäure versetzt und nun mittels der Capillare (S. 22) Schwefelwasserstoff eingeleitet. Die Fällung ist in einigen Augenblicken beendet[2]; der Niederschlag wird unter Anwendung der Zentrifuge einige Male mit Schwefelwasserstoffwasser, dann einmal mit reinem Wasser gewaschen (S. 25), das man schließlich möglichst vollkommen vom Niederschlag trennt; er wird dann in etwa 1 mg verdünnter Salpetersäure unter Erwärmen (S. 12) gelöst und die Lösung mittels einer Capillare auf einen Objektträger übergeführt; schließlich dampft man ein und löst in einigen Milligrammen Wasser auf. Um schnelle Verdunstung zu vermeiden, kann die so erhaltene Probeflüssigkeit mit einem kleinen Uhrglas bedeckt werden.

2. Eine Probe der Lösung wird in ein Capillarrohr aufsteigen gelassen, das man hernach in eine Kaliumbichromatlösung (Tropfen auf dem Objektträger) einsenkt. Um nicht zu viel von den Lösungen eintreten zu lassen, ist das Röhrchen am unteren Ende zu einer Spitze ausgezogen. Das obere Ende wird mit dem Zeigefinger verschlossen, den man entsprechend lüftet. Um die Fällung zu vollenden, wird das Röhrchen entweder beiderseits zugeschmolzen und einige Male in gewendeter Lage zentrifugiert oder der Inhalt mittels eines Glasfadens vermengt. Endlich wird der Niederschlag nach S. 26 gewaschen und evtl. zu weiteren Reaktionen benutzt, z. B. kann die Löslichkeit in Lauge festgestellt werden.

3. Eine weitere Probe wird mit Wasser auf dem Objektträger zu einem großen Tropfen verdünnt, mit etwas Essigsäure und einem Körnchen Jodkalium versetzt. Man dampft in der Wärme ein, bis sich beim Abkühlen sechsseitige dünne Blätter von *Jodblei* bilden. In der Capillare nach S. 13 umzukrystallisieren. HEMMES bevorzugt gegenüber dem Tripelnitrit das PbJ_2, welches übrigens auch aus $PbSO_4$ leicht entsteht, wenn man dieses mit einem Tropfen Wasser benetzt und ein Körnchen KJ zusetzt (BÖTTGER, Privatmitteilung).

---

[1] N. SCHOORL, Beiträge zur mikrochemischen Analyse, Wiesbaden 1909, S. 23. Weitere Literatur z. B. BEHRENS-KLEY: Mikrochem. Analyse, Leipzig u. Hamburg 1915 bzw. 1922, S. 67.

[2] Bekanntlich wird oft bei Schwefelwasserstoffällungen vom Anfänger zuviel Säure genommen und dadurch die Fällung beeinträchtigt; *dieser Fehler geschieht bei Mikroanalysen besonders leicht*; man setzt daher selbstverständlich nach dem Einleiten des H_2S noch Schwefelwasserstoffwasser zu.

4. In einer vierten Probe kann mit verdünnter Schwefelsäure das Sulfat gefällt werden, welches gleichfalls auszuwaschen ist. Ein Teil davon ist zur Tripelnitritreaktion zu verwenden. Hierbei kommt die Löslichkeit des Sulfats in essigsaurem Ammon zur Geltung.

5. *Übung mit dem „Sulfidfaden*[1]". Schießwolle[2] wird wiederholt abwechselnd in etwa 15%ige Lösungen von Schwefelnatrium und Zinksulfat getaucht, jedesmal gut abgepreßt, zuletzt abgespült und getrocknet. Ein Faden soll sich in 1%iger Silberlösung tiefschwarz färben. — Wird das Fadenende (vgl. Lackmusseide S. 77) in eine *neutrale* Bleilösung gebracht, so färbt es sich zunächst gelb. In saurer Lösung oder, wenn die Einwirkung stundenlang vor sich geht, wird es schwarz. Ebenso schlägt die Farbe in schwarz um, wenn man das Fadenende in Schwefelammon oder in 15fach verdünnte Salpetersäure bringt. (Unterschied von Quecksilber, bei dem Salpetersäure zunächst keine Veränderung an dem gelben Fadenende bewirkt). Hypobromit bleicht den Faden, Baden in einem Tropfen Kaliumbichromatlösung erzeugt hierauf gelbes Bleichromat, das (Unterschied von Wismut) durch alkalisches Zinnchlorür nicht sofort schwarz gefärbt wird. Erfassungsgrenze etwa 0,01 γ Blei.

Die Niederschläge, welche sich am Fadenende befinden, werden *gewaschen*, indem man es durch Tropfen hindurchzieht, die auf dem Objektträger liegen. Sie sind entsprechend *klein* zu nehmen, da sonst störende Auflösungserscheinungen eintreten können.

Wir haben den Sulfidfaden als bequemes Reagens erwähnt, doch können derartige Fadenreaktionen auch so ausgeführt werden, daß man z. B. das Ende einer Baumwollfaser mit der fraglichen (Blei-)Lösung nach S. 77 tränkt und hierauf mit Schwefelammonium *räuchert*. (Die Schießwolle ist seinerzeit wegen ihrer chemischen Widerstandsfähigkeit als Träger empfohlen worden, man kann aber, wie eben angedeutet, auch andere Fasern benutzen.)

8. Übung. Einwertiges Quecksilber.

1. Von der 1%igen Merkuronitratlösung werden 10 mg auf dem *schmalen* Objektträger mit etwas verdünnter Salzsäure versetzt. Man rührt mit der Glasnadel und befreit den weißen, käsigen Niederschlag von der Lösung, indem man ein glatt abgeschnittenes Streifchen Filtrierpapier anlegt; auch schiebt man das Häufchen gegen das Ende des Objektträgers.

Zur Umwandlung in das „schwarze Präcipitat" wird ein winziges Stäubchen mit Ammoniak betupft und nötigenfalls bei schwacher Vergrößerung gegen weißen und schwarzen Hintergrund betrachtet.

2. Der Rest des Niederschlags dient zu einem *Sublimatsversuch* nach S. 36. Das Sublimat ist weiß und bei mäßigen Vergrößerungen nicht deutlich krystallinisch. Um es ins Metall überzuführen, wird es auf dem Objektträger mit einem Tropfen Sodalösung aufgekocht. Das gebildete schwarze Oxydul haftet am Glase und kann gewaschen werden, indem man Wasser aus der Spritzflasche darüberlaufen läßt. Man trocknet in gelinder Wärme, z. B. hoch über dem Zündflämmchen und sublimiert neuerdings gegen einen kalten Objektträger, auf dem ein feiner grauer Beschlag erscheint. Man bringt unter das Mikroskop, streicht evtl. mit dem Glasfaden zusammen und erkennt die *Quecksilberkügelchen* an den Reflexbildern im auffallenden Licht.

3. Die Quecksilbertröpfchen werden ins *Jodid* übergeführt: man drückt ein Körnchen Jod auf ein Deckglas und legt dieses auf den Beschlag; in kurzer Zeit

---

[1] LIEBIGS Ann. 351, 426 (1907). Vgl. CHAMOT: Chemical Microscopy. New York 1921, S. 308.

[2] A. MAYRHOFER: Mikrochemie d. Arzneimittel u. Gifte, Berlin 1923 1, 21 empfiehlt, die von E. SCHMIDT, Ausführliches Lehrbuch der Pharmazeutischen Chemie, S. 911 (1910), gemachten Angaben zu berücksichtigen.

erscheinen die merkwürdigen Formen (Würmer, Kügelchen usw.) des *roten* (mitunter auch vorübergehend des *gelben*) *Jodids*. In etwas größerem Maßstab ausgeführt ist der Versuch besonders unter dem binokularen Mikroskop hübsch.

4. Sehr einfach, empfindlich und charakteristisch ist folgende Überführung in metallisches Quecksilber. Die Merkuro-(nitrat) lösung, welche 0,5 γ Quecksilber enthalten mag, wird in ein Capillarröhrchen eintreten gelassen und mit einem Stückchen blanken Kupferdrahts versetzt, das z. B. 0,1 mm dick und 1—3 mm lang ist. Dann wird beiderseits zugeschmolzen, Drähtchen und Lösung werden in das eine Ende geschleudert und nun einige Minuten im siedenden Wasserbad (Proberöhre) erhitzt. Nach dem Öffnen wird der Draht mittels Filtrierpapier abgetrocknet und mittels der Pinzette in ein trockenes, etwa $\frac{1}{4}$ mm weites Röhrchen gebracht, das man einseitig zugeschmolzen hat. Um das Quecksilber abzudestillieren, wird das Glas an dem Ende, wo der Draht liegt, in der Mikroflamme zusammenfallen gelassen, bis der Draht ganz von Glasmasse umgeben ist. Die abdestillierten Tropfen sind schon unter der Lupe zu sehen. Bei sehr kleinen Mengen geschieht die Aufsuchung der Quecksilbertropfen in der in Cedernöl oder Wasser eingebetteten und damit angefüllten Capillare bei dunklem Hintergrund und gutem, seitlichem Licht. Eine Verwechslung mit Luftblasen wird dem Geübten nicht vorkommen; man beachte z. B., daß bei Kondensorbeleuchtung die Luftblasen einen hellen Kern haben, der beim Öffnen und Schließen der Irisblende groß und klein wird, — eine Erscheinung, die natürlich beim Quecksilbertropfen fehlt. Auch die unmittelbare Betrachtung der Capillare unter dem binokularen Mikroskop ist zu empfehlen.

Der Versuch gelingt mit 0,2 γ Quecksilber, das als Mercuronitrat angewendet wird, auch z. B. dann, wenn die 100fache Menge Silbernitrat zugegen ist.

9. Übung. Silber.

1. Von den zahlreichen Reaktionen des Silber-Ions ist bekanntlich die Bildung und das Verhalten des Chlorsilbers besonders kennzeichnend. Man nehme etwa 2 mg einer Silberlösung 1:100 und versetze im Spitzröhrchen (Rührhäkchen!) mit verdünnter Salzsäure, prüfe die Löslichkeit in Ammoniak und die Fällbarkeit mittels Salpetersäure. Hierauf wird der Niederschlag durch Erhitzen und Zentrifugieren zum Absetzen gebracht, zweimal mit Wasser gewaschen, nochmals in Ammoniak gelöst und die Lösung auf dem Objektträger stehen gelassen. Damit das Ammoniak langsam verdunste, legt man ein kleines Uhrglas über den Tropfen. Nach etwa einer Viertelstunde wird ein Deckglas aufgelegt und bei starker Vergrößerung geprüft: tesserale Krystalle, die ihre starke Lichtbrechung durch kräftig hervortretende Kanten verraten.

Der Versuch ist hierauf mit einer 1‰igen Lösung zu wiederholen. Zur Erkennung schwacher Trübungen benutzt man die (Mikro-)Bogenlampe S. 85.

2. Wegen der Schönheit der Reaktion sei noch auf die Bildung von *Silberbichromat* hingewiesen. Man vermischt z. B. 2%ige Silbernitratlösung und 10%ige Salpetersäure zu gleichen Teilen und bringt ein Körnchen Kaliumbichromat in das Gemisch; es erscheinen prächtige, orange- bis blutrote Krystalle, Rechtecke, Rauten und Spieße, welche bis zu 2 mm groß werden können[1]. Der spitze Winkel der Rauten wird verschieden gefunden: 43° (BEHRENS), 72°, ferner 58—59° (HAUSHOFER); schwach pleochroitisch (SCHOORL).

Um *Chlorsilber* ins Chromat zu verwandeln, wird es gewaschen, auf dem Objektträger angeschmolzen und mittels Zink und Salzsäure reduziert. Man wäscht neuerdings, erst mit Säure, dann mit Wasser, löst in Salpetersäure, schleppt evtl. vom Nichtgelösten ab, dampft ein, löst in 5%iger Salpetersäure, fügt Bichromat zu und läßt nötigenfalls eindunsten.

3. Die nach 2 erhaltene Probe wird zur Herstellung eines *Dauer*präparates nach S. 43, Absatz 3 verwendet. Als Einschlußmittel ist Canadabalsam in Xylol[2] anzuwenden. Soll das Präparat z. B. in der Vorlesung projiziert werden, so ist es lehrreich, wenn man die angewandte Silbermenge, z. B. 10 γ angeben kann.

4. Die Gelegenheit kann benutzt werden, um eine *Mikrophotographie* anzufertigen. Die hierzu notwendige Anleitung findet man in besonderen Werken, vgl. EMICH: Lehrbuch d. Mikrochemie, München 1926.

5. Über Tüpfelanalyse, vgl. die Literatur[3].

10. Übung. Trennung eines Gemisches von $AgCl$, $PbCl_2$ und Hg_2Cl_2 (kombiniertes Verfahren von N. SCHOORL).

a) Man fällt eine Mischung von je 10 mg der 1%igen Lösungen von Blei Quecksilber und Silber auf dem Objektträger mit verdünnter Salzsäure, wäscht den Niederschlag einige Male mit wenig Wasser und überzeugt sich durch Prüfung eines winzigen Teils mit Ammoniak von der Anwesenheit des Merkuro-Ions.

b) Man erhitzt den getrockneten Niederschlag nach S. 36 in der Ecke des Objektträgers über dem Mikrobrenner, wobei sich *Quecksilberchlorür* verflüchtigt und (bei Vorhandensein von 10 γ) ein deutliches Sublimat erzeugt (selbst wenn es maximal mit der tausendfachen Menge von einem der beiden anderen Chloride gemischt ist). Das zurückbleibende Gemenge soll *nicht bis zum Schmelzen* erhitzt werden. Die Prüfung des Sublimats geschieht evtl. wie oben (8. Übung, 2.) angegeben.

c) Den Rückstand kocht man mit verdünnter Salzsäure aus; Blei geht in Lösung und wird mittels der Tripelnitritreaktion oder als Jodid nachgewiesen.

d) Der gewaschene Rückstand wird mit Ammoniak ausgezogen und zur Verdunstung (s. Silber) hingestellt[4].

11. Übung. Arsen, Antimon, Zinn.

Wir begnügen uns auch hier mit einer kleinen Auswahl von Reaktionen.

1. BETTENDORFFsche *Probe*. Eine Lösung von Arseniger oder Arsensäure wird in einer Menge von 1 mm³, etwa 0,1 γ Arsen enthaltend, in einer Capillare mit dem 4fachen Volumen einer Lösung von einem Teil Zinnchlorür in zwei Teilen rauchender Salzsäure versetzt. Die Capillare wird beiderseits zugeschmolzen, wobei man das eine Ende zu einer mäßig feinen, nicht zu dünn-

---

[1] Hübsche Projektionsversuche in EMICH: Lehrbuch d. Mikrochemie, München 1926.

[2] Erhältlich in Zinntuben.

[3] Z. B. Z. anal. Chem. **74**, 380 (1928); Mikrochem. **7**, 411 (1929); Mikrochem. **8**, 271 (1930).

[4] Vgl. BENEDETTI-PICHLER, Ind. and. Eng. Chemistry, Anal. Ed. **2**, 309 (1930).

wandigen Spitze auszieht. Das Erhitzen der gut durchgemischten Probe (S. 26), die das Röhrchen nicht höher als zur Hälfte füllen soll, geschieht nach S. 13 im Amylalkoholbad (Sp. ca. 130^0), d. h. man bringt 1—2 cm^3 dieser Flüssigkeit in eine Proberöhre, wirft die Capillare hinein und erhitzt zum Sieden. Bei der angegebenen (relativ großen) Arsenmenge kocht man 1 Minute, bei kleineren Mengen bis zu 5 Minuten lang. Hernach wird die Capillare mit der Spitze nach unten zentrifugiert und in der Cuvette S. 14 bei schwacher Vergrößerung betrachtet. Erfassungsgrenze etwa 0,02γ As.

2. In einem Spitzröhrchen löst man 10 γ Arsenige Säure in einigen Kubikmillimetern Salzsäure unter Erwärmen, verdünnt mit Wasser und leitet (S. 22) Schwefelwasserstoff ein. Der mittels der Zentrifuge gewaschene Niederschlag wird auf dem Objektträger durch Räuchern mit Brom in Arsensäure übergeführt und die Lösung auf kleinem Raume (s. PbI) eingedampft. Man löst die Arsensäure in überschüssigem Ammoniak und fügt etwas Ammonnitrat und ein Körnchen Magnesiumacetat zu. Es entstehen Dendriten, X-Formen und Sargdeckel von Magnesiumammoniumarsenat $MgNH_4AsO_4 . 6 H_2O$, das *gestaltlich* von dem analogen Phosphat (S. 94) nicht zu unterscheiden ist. Wohl aber ist eine Unterscheidung möglich, wenn man den mit Ammoniak gewaschenen Niederschlag mit Silbernitratlösung zusammenbringt: das Arsenat wird braun, das Phosphat gelb.

Wenn Teile des Niederschlags, wie dies bei verdünnten Lösungen meist zutreffen wird, am Objektträger haften, so hat man diesen nur einige Male mit Ammoniak abzuspülen, dann flüchtig zu trocknen und mit der Silberlösung zu benetzen. Zur Beurteilung der Farbe: bei größeren Mengen des Niederschlags ist dunkler Hintergrund und gutes seitliches Licht (Mikrobogenlampe) vorteilhaft. Einzelne Kryställchen und Drusen des Ammonarsenats beobachtet man bei stärkerer Vergrößerung im durchfallenden Licht.

3. Zum Nachweis von *Antimon* bringen wir in ein Tröpfchen der salzsauren Lösung (Antimonchlorür oder Brechweinstein), 1% Antimon enthaltend, nächst dem Rande ein Körnchen Jodkalium, an die gegenüberliegende Stelle des Tropfens ein Körnchen Caesiumchlorid. Sobald sich die von den beiden Salzen ausgehenden Strömungen erreichen, beginnt die Abscheidung orangeroter, sechsseitiger Tafeln, Rosetten und Sterne, die als „*Caesiumjodostibit*" bezeichnet werden. Vorher sieht man oft die entsprechende (farblose) Chlorverbindung entstehen. Wismut gibt die gleiche Reaktion; jedoch ruft Zusatz von alkalischer Stannitlösung bei der Wismutverbindung Abscheidung von metallischem Wismut hervor, während die Antimonverbindung unverändert bleibt, bzw. in Lösung geht. — Über eine Luminescenzreaktion des Antimons vgl. die 16. Übung.

4. Versetzt man ein Tröpfchen einer 1%igen stark salzsauren *Zinn*(4)lösung mit einem Körnchen Rubidiumchlorid, so entstehen tesserale Krystalle, vorwiegend Oktaeder von Rubidiumchlorostannat Rb_2SnCl_6, die unmittelbar neben dem Reagens einen feinen Staub bilden.

12. Übung. Prüfung eines Gemisches der Sulfide von Arsen, Antimon und Zinn.

1. Der Niederschlag wird in der kleinen Proberöhre mit 3—4%iger Salzsäure erhitzt, solange noch Schwefelwasserstoff entweicht und

durch Zentrifugieren von der Lösung, die wesentlich Zinn enthält, getrennt; das Zinn wird mittels Rubidiumchlorid (s. o.) nachgewiesen.

2. Der Rückstand wird nun mit 25%iger Salzsäure behandelt, wobei Antimon in Lösung geht, welches z. B. mit Kaliumjodid und Caesiumchlorid erkannt werden kann.

3. Arsen bleibt wesentlich im *Rückstand* (der unter Umständen auch Schwefelkupfer und Schwefelquecksilber in Spuren enthalten wird). Er wird mittels Königswasser oder Brom (s. o.) in Lösung gebracht, auf dem Objektträger abgedampft und die zurückbleibende Arsensäure als Ammoniummagnesiumverbindung erkannt.

4. Zinn und Antimon kann man evtl. auch in *einer* Probe mit Hilfe von Kaliumjodid und Caesiumchlorid nachweisen: man wird bei sorgfältiger Durchmusterung die kleinen, farblosen Oktaeder der Zinnverbindung neben den roten Sternen des Jodostibits wahrnehmen können.

Über die Methoden, welche anzuwenden sind, wenn Spuren von dem einen oder dem anderen Ion aufzusuchen sind, vgl. Emich: Lehrbuch d. Mikrochemie, München 1926.

13. Übung. Analysen

einiger Legierungen oder gemischter Lösungen bisher besprochener Metalle, z. B. Letternmetall (Sb, Pb), Weichlot (Sn, Pb), deren Zusammensetzung dem Praktikanten nicht bekannt ist.

Analog ist bei den folgenden Gruppen zu verfahren.

Man beginnt mit dem leichtesten Fall, bei dem die Ionen in annähernd gleichen Mengen, im Anfang z. B. von je einem Milligramm gemischt werden, später geht man bis zu einigen Hunderstelmilligrammen herab und mischt die Ionen auch in ungleichen Verhältnissen.

14. Übung. Ultramikroskopische Untersuchung einer kolloiden Goldlösung.

Die Lehre von den kolloiden Lösungen gehört nicht in den Rahmen dieses Werkchens. Da aber der Mikrochemiker doch öfter in die Lage kommen kann, mit dem Ultramikroskop arbeiten zu müssen, sei die Beobachtung einer *kolloiden Goldlösung* als lehrreichen und historisch wichtigen Objekts empfohlen.

Die Sichtbarmachung ultramikroskopischer Teilchen geschieht bekanntlich mittels sog. *Dunkelfeldbeleuchtung*, d. h. derart, daß man die Teilchen möglichst kräftig durch eine Lichtquelle beleuchtet, deren Strahlen nicht unmittelbar in das Objektiv gelangen können. Nur das von den Teilchen „*abgebeugte*" Licht macht sie sichtbar (vgl. Abb. 58); Gestalt und Größe der Teilchen bleiben dabei dem Beobachter verborgen; was er wahrnehmen kann, sind nur die „Beugungsscheibchen".

Es gibt verschiedene Apparate zur Dunkelfeldbeleuchtung. Für den Besitzer eines großen Mikroskopstativs empfiehlt sich die Anschaffung eines Dunkelfeldkondensors, deren wir drei erwähnen: 1. den Paraboloidkondensor, 2. den Kardioidkondensor, 3. den Wechselkondensor. Für die meisten Zwecke genügt der erstangeführte. Als Studienobjekt empfehlen wir ein nach Wo. Ostwald hergestelltes, *rotes Goldsol:* 100 cm^3 (gewöhnliches) destilliertes Wasser + 5—10 cm^3 einer mit Soda oder Pottasche genau oder etwas überneutralisierten, 0,01 %igen Goldchloridlösung werden zum Sieden erhitzt und tropfenweise mit 1 %iger frisch bereiteter Tanninlösung (1 Tropfen jede halbe Minute) versetzt, bis intensive Rotfärbung eintritt. Die Lösung hält sich nach Zusatz von etwas arabischem Gummi und Phenol jahrelang.

Zur ultramikroskopischen Beobachtung bringt man einen Tropfen der kolloiden Lösung auf einen sehr sorgfältig gereinigten Objektträger, legt ein reines Deckgläschen darauf, bringt ferner einen Wassertropfen auf die *Unterseite* des Objektträgers und legt diesen so auf den Kondensor, daß der Wassertropfen eine optische Verbindung zwischen Kondensor und Objektträger herstellt. Luftblasen sind im Objekt und im eben genannten Verbindungstropfen zu vermeiden.

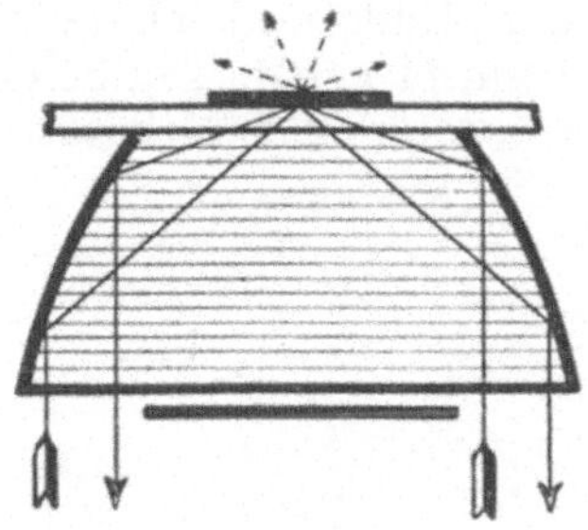

Abb. 58. Strahlengang beim Dunkelfeld-(Paraboloid-)Kondensor.

Die Reinigung von Objekt- und Deckglas geschieht durch Erhitzen mit Chromschwefelsäure, Abspülen mit Wasser und zweimal destilliertem Alkohol und Trocknenlassen. Nicht abwischen!

Als Lichtquelle dient z. B. eine Mikrobogenlampe oder direktes Sonnenlicht; zweckmäßig filtriert man das (Parallel-)Strahlenbündel mittels einer ½%igen Kupfervitriollösung, die die Wärmestrahlen absorbiert; sie befindet sich in einer vor dem Beleuchtungsplanspiegel des Mikroskops aufgestellten Cuvette (vgl. Abb. 59). Der Spiegel wird so lange gewendet, bis in der kolloiden Lösung ein heller, gleichmäßiger Fleck zu beobachten ist, wobei man nötigenfalls durch Höher oder Tieferstellen des Kondensors ein wenig nachhilft. Stellt man das Mikroskop auf die Flüssigkeitsschichte ein, so sind die Beugungsscheibchen in lebhafter Brownscher Bewegung zu sehen.

Auch bei sorgfältiger Reinigung von Objektträger und Deckglas wird man eine große Zahl von *ruhenden* Beugungsscheibchen wahrnehmen, die von den Verunreinigungen der Oberflächen herrühren. — Die richtige Dicke des Objektträgers

Abb. 59. Aufstellung des Ultramikroskops.

soll eingehalten werden; sie wird von der Firma angegeben, die den Kondensor liefert; wichtig ist, daß Objektiv und Kondensor aufeinander abgestimmt sind.

Die S. 5 angegebene stärkere Vergrößerung genügt für die in Rede stehenden Beobachtungen. Weit schöner ist das Phänomen allerdings bei Anwendung eines starken, z. B. des Orthoskop-Okulars f = 9 mm oder des Kompensations-Okulars 18.

15. Übung. Kupfer.

1. Wir verweisen zunächst auf die Tripelnitritreaktion, die beim Blei besprochen worden ist. Um die Blaufärbung zu verwerten, die

die Cuprisalze mit überschüssigem Ammoniak geben, läßt man 1 mg einer Kupfernitratlösung, die 1% Metall-Ion enthält, in einer Capillare aufsteigen, in die man danach noch Ammoniak eintreten läßt. Nach dem Durchmischen (S. 26) der Probe schleudert man die Lösung (die in dünner Schichte farblos erscheint) in das eine Ende und schneidet das Röhrchen knapp unter dem Flüssigkeitsspiegel ab. Endlich bringt man die Capillare nach Abb. 60 oder 61 unter das Mikroskop. W bedeutet ein Säulchen aus Wachs, das das Röhrchen lotrecht hält, C einen Wassertropfen, der die optische Verbindung mit dem Objektträger herstellt. Unter demselben befindet sich der Kondensor, das Mikroskop wird auf das obere Ende der Capillare eingestellt. Für die Beobachtung der Farbe ist es günstig, wenn der Meniscus möglichst eben ist; durch Zusatz eines Wassertropfens (mittels Platinöse, fein ausgezogener Capillare usw.) ist dies leicht zu erreichen; evtl. legt man ein recht kleines Deckglas auf.

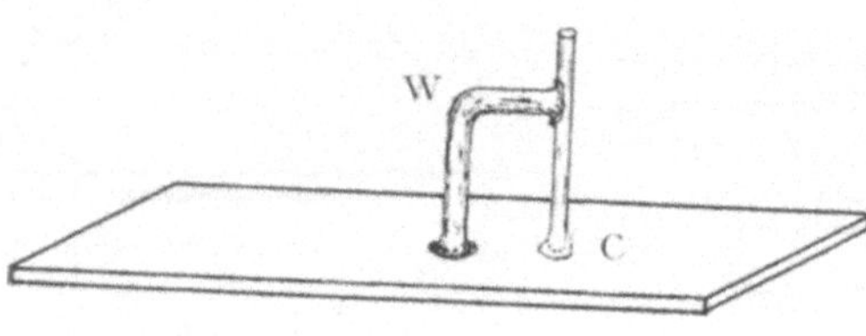

Abb. 60.
Axiale Durchleuchtung einer farbigen Lösung.

Abb. 61.
Capillarenzange für axiale Durchleuchtung.

Wer öfter derlei Versuche anstellen will, kann sich eine einfache federnde Zange verfertigen lassen, in die die Capillare in lotrechter Lage eingeklemmt wird. Die Abb. 61 ersetzt eine weitere Erklärung[1]. Die Capillare kann außen angerußt werden, um seitliches Licht abzuhalten[2]. Die kleinste nachweisbare Menge richtet sich nach der Weite der Capillare; unter 0,2—0,5 mm wird man wohl nicht gehen und es lassen sich dann etwa 2 γ Kupfer gut erkennen. Der Versuch ist auch zur Projektion geeignet.

2. Von anderen Kupferreaktionen sei noch die Fällung mit Ferrocyankalium erwähnt. Man kann sie in verschiedener Weise verwerten, z. B. so, daß man eine mit Ferrocyankalium getränkte Baumwollfaser in die zu prüfende Lösung einsenkt. Bei dieser Gelegenheit sei auf den hübschen Projektionsversuch aufmerksam gemacht, bei dem man ein linsengroßes Kryställchen Ferrocyankalium in eine verdünnte Kupfervitriollösung einwirft, die sich in einer kleinen Cuvette befindet. „*Künstliche Zelle*". Über die Reaktionen von Spacu vgl. das Original[3].

3. Über Tüpfelreaktionen vgl. den betr. Abschnitt.

---

[1] Bezugsquelle: K. Schmitt, Graz, Lessingstr. 25.

[2] Ad. Mayrhofer: Qual. mikrochem. Methoden etc. Abderhaldens Handbuch IV 7/C 2, S. 1145—1332, Berlin u. Wien 1929, S. 1210.

[3] Z. anal. Chem. 64, 331 (1924).

16. Übung. Wismut[1].

1. *Nachweis mittels Luminescenz nach* J. Donau. Aus einem Porzellan-, Quarz- oder Platinröhrchen läßt man Wasserstoff (aus dem Kippschen Apparat) austreten, der mindestens eine mit feuchtem Porzellanschrot beschickte Waschflasche passiert hat. Der Wasserstoffstrom wird angezündet, die Flamme soll nicht mehr als einen halben Zentimeter lang sein. Man rührt ferner möglichst reines *Calciumcarbonat* mit Wasser zu einem dünnen Brei an und entnimmt dann kleine Mengen davon mittels einer Platinöse, eines am Ende etwas plattgeschlagenen Platindrahtes, eines Wedekindschen Magnesiastäbchens oder auch eines schmalen Glimmerstreifens. Die Reaktion selbst kann in folgender Weise ausgeführt werden:

Man glüht zunächst die am Draht befindliche Kalkverbindung in der Flamme schwach aus, bringt dann mittels einer zweiten Öse die wismuthaltige Lösung hinzu und glüht nochmals schwach aus. *Legt man nun nach dem Abkühlen das Präparat wiederholt kurze Zeit an den unteren Flammenrand an, so ist im Augenblick des Auftreffens der Flamme eine cyanblaue Luminescenz zu bemerken.* In dem Maße, als der Kalk zu glühen anfängt, verschwindet natürlich die Luminescenz, da sie von der Gelbglut verdeckt wird.

Die Empfindlichkeit der Reaktion ist eine hervorragende, denn *die Erfassungsgrenze beträgt ein Zehnmillionstel Milligramm* Wismut. Bei diesen großen Verdünnungen ist wegen der nicht mehr intensiven Leuchterscheinung ein dunkler Beobachtungsraum und die Ausführung eines Parallelversuches angezeigt. Er wird etwa so angestellt, daß man in eine weitere, in einer Öse befindliche und vorher schwach ausgeglühte Kalkprobe ein Tröpfchen Wasser bringt, gleichfalls mit der Wasserstofflamme behandelt und hierauf mit dem ersten Präparat vergleicht. Es ist zweckmäßig, die beiden Ösen oder Platindrähte, mittels welchen die Reaktion vorgenommen wird, nebeneinander in einen Glasstab einzuschmelzen und die Ösen, beziehungsweise Drahtenden einander möglichst zu nähern.

Auch Mangan und Antimon geben derartige Luminescenzreaktionen, beim ersteren ist das Leuchten gelb, beim letzteren grünblau. Literatur in Emich: Lehrbuch d. Mikrochemie, München 1926.

2. Eine charakteristische Fällung[2] ruft ein Körnchen Kaliumkobalticyanid in einer z. B. 12% HNO_3 enthaltenden Lösung eines Wismutsalzes hervor.

3. Über den Nachweis von Wismutspuren durch die induzierte Reduktion von Blei nach F. Feigl und P. Krumholz[3], s. die 78. Übung.

17. Übung. Prüfung einer Lösung, in der Silber, Blei, Wismut, Kupfer, Cadmium und Quecksilber vorhanden sein können[2].

Die zu untersuchende, schwach salpetersaure Lösung wird mit einer Spur Salzsäure versetzt; bleibt die Lösung klar, so sind Silber- und Mercuro-Ion nicht anwesend. Tritt eine Fällung (Trübung) auf, so setzt man in kleinen Anteilen Salzsäure zu, um eine vollständige Fällung der genannten Ionen zu erzielen, erwärmt[4], um die Ausflockung zu beschleunigen und zentrifugiert. Der Niederschlag wird nach bekannten Methoden[5] weiter untersucht. Die Lösung wird mit Schwefelwasserstoff gefällt, der Niederschlag evtl. mit Ammonsulfid oder Natriumsulfid ausgezogen, der dabei gebliebene Rückstand zwei- bis dreimal mit einer 10%igen Ammonnitratlösung gewaschen und dann mit einer zur vollständigen Lösung genügenden Menge 12%iger Salpetersäure[6] versetzt. Die Sulfide werden durch Quirlen mit einem Glasfaden in der verdünnten Salpetersäure verteilt gehalten und so 2—3 Minuten (anfangs am besten unter Luftaufblasen zur raschen

[1] Wir behandeln dieses, an sich weniger wichtige Ion deshalb ausführlicher, weil es Gelegenheit gibt, einige interessante Reaktionen kennen zu lernen.

[2] A. Benedetti-Pichler: Z. anal. Chem. **70**, 257f. (1927).

[3] Ber. dtsch. chem. Ges. **62**, 1138 (1929).

[4] Erwärmen stets auf dem Wasserbade.

[5] Z. B. N. Schoorl: Z. anal. Chem. **47**, 209 (1908).

[6] W. Böttger: Qualit. Analyse, Leipzig 1925, S. 426 u. 429.

Entfernung gebildeten Schwefelwasserstoffes) auf dem Wasserbade erhitzt. Der Übelstand einer plötzlichen heftigen Umsetzung der Sulfide mit der Salpetersäure unter Entwicklung von Stickoxyden und gleichzeitiger Bildung zu größeren Klumpen zusammengeschmolzenen Schwefels, der Sulfide einschließt, wird derart bei *kleinen Sulfidmengen* in der Regel vermieden. Das Ungelöste wird abzentrifugiert und nach B. weiter behandelt[1].

A. Lösung.

In der Lösung sind Blei, Wismut, Kupfer und Cadmium nachzuweisen. Hierzu versetzt man die, wenn nötig, auf ein geringeres Volum gebrachte Lösung mit einem Ammoniaküberschuß und erwärmt kurze Zeit gelinde, wodurch der evtl. Niederschlag besser ausflockt[2]. Nach dem Zentrifugieren sind in der Lösung Kupfer und Cadmium nach bekannten Verfahren aufzusuchen. Irgend größere Kupfermengen verraten sich bereits durch die Blaufärbung; zum Nachweis des Cadmiums kann man dann, wie bei der Makroarbeit üblich, durch einen Überschuß an Kaliumcyanid entfärben, durch Erwärmen unter Luftausblasen gelöstes Dicyan entfernen, einen evtl. auftretenden Niederschlag von *Bleicyanid*[3] abzentrifugieren und in die klare Lösung Schwefelwasserstoff einleiten.

Der neben Bleihydroxyd das gesamte Wismut enthaltende Niederschlag wird nach Auswaschen mit verdünntem Ammoniak in wenig 12%iger Salpetersäure gelöst und das Wismut als basisches Nitrat abgeschieden[4]. Hierzu legt man ein Uhrgläschen von 4 cm Durchmesser auf die Öffnung des Wasserbades, richtet einen feinen, kräftigen Luftstrom gegen die Mitte des Uhrgläschens und dampft hier die aus einer Capillare tropfenweise aufzubringende salpetersaure Lösung auf einem möglichst kleinen Raum ein. Der Rückstand wird zweimal mit 30%iger Salpetersäure benetzt und jedesmal zur Trockne abgedampft, um evtl. vorhandenes Chlorid sicher zu entfernen. Nun wird der Rückstand viermal mit je einem großen Tropfen Wasser ausgezogen und jedesmal wieder zur Trockne verdampft. Nimmt man nun mit einem Tröpfchen Wasser den Rückstand auf, so kann man in der Lösung das Blei in üblicher Art nachweisen. Zum Nachweis von Wismut löst man von der Stelle, an der sich am Uhrgläschen die eingedampften Nitrate befanden, das basische Nitrat mit Hilfe eines Tröpfchens von konz. Salpetersäure, wäscht mit einem Tröpfchen Wasser nach und kann nun in der erhaltenen salpetersauren Lösung das Wismut etwa mittels eines Körnchens Kaliumkobalticyanid erkennen[5].

---

[1] Sind irgend größere Mengen von schwarzem Sulfid (HgS) vorhanden, so genügt zum Nachweis des Quecksilbers, gleich im Spitzröhrchen in möglichst wenig Salpetersalzsäure (1 : 1) zu lösen, dann einen Überschuß von konz. Ammonoxalatlösung zuzugeben, einen blanken Kupferdraht einzutauchen und einige Minuten auf dem Wasserbad zu erwärmen. Das Quecksilber scheidet sich auf dem Kupfer aus und kann dann in der Capillare abdestilliert werden. Siehe S. 81 und A. Stock und R. Heller: Z. ang. Chem. **39**, 466 (1926); vgl. Z. anal. Chem. **69**, 94 (1926); ferner N. Schoorl: Beitr. z. mikrochem. Analyse, Wiesbaden 1909, Sonderabdr. aus Z. anal. Chem. 46, 47, 48.

[2] W. Böttger: Qualit. Analyse, Leipzig 1925, S. 234. — Für den Nachweis kleiner Mengen Wismut neben viel Kupfer ist die Trennung mit Ammoniak nach N. Schoorl sehr günstig. — Falls kein Blei zugegen ist, kann man zur Auffindung von Wismutspuren neben viel Kupfer vor der Fällung mit Ammoniak etwas Bleinitrat zusetzen. Die Bleifällung reißt das Wismut mit nieder; auch ist mit der größeren Niederschlagmenge leichter zu arbeiten.

[3] War kein Wismut zugegen, so wird man geringe Bleimengen überhaupt erst an dieser Stelle finden. Man löst den Niederschlag zum Nachweis des Bleis in konz. Salpetersäure.

[4] Mikrochem. **4**, 40 (1926).

[5] Manche Einzelheiten, die u. U. berücksichtigt werden müssen, konnten hier (und auch sonst bei den Trennungen) nicht angeführt werden; wir empfehlen nochmals Böttgers Qualitative Analyse zu Rate zu ziehen.

B. Rückstand.

Der Rückstand von der Behandlung mit Salpetersaure besteht der Hauptsache nach aus Schwefel und evtl. *Schwefelquecksilber*. Weiter kann er in kleiner Menge die Sulfide von *Blei, Wismut, Kupfer* und *Cadmium* enthalten, von welchen einzelne Teile durch Umhüllung mit Schwefel dem Angriff der Säure entzogen wurden, ferner *Zinnoxyd*, wenn das Zinn ursprünglich als Oxydul vorhanden und durch Schwefelammon unvollkommen gelöst worden war, endlich die *Sulfate von Blei, Barium* und *Strontium*. — Zur weiteren Behandlung wird das vorhandene Material in mindestens zwei Teile geteilt.

1. Der eine Teil dient zur Untersuchung auf *Quecksilber*. Man erwärmt mit Königswasser und dampft die Lösung vorsichtig (s. o.) ab; der Rückstand wird in Wasser gelöst und entweder 10 Minuten lang mit einem Kupferdrähtchen auf 60—80° erwärmt oder über Nacht damit in Berührung gelassen. Hierbei ist nach Stock der Zusatz von Oxalsäure empfehlenswert. Das amalgamierte Kupfer wird abgespült und nach S. 81 im Röhrchen erhitzt. Das Sublimat kann *Quecksilbertropfen* enthalten, ferner Krystalle von arseniger Säure (aus den Reagenzien), die evtl. eine nochmalige Trennung erforderlich machen oder nach bekannten Methoden zu identifizieren sind. Der Nachweis des Quecksilbers gelingt auf diese Weise, wenn 0,01 mg davon neben der tausendfachen Menge anderer Metalle vorhanden ist. — In vielen Fällen kann es genügen, die ursprüngliche Lösung unmittelbar mit Kupfer zu behandeln.

2. Der andere Teil des Rückstandes dient zur Aufsuchung der übrigen oben erwähnten Bestandteile. Man vertreibt Schwefel und Quecksilber durch schwaches Glühen in einem Porzellantiegelchen und erhält so einen neuen Rückstand, welcher wesentlich die Oxyde von Blei, Wismut, Kupfer, Cadmium und Zinn, ferner die Sulfate von Blei, Barium und Strontium enthalten kann. Zur weiteren Prüfung ist zu bemerken, daß man die erstgenannten Metalle (bis zum Zinn) nicht leicht hier allein finden wird, da mindestens ein Teil immer dort angetroffen werden wird, wo dies der regelrechte Gang erwarten läßt. Dagegen können Spuren von Barium und Strontium dem Analytiker völlig entschlüpfen, wenn sie nur nach dem gebräuchlichen Verfahren gesucht werden.

Der Rückstand wird mit Salpetersäure auf dem Wasserbad zur Trockne gebracht und hierauf mit verdünnter Salpetersäure ausgezogen:

a) Die Lösung enthält Blei, Wismut, Kupfer, Cadmium und wird in bekannter Weise geprüft.

b) Der Rückstand kann zunächst Bleisulfat enthalten; man zieht es mit Ammonacetat aus, versetzt mit Kupferacetat und stellt die Tripelnitritreaktion an.

c) Hinterläßt auch die Behandlung mit Ammonacetat einen Rückstand, so kann er vor allem Zinnoxyd sein; man versucht es mit konz. Salzsäure in Lösung zu bringen und prüft mit Rubidiumchlorid.

d) Was sich jetzt noch nicht gelöst hat, ist als Barium- oder Strontiumsulfat anzusprechen.

Die Prüfung auf Zinnoxyd und auf Bariumsulfat kann auch direkt an dem geglühten Rückstand geschehen, von welchem wir unter 2. ausgegangen sind.

18. Übung. Analysen, vgl. S. 84.

19. Übung. Kobalt, Nickel, Eisen.

1. Man berührt ein (feuchtes) Körnchen Borax von etwa 0,2 mg mit einem Platindraht von 0,1 mm Dicke, so daß es am Drahtende haftet. Hierauf wird hoch über dem Zündflämmchen erhitzt, bis der Borax schaumig geworden ist. Diesen Schaum berührt man mit der 0,2 mg-Öse, in der sich eine Kobaltlösung 1:1000 befindet. Der Borax saugt die Lösung auf. Nun wird stärker erhitzt, schließlich 1 Minute lang rot geglüht. Die Perle wird in der Weise an das Drahtende gedrängt, daß man dieses etwas kühler hält als den

daneben befindlichen Teil des Drahtes. Die Färbung ist mit der Lupe (auf weißem Hintergrund) gut zu sehen. Sehr schwache Färbungen an sehr kleinen Perlen werden beobachtet, indem man diese in Xylol oder Wasser einlegt und bei schwacher Vergrößerung und Kondensorbeleuchtung prüft.

2. Eine weitere hübsche Reaktion beruht auf der Bildung von Mercurikobaltrhodanid $CoHg(CNS)_4$. Hierzu gibt SCHOORL folgende Vorschrift: man löst 5 g Sublimat und ebensoviel Rhodanammon in 6 g Wasser unter gelindem Erwärmen und betupft die zur Trockne eingedunstete Probe (unter der Lupe) mit diesem Reagens, ohne (Impfwirkung!) den Objektträger mit der Glas- oder Platinspitze zu berühren. Vom Reagens ist möglichst wenig zu nehmen. Es entstehen tiefblaue Drusen von prismatischen, oft zugespitzten Krystallen des rhombischen Systems, auch wohl unregelmäßige Klumpen und Stachelkugeln. (Bei Gegenwart von Zink oder Cadmium erhält man blaßblaue Mischkrystalle; Kupfer zeigt eine ähnliche Reaktion.) Kleine Mengen von Nickel sind nicht hinderlich, aber eine dem Kobalt gleiche Quantität dieses Ions beeinträchtigt bereits Form und Schönheit der Krystalle. Ist die zehnfache Menge Nickel zugegen, so können sie überhaupt ausbleiben. — Die erwähnte Verbindung bildet leicht übersättigte Lösungen.

3. *Nickel* weist man als Dimethylglyoximverbindung $(CH_3)_2.C_2(NO)_2Ni(CH_3)_2 C_2(NOH)_2$ nach. Man trägt z. B. in das ammoniakalische evtl. neutrale oder schwach essigsaure Tröpfchen der 1 $^0/_0$igen Nickellösung auf dem Objektträger ein Körnchen Dimethylglyoxim ein und läßt, evtl. mit einem Uhrgläschen bedeckt, eine zeitlang stehen; es bilden sich rosafarbige, pleochroitische Nadeln. Der Versuch gelingt mit 1 γ Nickel-Ion leicht; bei den so erhaltenen Kryställchen ist der Farbenwechsel rot-gelb beim Drehen im polarisierten Licht gut zu beobachten. Übrigens ist auch ein Sublimationsversuch bei vermindertem Druck mit kleinen Bruchteilen eines Milligramms ausführbar.

Cuprilösungen geben eine ähnliche Reaktion; auch in diesem Fall sind die Kryställchen pleochroitisch, und der Farbenwechsel ist sogar ein ähnlicher; *aber während die rote Farbe bei der Nickelverbindung auftritt, wenn die Polarisationsebene des Nicols senkrecht zur Längsrichtung der Nadeln steht, ist das Verhalten der Kupferverbindung gerade das entgegengesetzte.* Auch sind die Krystalle der Kupferverbindung nicht fein, nadelförmig, sondern mehr derb, prismatisch und von etwas anderer Farbe.

4. *Nachweis von Kobalt und Nickel nebeneinander.* Da der Nachweis des einen Ions neben dem anderen bei annähernd gleichen Mengen mittels der angegebenen Reaktionen gelingt, empfiehlt es sich, Trennungen mit einem großen Überschuß des einen Ions auszuführen.

a) Um wenig Nickel neben viel Kobalt nachzuweisen, versetzt man den Tropfen mit überschüssigem Ammoniak und schüttelt mit Luft oder läßt die Mischung einige Stunden lose bedeckt stehen. Die Hauptmasse des Kobalts fällt aus, in der Lösung ist Nickel mittels Dimethylglyoxim zu suchen. Ein Teil Nickel kann neben 5000 Teilen Kobalt aufgefunden werden.

b) Will man umgekehrt Spuren von Kobalt neben viel Nickel entdecken, so empfiehlt sich die Abscheidung des ersteren als Kaliumnitritdoppelsalz (sehr kleine gelbe Würfel und Oktaeder) nach bekannter Vorschrift, Zentrifugieren desselben, Auflösen in konz. Salzsäure, Abdampfen und Umwandlung ins Doppelrhodanid oder Prüfung mittels Borax.

c) Über weitere Nachweismethoden vgl. u. a. die Untersuchungen von KOLTHOFF[1] und von FEIGL[2]. S. auch den Abschnitt über Tüpfelanalyse.

5. *Eisen.* Um die Empfindlichkeit der Berlinerblaureaktion festzustellen, konzentriert man nach S. 78 eine Eisenchloridlösung, welche einige Millionstelmilligramm Ferri-Ion enthält, derart auf dem Objektträger, daß der Rückstand eine möglichst kleine Fläche bedeckt. Dann wird er mit einer, mit Salzsäure angesäuerten Ferrocyankaliumlösung betupft und unters Mikroskop gebracht.

[1] Mikrochem. **8**, 176 (1930).
[2] Österr. Chem. Ztg. **26**, 86 (1923).

20. Übung. Aluminium.

1. *Alaunreaktionen.* a) 1 mg der 1%igen Aluminium-(nitrat-)lösung wird auf dem Objektträger eingedunstet, durch Anhauchen verflüssigt und mit etwas gepulvertem Kaliumhydrosulfat versetzt. Die oktaedrischen Alaunkrystalle entstehen in kurzer Zeit[1]. — Die Alaune des Rubidiums und Caesiums sind erheblich schwerer löslich, entstehen deshalb in verdünnteren Lösungen und bilden kleinere Krystalle. Trotzdem bevorzugt SCHOORL die Kaliumverbindung.

b) EBLER benutzt Caesiumhydrosulfat, um das Aufschließen mit dem Aluminiumnachweis zu verknüpfen. Man schmilzt z. B. 0,1 mg Kaolin mit der zehnfachen Menge Caesiumhydrosulfat in der Platinöse bei Dunkelrotglut zusammen und kocht die Schmelze auf einem schmalen Objektträger mit einem Tropfen Wasser aus. Dann wird vom Ungelösten abgeschleppt und krystallisieren gelassen.

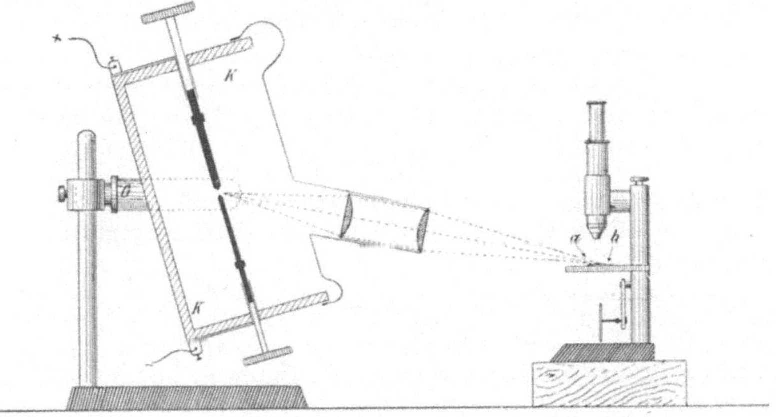

Abb. 62. Prüfung auf Fluorescenz und feine Trübungen. (Buchstabenerklärung im Text.)

2. *Fluorescenzreaktion nach* GOPPELSROEDER. Das Reagens wird bereitet, indem man entweder *Morin* in 20%igem Alkohol auflöst oder *Gelbholzspäne* damit auskocht. Etwa im Verhältnis von einem Teil Gelbholz (Morin) auf zehn (zehntausend) Teile Lösungsmittel. a) Wird 1 cm^3 einer Aluminiumlösung 1:1000 mit einigen Tropfen des Reagens versetzt, so entsteht eine kräftig grün fluorescierende Lösung. Die Beobachtung geschieht am besten, indem man Licht von der Bogenlampe mit Hilfe einer Sammellinse so konzentriert, daß das Bild des positiven Kraters im Innern der Flüssigkeit erscheint. Erfassungsgrenze 0,025 γ Aluminium.

b) Für kleine Mengen von Flüssigkeit benutzt man Capillaren, die evtl. in der aus Abb. 62 ersichtlichen Art beleuchtet werden können. (An Stelle der hier gezeichneten Lampe ist die Mikrobogenlampe [Abb. 59, S. 85] anwendbar und mit Rücksicht auf den geringen Stromverbrauch zu empfehlen.)

K stellt ein mit Asbestpappe ausgekleidetes Holzkistchen dar, das in einer horizontalen Gabel G montiert ist. An der einen Wand bringt man, in einem Rohr

[1] Hübscher Projektionsversuch; man verwendet etwa 0,1 cm^3 einer Lösung von krystallisiertem Aluminiumnitrat 1:3 und gepulvertes $KHSO_4$. Falls (Übersättigungserscheinung) die Krystallisation nicht rechtzeitig einsetzt, impft man mit einer Spur Caesiumalaun, die mittels einer Platinnadel eingeführt wird.

verschiebbar, eine ordinäre Sammellinse an, welche je nach ihrer Entfernung vom Lichtbogen entweder paralleles oder konvergentes Licht liefert.

Die Capillare a b ist so auf den Objekttisch zu legen, daß keine störenden Reflexlichter auftreten. — Man wird bei dieser Anordnung mit einigen Millionstelmilligrammen noch eine merkbare Fluorescenz erzielen, doch darf man nicht versäumen, das Reagens (mit der entsprechenden Wassermenge verdünnt) auf eine etwaige Eigenfluorescenz zu prüfen.

Durch andere Kationen wird die Fluorescenzreaktion im allgemeinen *nicht* gestört, namentlich, wie schon GOPPELSROEDER gefunden hat, nicht durch seltene Erden; dagegen stören Wasserstoff-Ionen in größerer Menge, d. h. freie Mineralsäure, die vor dem Zusatz der Morinlösung mit Natriumacetat abzustumpfen ist.

3. Die Alaun- und die Fluorescenzreaktion können vereinigt werden, indem man den auskrystallisierten (Caesium-)Alaun mittels Filtrierpapier von der Mutterlauge befreit, dann in Wasser löst, Gelbholzauszug zusetzt usw.

4. Auf die Reaktion von ATACK sei aufmerksam gemacht: EMICH: Lehrbuch d. Mikrochemie, München 1926, S. 165.

21. Übung. Chrom.

1. 1 mg einer Chromilösung, die 1 γ Cr enthält, wird auf dem schmalen Objektträger eingedampft und mit der 5fachen Menge Natriumsuperoxyd zusammengeschmolzen. Die gelbe Farbe ist ohne weiteres wahrzunehmen. Zum weiteren Chromnachweis kann man mit verdünnter Salpetersäure übersättigen und ein Körnchen Silbernitrat zusetzen. Eigenschaften der Krystallisation S. 82.

2. Sehr empfindlich ist der Nachweis der Chromsäure mittels Diphenylcarbazid[1].

Man löst z. B. die nach 1. erhaltene Schmelze mit verdünnter Schwefelsäure vom Objektträger, bringt die Lösung auf eine geeignete Unterlage (weiße Porzellanplatte) und versetzt mit einer alkoholischen Lösung von Diphenylcarbazid. Eine auftretende Rotviolettfärbung beweist die Anwesenheit von Chromsäure. S. Tüpfelanalyse.

22. Übung. Zink.

1. Ein Tropfen einer einprozentigen Zinklösung wird nach evtl. Zusatz von Natriumacetat nach S. 22 mit Schwefelwasserstoff gefällt und das Schwefelzink mit Schwefelwasserstoffwasser gewaschen. Hernach löst man den Niederschlag in verdünnter Salpetersäure, vertreibt den Schwefelwasserstoff und benutzt die Lösung (A) zu folgendem Versuch.

2. *Krystallfällung von Ferricyanzink.* Diese recht charakteristische und empfindliche Reaktion erfordert ziemlich verdünnte Lösungen, wenn man deutliche Krystalle gewinnen will. Wir bringen in die stark salpetersaure Lösung (A) ein Körnchen Ferricyankalium; entsteht von ihm ausgehend eine feine gelbe Trübung, so ist die Anwesenheit von Zink möglich. Sind die Kryställchen bei 400facher Vergrößerung nicht als solche erkennbar, so verdünnt man die Lösung A auf das 5fache und wiederholt den Versuch, bis man gelbe *quadratische Täfelchen* wahrnimmt, die die Gegenwart von Zink beweisen. Schöne Kryställchen gibt z. B. eine 0,1 %ige Zinklösung, die 7 % HNO_3 enthält.

3. Über weitere Zinkreaktionen, z. B. über Zinknatriumcarbonat (farblose Tetraeder) vergleiche man das Lehrbuch[2]. Aus Legierungen, z. B. Messing, ist Zink in der Regel durch Erhitzen in einer schwerschmelzbaren Capillare leicht auszutreiben. Das Sublimat besteht, wenn wenig Legierung vorliegt, wesentlich aus Oxyd. Übrigens kann auch im Vakuum sublimiert werden.

---

[1] F. FEIGL und P. KRUMHOLZ: Mikrochem., PREGL-Band S. 80 (1929).

[2] EMICH: Lehrbuch d. Mikrochemie, München 1926, S. 167 u. BENEDETTI-PICHLER: Z. anal. Chem. 70, 257 (1927).

23. Übung. Mangan.

1. Die Manganatschmelze wird auf dem schmalen Objektträger oder in der Platinöse mit Natriumsuperoxyd als Reagens ausgeführt. Im zweiten Fall achte man darauf, daß die Temperatur nicht zu hoch steige. Im ersten Fall ist auf einen evtl. Mangangehalt des Objektträgers Rücksicht zu nehmen; die notwendigen Kontroll- und Übungsversuche ergeben sich aus diesen Hinweisen von selbst.

2. Will man die Oxydation des Mangano-Ions zu Übermangansäure mittels Bleisuperoxyd und Salpetersäure mikrochemisch verwerten, so ist bei starker Verdünnung die Prüfung der durch Zentrifugieren geklärten Lösung nach S. 86 möglich; man kann einige Hundertstel γ Mn leicht nachweisen. Auch die Oxydation mittels Ammonpersulfat und Silbernitrat hat sich nach bisherigen Beobachtungen bewährt.

3. Über die Luminescenzreaktion nach DONAU vgl. EMICH: Lehrbuch d. Mikrochemie, München 1926, S. 153.

4. Die Permanganate geben mit Perchloraten *Mischkrystalle:* In einen großen, auf dem Objektträger befindlichen Tropfen bringen wir 1 mg Überchlorsäure (käufliches Reagens vom sp. G. 1,2 oder die entsprechende Menge von Natriumperchlorat), ferner an zwei einander nicht zu nahe Stellen je ein Körnchen Kaliumpermanganat und Rubidiumchlorid. Nach 5—10 Minuten hat sich eine reichliche Krystallisation der Mischkrystalle $RbCl(Mn)O_4$ gebildet, die von sehr verschieden intensiver Farbe sind.

Über mikro*spektro*skopische Versuche vgl. EMICH: Lehrbuch d. Mikrochemie, München 1926, S. 62. — Über Tüpfelreaktion s. den betr. Abschnitt.

Zum Nachweis der Ionen der Schwefelammoniumgruppe nebeneinander, wird man sich in der Regel eines Verfahrens bedienen können, wie es bei der Makroanalyse üblich ist, wobei man vorwiegend im Spitzröhrchen arbeitet.

24. Übung. Calcium.

1. *Nachweis als Gips.* $CaSO_4 \cdot 2H_2O$. 2 mg einer Calciumlösung 1:200 werden auf dem Objektträger mit etwas Schwefelsäure versetzt, abgedampft und schließlich so lange erhitzt, bis keine Schwefelsäuredämpfe mehr entweichen. (Besser als ein Objektträger ist ein Quarzschälchen, da Glas leicht etwas Ca abgibt.) Man löst den Rückstand in Wasser, dem etwas Essigsäure zugesetzt wird und läßt verdunsten. Die gewonnenen Gipskrystalle sind zwar oft ziemlich verschieden, aber doch recht charakteristisch; bei rascher Verdunstung (die vermieden werden soll) vorwiegend Nadelbüschel, bei langsamer hingegen: a) rhomboidal umgrenzte Blättchen mit spitzen Winkeln von 53 (häufig), 66 oder 28°, b) Zwillinge, kenntlich an einspringenden Winkeln von (meistens) 104, 130 oder 76°.

Zur Messung der Winkel bedient man sich des Fadenkreuzokulars und des drehbaren, mit Winkelteilung versehenen Objekttisches. Man bringt erst den einen, dann den anderen Schenkel des betreffenden Winkels mit einem Faden in Übereinstimmung, liest jedesmal den Winkel am Rand des Objekttisches ab und bildet schließlich die Differenz; natürlich ist auf den Sinn der Drehung zu achten. Die Messungen werden an mehreren Individuen wiederholt und dann wird aus den Beobachtungen das Mittel genommen. Vgl. Anhang II.

2. WeitereErkennungsformen: GAY-LUSSIT, Tartrat, Oxalat, Kaliumferrocyanid werden an bekannten Stellen beschrieben, wo auch über Barium- und Strontiumreaktionen und über hierhergehörige Trennungen nachgelesen werden kann[1]. ROSENTHALER bevorzugt (Privatmitteilung) die Jodsäure, welche auch Oxalat und Sulfat angreift.

---

[1] EMICH: Lehrbuch d. Mikrochemie, München 1926, S. 171f.

25. Übung. Magnesium.

1. *Magnesiumammoniumphosphat.* 1 mg einer angesäuerten Magnesiumlösung 1:1000 wird mit Ammoniak geräuchert, indem man den Objektträger, Tropfen nach abwärts, über eine Standflasche legt, in der sich etwa 2%iges Ammoniak befindet. (Da das Reagens bei dieser Behandlung gelegentlich Säure aus dem Tropfen absorbieren kann, soll die betreffende Flasche nicht zu anderen Zwecken verwendet werden.) Dann wird ein Körnchen Phosphorsalz in den Rand des Tropfens gebracht und der Objektträger neuerdings auf die Standflasche gelegt. In unmittelbarer Nähe des Phosphats entstehen dendritische Krystalle, in größerer Entfernung stets auch besser ausgebildete Formen, namentlich sechsstrahlige Sterne, X-förmige Gestalten und Sargdeckel. Die Krystalle gehören dem rhombischen System an, sind sehr schwach polarisierend und in ihrem Brechungsvermögen von dem der Lösung nicht sehr verschieden (daher Beobachtung mit kleiner Blendenöffnung!).

Kalium und Natrium stören nicht, wenn sie in 250facher Menge gegenüber dem Magnesium vorhanden sind. (Bei Gegenwart von Lithium, auf das wir hier nicht Rücksicht nehmen, muß das Magnesium mittels Bariumhydroxyd abgeschieden werden.) Calcium kann man übrigens mittels Citronensäure unschädlich machen, wenn seine Menge die des Magnesiums nicht um mehr als das 50fache übersteigt (Schoorl).

Die Grenzen der Reaktion werden verschieden angegeben. Bei 0,05 γ wird sie im allgemeinen unsicher; in Grenzfällen ist es wichtig, daß man kein Ammonsalz hinzufüge, also von annähernd neutraler Lösung ausgehe; der Rückstand kann nach dem Eindunsten durch Anhauchen nochmals verflüssigt und neuerdings unterm Mikroskop durchmustert werden; so wird man — Übung und Sorgfalt vorausgesetzt — noch sehr kleine Mengen auffinden können.

2. Über Mg-Nachweis und kolorimetrische Bestimmung nach Friedr. L. Hahn s. die 74. und 82. Übung.

3. Bezüglich der Auffindung von *Calcium und Magnesium nebeneinander* gilt, daß, wenn annähernd gleiche Mengen vorhanden sind (wie z. B. im Dolomit), Calcium als Gips und Magnesium als Ammonphosphat leicht erkannt werden können, wenn man Calcium in einem Tropfen als Sulfat nachweist und dann einen zweiten bei Gegenwart von Citronensäure auf Magnesium prüft. — Natürlich kann auch das übliche Trennungsverfahren mit Ammoniumcarbonat angewandt werden. Zu beachten ist, daß die Anwesenheit von viel Ammonsalzen die Fällung der Calciumgruppe unvollständig macht; man muß jene also vorher vertreiben und dann mit entsprechend kleinen Mengen Reagens arbeiten[1].

26. Übung. Kalium und Natrium.

1. *Kaliumchloroplatinat.* 2 mg einer 1%igen Kalium(chlorid)-lösung werden mit einem Tröpfchen konzentrierter Platinchloridlösung versetzt, etwa so, daß sich die Tropfen berühren. Neben der an der Berührungsstelle entstehenden feinkörnigen Trübung erhält man bald größere Krystalle, sattgelbe, tesserale Oktaeder und deren Zerrformen, z. B. sechsseitige Tafeln. — Bei Verdünnung der Probelösung wird man mit 0,02 γ Kalium noch eine gute Reaktion bekommen. Sind Rb und Cs sowie NH_4 (Laboratoriumsluft!) ausgeschlossen, so ist die Reaktion eindeutig.

Wegen der Empfindlichkeit der Reaktion und wegen der leichten Verunreinigung des Reagens durch Laboratoriumsluft und Glas ist das Platinchlorid stets zu prüfen. „Ein Reagens, das beim Eintrocknen nur ein amorphes, braunes

[1] W. Böttger: Qualit. Analyse, Leipzig 1925, S. 465f.

Häutchen und gar keine oktaedrischen Kryställchen hinterläßt, ist einfach nicht zu bekommen", es sei denn, daß man mit Quarzgefäßen und sorgfältigst gereinigten Säuren arbeitet. Aber durch den Vergleich wird man immer leicht feststellen, ob es sich um spurenhafte Verunreinigungen des Platinchlorids oder um Kalium in der Probe handelt.

(Hat man Verdacht auf Rubidium oder Caesium, so kann Zusatz einer mit Chlorsilber gesättigten, stark salzsauren Goldchloridlösung leicht Aufschluß geben; diese Lösung gibt mit K-Salzen keine Reaktion, mit Rb rote Prismen, mit Cs schwarze Kreuze usw).

ROSENTHALER (Privatmitteilung) benutzt Kupferbleinitritmischung an Stelle des teuren Platinchlorids, evtl. Siliciumwolframsäure zur Unterscheidung von Kalium und Ammonium.

2. *Natrium* wird als *Natriumuranylacetat* $NaUO_2$ $(C_2H_3O_2)_3$ nachgewiesen. Etwa 2 mg einer 1%igen neutralen, besser schwach essigsauren Natrium-(chlorid-)lösung werden auf dem Objektträger nach SCHOORL und LENZ mit gepulvertem Uranylammonacetat versetzt. Man erhält blaßgelbe tesserale Tetraeder (von grüner Fluorescenz), deren Auftreten für das Natrium kennzeichnend ist. In Ermangelung von Uranylammonacetat kann eine mit Essigsäure angesäuerte Uranylacetat*lösung* genommen werden, die man auf die eingedunstete Probe bringt. Daß das eine wie das andere Reagens frei von Natrium sein muß, d. h. beim Eindunsten der wässerigen Lösung keine Tetraeder hinterlassen darf, versteht sich.

3. Sind Kalium und Natrium nebeneinander nachzuweisen, so gilt folgendes:

a) Die *Chloroplatinatreaktion* des ersteren wird durch die Anwesenheit von Natrium *nicht* gestört. Man erhält bei genügendem Überschuß von Reagens zuerst die tesseralen Oktaeder K_2PtCl_6, dann die triklinen Tafeln der Natriumverbindung (Abb. 2, S. 9) und kann, namentlich wenn z. B. die Chloride vorliegen, beide Ionen sehr schön in *einer* Probe nachweisen. Der Versuch ist mit etwa 20 γ einer KCl-NaCl-Mischung auszuführen.

b) Nachweis von Natrium als *Pyroantimonat* nach BÖTTGER[1]. Man dampft eine kleine Menge der auf $Na^{\cdot}$ zu prüfenden Lösung, die nicht sauer reagieren darf, zur Trockne, bringt davon ein kaum sichtbares Körnchen auf den Objektträger und gibt dazu ein Tröpfchen des zu erwähnenden Reagens. Die Größe des Tropfens richtet sich nach der Menge des festen Rückstands. In Anbetracht der Löslichkeitsverhältnisse setzt man nur soviel Reagens zu, daß es zur Übersättigung kommt. Man erhält mit 1 γ $Na^{\cdot}$ eine deutliche Krystallisation, selbst wenn rund die hundertfache K-Menge (Chloridgemisch) zugegen ist. — Die Form der Krystalle hängt vom Grad der Übersättigung ab: eine aus grobkörnigem K-Antimonat bereitete Lösung ergibt vorwiegend die (stabileren) Oktaeder, während bei Anwendung von mehligem K-Antimonat vorwiegend sägebock-, zigarren- oder wetzsteinartige Formen auftreten.

Reagens: Man erwärmt ca. 0,05 g mehliges K-Pyroantimonat mit 5 cm^3 Wasser 2—3 Minuten lang unter häufigem Schütteln auf etwa 50^0 oder kocht einige Minuten, wenn grobkörniges Antimonat vorliegt.

c) Sind endlich Spuren von Kalium neben viel Natrium aufzusuchen, so ist das Reagens von MACALLUM zu empfehlen, d. h. eine Mischung von Kobaltnitrat, Natriumnitrit und Essigsäure[2].

27. Übung. Ammonium.

Auf den Boden der Gaskammer S. 23 bringt man etwa 2 mg einer 1%igen Salmiaklösung, auf die Innenseite der Decke kommt

---

[1] Mikrochem., PREGL-Band, S. 14 (1929).

[2] MOLISCH: Mikrochemie der Pflanze, 2. Aufl., S. 62. Das Rezept lautet: 20 g $Co(NO_3)_2$, 35 g $NaNO_2$, 10 cm^3 Essigs. verdünnt auf 75 cm^3. Bis zu völliger Klärung stehen lassen, gut verschlossen aufbewahren!

das Ammoniakreagens, etwa beim ersten Versuch Platinchlorid, beim zweiten NESSLERs Reagens und beim dritten Mercuronitratlösung (weniger empfindlich). Ist alles bereit, so versetzt man die Salmiaklösung mit einem Tröpfchen Lauge und verschließt die Kammer. Die Wirkung stellt sich in wenigen Minuten ein: Oktaeder von Platinsalmiak, Bräunung der NESSLERschen Lösung, Schwärzung des Mercurosalzes. — Über die Anwendung von Lackmuspapier vgl. den organischen Teil (S. 106).

28. Übung. Analysen.

Anorganische Anionen.

Die Art, wie man kleine Mengen von Lösungen auf Anionen prüfen soll, kann demjenigen, der die bisherigen Übungen aufmerksam durchgemacht, keine Schwierigkeit bereiten, da es sich in vielen Fällen nur um eine zweckentsprechende Anwendung der Makromethoden handelt. Wir begnügen uns deshalb mit wenigen ausgewählten Übungsbeispielen.

29. Übung. Sulfate.

1. Man vermengt im ausgezogenen Röhrchen S. 26 etwa 1 mg Schwefelsäure 1 : 1000 mit verdünnter Chlorbariumlösung. Trübung und zentrifugierter Niederschlag sind noch mit freiem Auge sichtbar. In manchen Fällen kann Gips als Erkennungsform vorzuziehen sein; dabei dient Calciumacetat als Reagens. — Zu beachten ist, daß der Schwefelgehalt des Leuchtgases leicht kleine Mengen von Schwefelsäure in die Probeflüssigkeiten bringt; vgl. S. 107.

2. Ein Körnchen Bariumsulfat wird nach DENIGÈS am Platindraht im oberen Drittel eines Weingeistflämmchens zu *Sulfid* reduziert und in einen Tropfen Nitroprussidnatriumlösung gebracht; die Blaufärbung beweist die Gegenwart des Schwefels. Will man auch noch das Barium-Ion in der Lösung nachweisen, so benutzt man nach DENIGÈS 10%ige Jodsäure als Reagens, worauf die ziemlich charakteristischen Büschel der (meist gekrümmten) Nadeln von Bariumjodat erscheinen.

30. Übung. Phosphate.

Beim Nachweis der *o-Phosphorsäure* dient vor allem das Ammoniummagnesiumphosphat als Erkennungsform, das schon beim Magnesium besprochen worden ist. Man bringt demgemäß ein Körnchen Magnesiumacetat in den mit Ammoniak (und evtl. Salmiak) versetzten Tropfen. Auch die tesseralen, gelben Krystalle des phosphormolybdänsauren Ammoniums sollen bei dieser Gelegenheit unterm Mikroskop beobachtet werden. Darstellung etwa so, daß man ein Körnchen Ammonmolybdat in Salpetersäure 1,1 löst und den Tropfen in Berührung bringt mit einem Tropfen Natriumphosphatlösung; man erhält Oktaeder, auch Rhombendodekaeder, die zu Kugeln, Kreuzen u. a. Formen zusammentreten. Über die Tüpfelprobe siehe den betr. Abschnitt.

31. Übung. Fluoride.

1. Der Nachweis geschieht durch Überführung in Fluorkiesel, bzw. Kieselfluornatrium. Man mengt in einem Platintiegel etwas Flußspat mit konzentrierter Schwefelsäure, schichtet fein gepulverte Kieselsäure darüber und erwärmt; der Deckel des Tiegels trägt innen einen kleinen, außen einen großen Wassertropfen. Der letztere dient zur Kühlung, im ersteren ist etwas Kochsalz aufgelöst; läßt man diese Lösung, nachdem die Einwirkung vorüber ist,

auf einem gefirnißten Objektträger eindunsten, so erscheinen die Krystalle des *Kieselfluornatriums*, blaßrötliche sechsseitige Prismen oder Tafeln, auch Rosetten und Sterne, welche wegen der Brechungsverhältnisse mit kleiner Blendenöffnung gesucht werden müssen (Objektivschutz S. 6).

Ein Ätzversuch ist nur bei Anwendung größerer Fluoridmengen zu empfehlen.

2. *Nachweis nach* Feigl u. Krumholz. Man benutzt den Apparat Abb. 63[1].

Das in der Glashülse aus der Probe Quarzsand[2] und konz. Schwefelsäure entwickelte SiF_4 wird durch den am Dorn des Verschlußstückes hängenden Wassertropfen aufgefangen und zu Kiesel- und Kieselflußsäure verseift. Man erwärmt etwa eine Minute lang und läßt dann noch 3—5 Minuten stehen. Der am Dorn des Verschlußstückes hängende Tropfen wird in einen Mikrotiegel gespült und die Lösung wie unten (Übung 33) angegeben geprüft. Erfassungsgrenze: 1 γ Fluor. Zu Übungszwecken können fluorarme Mineralien, z. B. Zinkblende, empfohlen werden. In Mineralwässern kann man bei Anwendung von einigen Kubikzentimetern einen Gehalt von 0,0001% Fluor auffinden. Einzelheiten im Original.

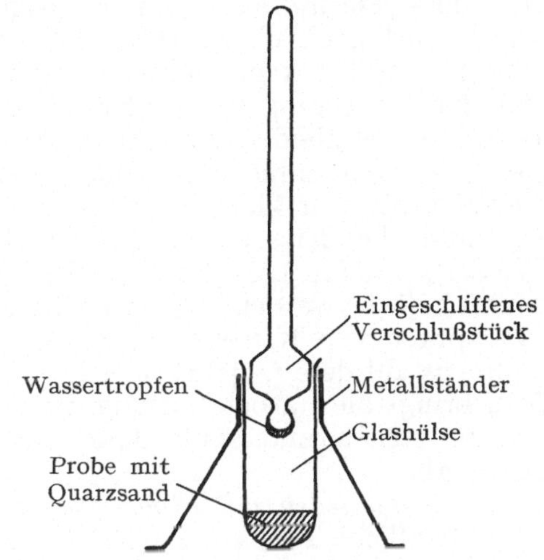

Abb. 63. Apparat zum Nachweis der Fluoride. (Etwa $^3/_4$ der natürlichen Größe.)

32. Übung. Carbonate.

1. Man stellt die Gasentwicklung fest, die beim Zusammenbringen mit starken Säuren eintritt.

Soll die Probe unter dem Mikroskop geprüft werden, so wird das Carbonat — z. B. ein Körnchen Calcit — in einen Tropfen Wasser gelegt und mit dem Deckglas bedeckt. Dann wird auf das zu prüfende Objekt eingestellt. Man bringt weiter etwa auf die linke Seite des Deckglasrandes einen Tropfen Salzsäure, am rechtsseitigen Rand legt man ein Streifchen Filtrierpapier an. Sobald die Salzsäure zum Objekt kommt, ist die Gasentwicklung sichtbar. Sollte bei sehr kleinen Mengen die Prüfung mit Kalkwasser erwünscht sein, so ist sinngemäß nach Übung 39 zu verfahren.

2. Da die Kalkwasserreaktion wegen ihrer Empfindlichkeit u. U. zu Täuschungen Anlaß geben kann, benutzen Feigl u. Krumholz[3] eine Mischung von 1 cm³ 0,1 n-Na_2CO_3 mit 2 cm³ 0,5%igem Phenolphthalein und 10 cm³ Wasser, von welcher Mischung man einen Tropfen auf das Kügelchen des Apparats Abb. 63 bringt. 4 γ Kohlensäure rufen noch Entfärbung des Tropfens hervor. — Über weitere Einzelheiten, z. B. Nachweis von Carbonaten bei Gegenwart von Sulfiden, Sulfiten, Cyaniden und über Nachweis von Oxalsäure durch Überführung in Kohlensäure siehe das Original.

---

[1] Mikrochem., Pregl-Band, S. 77 (1929). Bezugsquelle: P. Haack, Wien IX Garellig.

[2] Seesand kann nach Feigl u. Krumholz fluorhaltig sein.

[3] Mikrochem. 8, 131 (1930).

33. Übung. Silicate.

1. *Aufschließen mit Salzsäure.* In einem Platinlöffel erhitzt man einige Milligramm feinst gepulverte Hochofenschlacke so lange mit konz. Salzsäure auf dem Wasserbad, bis beim Rühren mit dem Platindraht kein Knirschen mehr wahrnehmbar ist. Dann wird noch einige Male mit verdünnter Salzsäure benetzt, immer zur Trockene gebracht und schließlich mit verdünnter Salzsäure ausgezogen. In der Lösung sind die Kationen nach bekannten Methoden zu suchen. Der Rückstand ist Kieselsäure, die (wie oben unter Fluor) identifiziert werden kann. Wird der Versuch mit sehr kleinen Mengen, z. B. mit einigen γ wiederholt, so kann die Kieselsäure mittels *Malachitgrün* (Lösungsmittel: Wasser), *Nilblau* (Alkohol), *Methylenblau* (stark verdünnte Essigsäure) gefärbt werden. Derlei Farbstoffe sind namentlich geeignet, um Spuren von Kieselsäure, wie sie etwa beim Abdampfen eines Tropfens auf dem Objektträger hinterbleiben, sichtbar zu machen: Man bringt die Farbstofflösung darauf, läßt eine Weile in gelinder Wärme stehen und spült dann mit dem betreffenden Lösungsmittel ab.

2. *Aufschließen mit Fluorwasserstoff.* Man verwendet entweder reine käufliche Flußsäure oder ein Gemisch von Fluorammonium und Schwefelsäure. Als Beispiel wählen wir die Aufsuchung von K, Na und Ca nach dem Verfahren von HEMMES: Man mischt einige Milligramm sehr fein gepulverten Glases mit Ammonfluorid und Wasser im Platinlöffel, setzt einen Tropfen konz. Schwefelsäure zu und erhitzt so lange (nicht zum Glühen), bis keine Schwefelsäuredämpfe mehr entweichen; der Rückstand wird mit Wasser in der Wärme ausgezogen. Von der Lösung läßt man einen Tropfen eindunsten, Gipskrystalle beweisen die Gegenwart von *Ca*. Der Rest der Lösung wird im Platinlöffel eingedampft, geglüht, mit Wasser ausgezogen, ein Teil der Lösung nach S. 78 auf einer kleinen Fläche des Objektträgers eingedampft und mit Platinchlorid auf *K* geprüft. Hat man nur wenig Kalium gefunden, so kann der Rest ohne weiteres mit Uranylacetat (S. 95) auf *Na* geprüft werden. Ist viel K zugegen, so fällt man mit Weinsäure, nimmt deren Überschuß mit Ammonacetat weg, dampft ab, glüht schwach und wiederholt die Prüfung mit Uransalz.

3. Eine sehr gute Methode der Aufschließung ist das Erhitzen mit *Bleioxyd* nach CANAVAL; natürlich kann sie nur dann angewandt werden, wenn man sich auf einem anderen Wege von der An- oder Abwesenheit des Bleis überzeugt hat. Die mit Bleioxyd zusammengerührte Probe wird auf einer Graphitunterlage zusammengeschmolzen, dann mit Schwefelsäure bis fast zur Trockne abgeraucht, der Rückstand mit Wasser aufgenommen und weiter geprüft; CANAVAL benutzt das Verfahren hauptsächlich zur Aufsuchung von K, Na, Ca und Mg, aber auch von Al.

4. Über die Benzidinreaktion der Kieselsäure s. FEIGL u. KRUMHOLZ[1].

5. Daß die Silicate endlich nach der gebräuchlichen Methode des Schmelzens mit Alkalicarbonat aufgeschlossen werden können, bedarf keines besonderen Hinweises.

---

[1] Zitat[1] Seite 97.

34. Übung. Chloride, Bromide, Jodide.

Da die Erkennung der Anionen keine Schwierigkeiten bereitet, wenn Chlor-, Brom- oder Jod-Ion einzeln vorliegen, sei nur der Fall berührt, daß alle drei Ionen zugleich anwesend sein können.

Eine einfache Methode beruht auf der Tatsache, daß Oxydationsmittel zuerst Jod und dann Brom freimachen. Wir verwenden 2—4 mg einer Lösung, die von jedem Halogen-Ion etwa 1% enthält und versetzen sie mit ein wenig Stärke; etwa so, daß wir einen Glasfaden in das Stärkepulver eintauchen und damit die Lösung umrühren. Weiter wird ein Körnchen Kaliumchlorat zugesetzt, mit Salzsäure angesäuert und rasch ein Deckglas aufgelegt; nun beobachtet man zunächst in unmittelbarer Nähe des Chlorats, da hier die Veränderungen den Anfang nehmen. Erst entsteht die Blaufärbung, welche das *Jod* anzeigt, nach einer Weile verblaßt sie (Oxydation zu Jodsäure) und macht der rotbraunen Farbe Platz, wodurch sich die Anwesenheit von *Brom* kundgibt. Das Verfahren ist nur brauchbar, wenn nicht zu wenig Brom zugegen ist, z. B. gelingt es gut beim Verhältnis Br : J = 1 : 1. Soll nach kleinen Mengen Bromid gesucht werden, so ist das Jod vorher abzuscheiden, wie gleich angegeben werden wird.

Um endlich *Chlor* aufzufinden, fällt man Jod mittels Palladiumlösung in bekannter Weise, versetzt hierauf mit Kaliumbichromat und verdampft auf dem Objektträger zur Trockene. Zur weiteren Behandlung dient die Gaskammer S. 23. Man mischt auf dem unteren Objektträger den (chromathaltigen) Salzrückstand mit etwas konz. Schwefelsäure und bringt auf den oberen Objektträger einen Tropfen Sodalösung. Hierauf wird die Mischung eine Viertelstunde lang gelinde erwärmt. Infolge bekannter Reaktionen enthält die Soda nach dieser Zeit bei Gegenwart von Chloriden etwas chromsaures Salz, das mittels Silber oder Diphenylcarbazid nachzuweisen ist (vgl. S. 92).

An dieser Stelle wäre passend ein Versuch über die Auffindung (und annähernde Bestimmung) von *Jodspuren* einzufügen. Da im hiesigen Institut auf dem Gebiet keine Erfahrungen gesammelt wurden, glauben wir uns mit dem Hinweis auf v. FELLENBERG: Das Vorkommen, der Kreislauf und der Stoffwechsel des Jods, (München 1926), begnügen zu sollen, s. S. 194f. Zweckmäßig erschiene mir z. B. ein Versuch mit 100 g gewöhnlichen Kochsalzes[1].

35. Übung. Sulfide.

1. Liegt ein in Wasser unlösliches Sulfid vor, welches sich in Säuren löst, so wird der beim Auflösen entweichende Schwefelwasserstoff durch den Geruch erkannt (Erfassungsgrenze 0,2 γ) oder in der Gaskammer etwa mittels einer Bleioxydfaser nachgewiesen[2]. Empfindlich und charakteristisch ist auch die Überführung des Schwefels in Gips: Man benetzt das Sulfid, z. B. etwas gepulverte Zinkblende, auf dem Objektträger mit verdünnter Chlorcalciumlösung und bringt denselben hierauf derart auf eine mit Brom oder Bromwasser gefüllte Flasche, daß der Tropfen den Halogendämpfen ausgesetzt ist. Auf diese Weise werden die *gefällten* Sulfide (und freier Schwefel) sehr rasch oxydiert. Auch die *natürlichen* Sulfide (Glanze, Kiese, Blenden) bilden meist schon nach 5—10 Minuten reichlich Gips. Langsam wird Molybdänglanz angegriffen; man kann die Einwirkung beschleunigen, wenn man das Mineral vor der Räucherung einen Augenblick röstet. Selbstverständlich sind die natürlichen Sulfide im feinstgepulverten Zustand zu verwenden.

[1] S. z. B. auch LUNDE und Mitarbeiter, Mikrochem., PREGL-Band S. 272 (1929) usw.

[2] Dabei kann Zusatz eines Körnchens Zink zur Probe zweckmäßig sein.

2. Über die *Jodazidreaktion nach* F. FEIGL vgl. die 84. Übung.

3. Soll die saure Reaktion der Dämpfe nachgewiesen werden, die beim Rösten von Schwefel oder Sulfiden entstehen, so bringt man die Probe in die Mitte eines beiderseits offenen, unter etwa 45° geneigten Röhrchens, an dessen oberem Ende sich ein Fädchen feuchte blaue Lackmusseide befindet[1].

36. Übung. Nitrate und Nitrite.

1. *Salpetersäure* kann zunächst mittels *Nitron* (1,4-Diphenyl-(en)danilo-dihydrotriazol) nachgewiesen werden.

Nitron bildet mit Nitraten eine aus feinen Nadelbüscheln bestehende Fällung. Man bringt einige Körnchen Reagens in eine mit Essigsäure vermengte, z. B. 5%ige Kaliumnitratlösung und krystalliert die Ausscheidung aus einem großen Tropfen heißen Wassers um.

Es ist zu beachten, daß auch andere Säuren schwerlösliche Nitronverbindungen geben, wie salpetrige Säure, Chlor- und Überchlorsäure, Jodwasserstoff (ferner auch Salicyl- und Oxalsäure, Ferrocyanwasserstoff und Pikrinsäure), doch unterscheiden sich die Fällungen gestaltlich vom Nitrat, das wie gesagt, lange feine Nadeln bildet.

Leicht lösliche Nitronverbindungen bilden Schwefel-, Salz-, Bor- und Phosphorsäure (ferner Ameisen-, Essig-, Wein-, Citronen- und Benzoesäure).

2. Die überaus empfindliche Reaktion, welche eintritt, wenn Salpetersäure mit einer Lösung von *Diphenylamin* in konz. Schwefelsäure zusammentrifft, ist bekanntlich nur dann entscheidend, wenn andere Oxydationsmittel (wie salpetrige Säure, Eisenchlorid u. v. a.) ausgeschlossen sind. Zur Ausführung wird ein kaum sichtbares Stäubchen Salpeter auf dem Objektträger im trockenen Zustand mit einem kleinen Tropfen Diphenylaminschwefelsäure betupft. ROSENTHALER[2] kombiniert die Nitronreaktion mit der Diphenylaminreaktion: Man läßt zuerst die Lösung von Nitron (1 g auf 10 cm³ 50%ige Essigsäure) einwirken, wobei evtl. die Nadelfällung zustande kommt. Hierauf läßt man das Präparat eintrocknen und betupft mit dem Diphenylaminreagens: die Krystallbüschel bilden blaue Inseln. Ähnlich kann man mit dem RUPEschen Reagens (α-Dinaphtomethylamin) verfahren.

3. Soll die Reaktion mit Eisenvitriol angestellt werden, welche durch Verläßlichkeit ersetzt, was ihr an Empfindlichkeit abgeht, so verdampft man die zu prüfende Probe ebenfalls zur Trockene. Hierauf wird sie mit konz. Schwefelsäure benetzt und mittels der Platinnadel ein Körnchen Eisensalz hinzugefügt, welches man beobachtet (Kondensor und schwache Vergrößerung!). Mit einigen Mikrogrammen wird man noch eine schöne Reaktion erhalten. Daß in diesem Fall durch einen besonderen Versuch auf salpetrige Säure zu prüfen ist, versteht sich von selbst.

Sowohl bei der Ferrosulfat- wie bei der Diphenylaminprobe soll man der zu prüfenden Substanz eine Spur Salzsäure (Chlorid) zusetzen.

4. Salpetrige Säure ist durch Zusatz von einigen Stärkekörnern, Jodkalium und einer Spur Schwefelsäure nachzuweisen. Da Nitrate durch Reduktion, z. B. mittels Zink in saurer Lösung, elektrolytisch oder auch durch Erhitzen in einzelnen Fällen in Nitrite übergehen, so bietet diese Reaktion in Verbindung mit einer der oben genannten auch die Möglichkeit, Salpetersäure zu identifizieren.

37. Übung. Unlösliche Rückstände.

Bei der chemischen Untersuchung von Gemengen gelangt man sehr oft zu *Rückständen*, welche in den meisten Säuren nicht

[1] FEIGL: Privatmitteilung.

[2] Pharmaz. Ztg., Nr 5 (1929).

löslich sind. Da die Menge dieses unlöslichen Restes oft eine Untersuchung nach dem gebräuchlichen Verfahren nicht gestattet, kann die mikrochemische Analyse in solchen Fällen von großem Nutzen sein. SCHOORL empfiehlt, mit einem derartigen Rückstand die folgenden Vorproben anzustellen. (Als Übungspräparat kann eine Mischung von Schwefel, Gips, Bleisulfat und anderen im folgenden angegebenen Stoffen benutzt werden, von der man einige Milligramme in Arbeit nimmt.)

1. Man versucht durch Erhitzen der Probe über dem Mikrobrenner ein *Sublimat* zu erhalten, welches aus Schwefel bestehen kann. Prüfung s. o.

2. Der erhitzte Rückstand wird mit einem großen Tropfen *Wasser* ausgekocht; man filtriert wenn nötig, setzt etwas Essigsäure zu und läßt verdunsten. Die Durchmusterung kann zur Auffindung von *Gips* führen. Es ist hierbei aber einerseits zu bemerken, daß man Spuren dieses Stoffes beim mikrochemischen Arbeiten sehr häufig begegnet (Schwefelgehalt des Leuchtgases, Calciumgehalt des Glases und der Säuren) und andererseits, daß sich Gips in einem mit Säuren wiederholt behandelten „Rückstand" wohl nur selten finden wird; endlich kann der wässerige Auszug auch *Bleisulfat* enthalten, dessen Löslichkeit (1:20000) eine derartige ist, daß man den Versuch machen kann, es hier mittels der Tripelnitritreaktion aufzufinden.

3. Der vom vorigen Versuch verbliebene Rückstand wird mit *konz. Schwefelsäure* in der Wärme behandelt. Aus der Lösung können *Bariumsulfat, Strontiumsulfat* und *Bleisulfat* auskrystallisieren.

Bariumsulfat bildet in der Regel kleine Kreuze, die man auf zwei einander unter 90^0 durchdringende Wetzsteine zurückführen kann. Strontiumsulfat sieht ähnlich aus, die Krystalle sind meist größer wie die des Bariumsalzes und zu den Kreuzen gesellen sich oft auch rhomboidale Täfelchen. Vergleichspräparate herstellen!

4. Wird nun der Überschuß der Schwefelsäure abgeraucht und neuerdings mit Wasser ausgezogen, so kann *Silbersulfat* in Lösung gehen, wenn der ursprüngliche Rückstand *Halogensilber* enthalten hat. Die Behandlung mit Schwefelsäure hat aber auch den Zweck, die Oxyde von Zinn, Antimon, Eisen, Aluminium und Chrom für die später folgende Behandlung vorzubereiten.

5. Um *Bleisulfat* sicher zu finden, wird die Probe nunmehr mit Ammonacetat ausgezogen; man erwärmt mit einem Tropfen der konzentrierten Lösung, verdünnt mit Wasser, zieht ab, versetzt mit Kupferacetat, dampft ab und prüft den Rückstand mittels der Tripelnitritreaktion oder durch Überführung in PbJ_2 nach S. 79.

6. Der Rückstand von 5. wird mit Salpetersäure ausgezogen, wodurch man genügende Mengen von *Eisen-, Aluminium- und Chromoxyd* in Lösung bringt, um sie trennen und nachweisen zu können.

7. Nun wird mit konz. Salzsäure ausgezogen und in der Lösung mittels Rubidiumchlorid auf *Zinnoxyd,* mittels Caesiumchlorid und Jodkalium auf *Antimonoxyd* gesucht.

8. Der Rückstand von der letzten Behandlung soll wesentlich nur mehr Kieselsäure und *Silicate* enthalten, die nach bekannten Methoden aufzuschließen sind.

9. Auf *Calciumfluorid* ist in einem besonderen Teil durch Erhitzen mit gefällter Kieselsäure und Schwefelsäure zu prüfen.

Die Resultate dieser Vorprüfung werden bestimmen, ob eine Aufschließung durch Schmelzen mit Kaliumcarbonat oder durch Erwärmen mit Ammoniumfluorid und konz. Schwefelsäure vorgenommen werden soll. Hat man Grund, schwerlösliche Halogenverbindungen anzunehmen, so kann vorher noch eine Extraktion mit Natriumthiosulfat nützlich sein.

38. Übung. Analysen.

Organischer Teil.

Qualitative Elementaranalyse.

39. Übung. Kohlenstoff.

1. Da eine Verkohlung auf dem Objektträger oder Platinblech bekanntlich nicht bei allen organischen Substanzen eintritt, wird man außerdem immer eine Probe im (ganz oder einseitig) geschlossenen Röhrchen erhitzen. Man benutzt schwerschmelzbare Röhrchen von ½—1 mm Lumen; Flüssigkeiten werden durch eine ausgezogene Spitze eintreten gelassen, feste Stoffe mittels eines Glasfadens in das Innere gebracht. Man erhitzt zuerst die Wand *oberhalb* der Probe, dann diese selbst, so daß die Dämpfe die glühende Stelle passieren müssen. Der Kohlenstoff erscheint meist als glänzender Spiegel, der sich nach dem Öffnen des Rohrs als verbrennlich erweist. Versuch mit etwa 10 γ Anthracen und 10 γ Chloroform.

2. Soll mit sehr kleinen Mengen möglichste Sicherheit erreicht werden, so verbrennt man den Kohlenstoff im zugeschmolzenen Rohr mittels *Sauerstoff* und weist die Kohlensäure als Calciumcarbonat nach.

Aus einem schwer schmelzbaren Glasrohr von etwa 5 mm (äußerem) Durchmesser, das man unmittelbar vorher der ganzen Länge nach gut ausgeglüht oder aus einem weiteren Verbrennungsrohr ausgezogen hat, zieht man Stückchen AB (Abb. 64) von nebenstehender Gestalt und Größe aus, die, an den Enden zugeschmolzen, bis zum Gebrauch aufbewahrt werden. Vor Ausführung einer Reaktion schneidet man AB in der Mitte bei a auseinander. Dadurch ergeben sich zwei „*Verbrennungsröhrchen*". Man zieht weiter das eine Ende, z. B. A, nochmals aus, so daß ein Stück α von ein paar cm Länge und bloß 0,3 mm Dicke entsteht. Hierauf schiebt man über das Verbrennungsröhrchen in der Richtung $\alpha\beta\gamma$ ein kurzes Stück starken Gummischlauchs K_1, der so bemessen ist, daß er eine tadellose Verbindung mit dem Rohr MNP herzustellen vermag.

Dieses Rohr MNP ist, wie ersichtlich, ein T-Stück; es wird von einer nicht gezeichneten Retortenklemme gehalten. Dabei mag der Schenkel P lotrecht, der Teil MN wagerecht stehen. Die zweite Öffnung N kann mittels eines Korks K_2

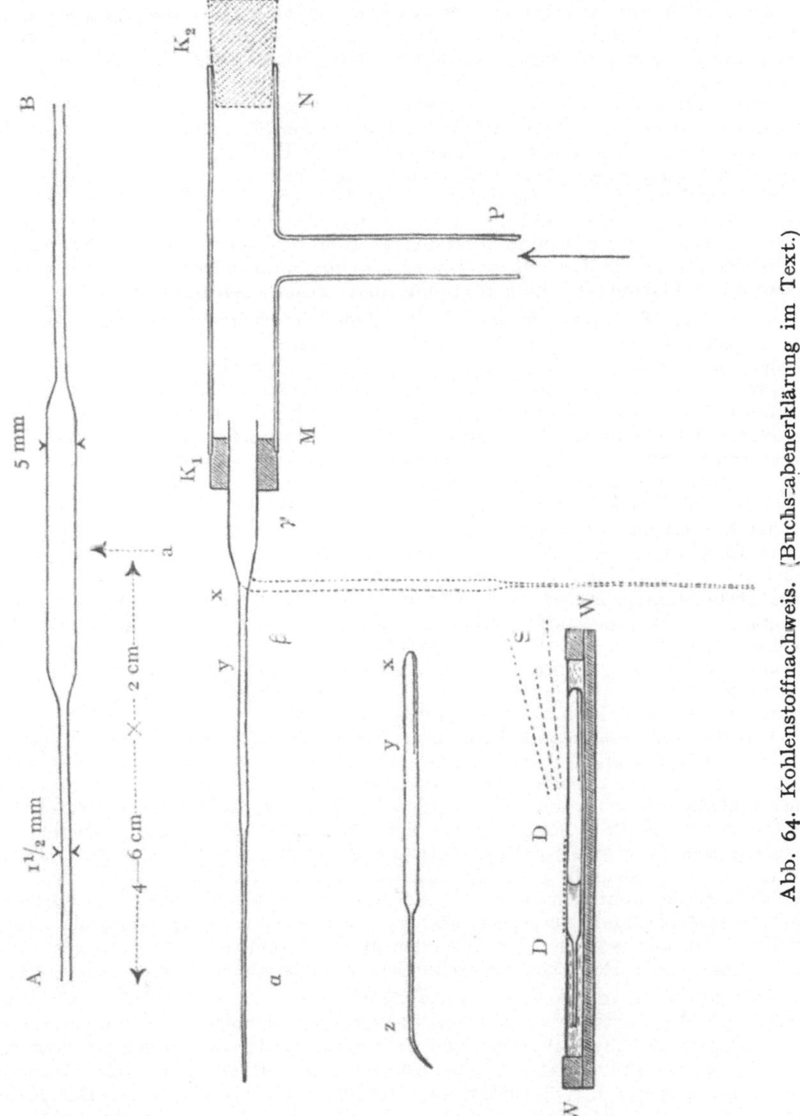

Abb. 64. Kohlenstoffnachweis. (Buchstabenerklärung im Text.)

verschlossen werden, die dritte ist der Reihe nach verbunden mit einem Natronkalkrohr, einer Ätzkaliwaschflasche und einem *Sauerstoff*gasometer. Und zwar sind die ebengenannten Geräte mittels kurzer Schlauchstücke Glas an Glas vereinigt. Der Gashahn des Gasometers wird so gestellt, daß bei geöffnetem Stopfen K_2 ein Strom austritt, der etwa 2 Blasen in der Sekunde bildet.

Um ganz sicher zu gehen, glühe ich das Röhrchen $\alpha\beta\gamma$ nochmals aus, indem ich es der Länge nach mit dem Zündflämmchen bestreiche. Damit das Röhrchen hierbei nicht allzusehr die Form verändert, läßt man es an der Stelle x nach abwärts fallen, so daß es daselbst (vgl. die punktierte Lage) einen rechten Winkel bildet. Dann wird das Verbrennungsröhrchen bei *a* fein ausgezogen, dadurch geschlossen und daselbst ein wenig umgebogen, damit man es später bequem öffnen kann. Während all dieser Arbeiten ist der Kork K_2 geschlossen, so daß der Sauerstoffstrom durch das Röhrchen streichen muß. Man biegt es hierauf wieder bei x gerade (wobei der durch den Gasometer hervorgerufene kleine Überdruck im Innern ganz angenehm ist).

Nun folgt das Einführen der Substanz, das je nach der Art der vorliegenden Probe in verschiedener Weise geschieht. Von schwerflüchtigen Flüssigkeiten oder von einem Pulver bringt man z. B. eine Spur an das Ende eines frisch ausgezogenen Glasfadens von 0,15—0,3 mm Dicke; man kann auch aus Platinfolie eine kleine Rinne herstellen, die nicht ganz 1 mm breit und 2 mm lang ist, sie an das Ende des Fadens anschmelzen und die Substanz darauflegen. Hat man recht wenig, so geschieht diese letztere Manipulation am besten unter dem binokularen Mikroskop. *Da jede Berührung mit dem Finger vermieden werden* muß, arbeitet man mit Platinpinzette und Platinnadel, die man unmittelbar vorher ausgeglüht hat.

Flüchtigere Flüssigkeiten oder auch Pulver können bequem von einem frisch ausgezogenen engen Glasröhrchen von 0,1—0,3 mm Durchmesser aufgenommen werden; namentlich bei den ersteren hüte man sich vor einem Zuviel! Stets wird die Probe eingeführt, indem man den früher erwähnten Glasfaden oder das letzterwähnte Röhrchen nach Entfernung des Korks K_2 durch den weiten Teil des T-Rohrs so einschiebt, daß das Ende des Fadens nach y zu liegen kommt. Während dieser Zeit tritt der Sauerstoff bei N aus und verhindert damit den Eintritt kohlensäurehaltiger Luft in das Verbrennungsröhrchen. Hierauf schmelzt man bei x ab; dabei bleibt der Teil xy des Glasfadens im Röhrchen.

Ist die Substanz halogen- oder schwefelhaltig, so bringt man ins Röhrchen etwas Bleichromat. Dasselbe wird gepulvert, geglüht und dann entweder zugleich mit der Substanz auf die oben erwähnte Platinrinne gebracht oder mittels eines besonderen Röhrchens von 0,5 mm Durchmesser aufgefaßt und gleich der Substanz ins Verbrennungsröhrchen eingeführt. In diesem Falle empfiehlt sich auch die Anwendung eines Stopfens aus Platinfolie, damit nicht Teilchen des Bleichromats später ins Kalkwasser fallen. Das Verbrennungsröhrchen kann nun noch unter dem Mikroskop geprüft werden, z. B. kann man sich überzeugen, daß die Substanz beim Einführen nicht verloren gegangen ist.

Um die *Verbrennung* durchzuführen, bringt man das Verbrennungsröhrchen in eine beiderseits offene, gewöhnliche Verbrennungsröhre von 25 cm Länge und 1 cm Weite; das eine Ende kann mittels eines Korks verschlossen werden, das andere bleibt offen. Dieses Rohr wird in horizontaler Lage *unter fortwährendem Drehen* an *der* Stelle erhitzt, wo das Verbrennungsröhrchen liegt. Man benutzt dazu ein oder zwei kräftige Bunsenbrenner und heizt, bis das Glas die Flamme färbt, und dann allenfalls noch eine Minute lang. Unter diesen Umständen bleibt das Verbrennungsröhrchen nicht an der weiten Röhre haften, auch wird es niemals einseitig aufgeblasen, es vergrößert höchstens sein Volumen gleichmäßig ein wenig, ein Umstand, der bei einer der folgenden Manipulationen nur zustatten kommt. (Eine Explosion des Röhrchens ist bei hunderten von Versuchen niemals eingetreten.)

Hierauf läßt man das Verbrennungsröhrchen aus der weiten Röhre (ohne die Abkühlung abzuwarten etwa auf eine Asbestplatte) herausgleiten und bringt es mit der Spitze z (Abb. 64) nach unten in ein zur Hälfte mit klarem Kalkwasser gefülltes, kleines Pulvergläschen, woselbst die Spitze mittels einer starken Pinzette oder wohl auch durch Aufdrücken auf den Boden abgebrochen wird. Das Kalkwasser dringt bis in den weiteren Teil des Glühröhrchens ein; sollte dies ausnahmsweise einmal nicht geschehen, so läßt man z. B. durch Erwärmen einen Teil des (gasförmigen) Inhalts austreten. Man verschließt nun die abgebrochene Spitze, was sich in verschiedener Weise, z. B. mittels eines Stückchens Klebwachs besorgen läßt, oder man läßt hinter dem Kalkwasser noch etwas Vaselin oder geschmolzenes (wasserfreies) Lanolin eintreten und schmelzt dann mittels des Zündflämmchens zu. (Gebraucht man diesen Kunstgriff nicht, so tritt unangenehmes Verspritzen des Kalkwassers ein.) Man erhält damit ein Belegobjekt von unbegrenzter Haltbarkeit.

Zum Schlusse folgt die Prüfung des eingedrungenen Kalkwassers. Bei größeren Substanzmengen, z. B. solchen von einem Mikrogramm, erscheint am Flüssigkeitsspiegel sofort eine kräftige, mit freiem Auge sichtbare Trübung, die, eine Art Wolke bildend, in ziemlich charakteristischer Weise bis zu einer gewissen Tiefe in das Reagens eindringt. Bei kleineren Substanzmengen prüft man mittels Lupe oder Mikroskop. Man benutze einen dunklen Hintergrund und beleuchte die Probe etwa mittels einer Mikrobogenlampe so, daß der Strahlenkegel S (Abb. 64) gegen den Kalkwasserspiegel gerichtet ist. Soll die Prüfung besonders sorgfältig vorgenommen werden, so bette ich das Glühröhrchen in einer Wanne in Wasser ein. Bei DD kann ein Deckglas aufgelegt werden. Die anfangs staubfeine Carbonatfällung bildet nach einiger Zeit größere, rhomboedrische Krystalle und kugelige Drusen. Bemerkt sei noch, daß man in der Nähe des Kalkwasserspiegels an der Wand des Glühröhrchens beim Auffallen des Strahlenkegels öfters kleine Tröpfchen sieht; sie entstehen durch Kondensation und können bei einiger Aufmerksamkeit nicht mit einem Niederschlag verwechselt werden.

Beim Einüben sind vor allem blinde Versuche, z. B. mit geglühter Kieselsäure oder dergleichen auszuführen; *sie müssen absolut negativ ausfallen.*

Mit welchen Substanzen die Übung vorgenommen wird, ist natürlich einerlei; wir empfehlen etwa eine feste Probe (Rohrzucker), eine flüssige (Chloroform) und einige mm³ Leuchtgas, die man z. B. in einer Capillare in die Apparatur bringt. Von der festen Probe sind einige Stäubchen zu nehmen, wie sie mit freiem Auge noch gesehen werden, d. h. ein paar γ. Dafür reicht auch die Sauerstoffüllung des Verbrennungsröhrchens aus. Nimmt man zuviel Substanz, so erscheint dasselbe oft nach dem Glühen mit einem schwarzen Spiegel von Kohlenstoff ausgekleidet. Er ist ja damit wohl auch nachgewiesen, aber der Versuch verliert an Sauberkeit.

Die Erfassungsgrenze liegt bei einigen Millionstel Milligrammen.

Ein einfacher Versuch, der die Empfindlichkeit veranschaulicht, besteht darin, daß man den oben erwähnten Glasfaden, der zum Einführen der Substanzen dient, zwischen den Fingern hindurchzieht. Man erhält eine sehr deutliche Reaktion und es ist dabei ganz gleichgültig, ob man sich die Hände vorher mit Seife gereinigt hat oder nicht. Der Erfolg ist derselbe, wenn man den Faden durchs Haar oder durch den Mund zieht. Der Versuch erinnert ein wenig an einen allgemein bekannten Versuch über Flammenfärbung.

Das Verfahren ist selbstverständlich auch auf Probleme der *anorganischen Chemie* anwendbar. *Graphit* verbrennt schnell genug, um nach einer Minute Glühzeit eine kräftige Reaktion zu geben. Ein Stückchen Blumendraht (7 mg schwer), abgeschmirgelt und kurz ausgeglüht, gibt eine kräftige Reaktion. *Diamant*pulver (-bort), verbrennt, wenn man es in einem Quarzröhrchen mittels des Lötrohrs kräftig erhitzt.

Bei Versuchen, bei welchen die Substanz beim Glühen nicht verschwindet, würde sie das Kalkwasser verunreinigen und die Prüfung stören. Man bringt deshalb etwa an die Stelle γ (Abb. 64) einen Stopfen, den man aus zusammengeknüllter Platinfolie von 4×4 mm² herstellt. Er ist besonders gut auszuglühen, da sich sonst die Trübung des Kalkwassers unfehlbar einstellt.

3. Ein abgekürztes Verfahren ist das folgende: man bereitet ein Verbrennungsröhrchen wie oben angegeben vor und füllt es mit fast kohlensäurefreier Luft, indem man an dem weiteren Ende mit dem Munde saugt, während man das engere in den Luftraum einer halb mit Lauge gefüllten Flasche hält. Hernach wird die Spitze zugeschmolzen, die Substanz ohne Benutzung des T-Rohres eingeführt und endlich auch das weite Ende abgeschmolzen. Etwa notwendiges Bleichromat ist vor dem Luftdurchsaugen einzuführen. Die sonstigen Arbeiten sind dieselben wie beim exakten Verfahren.

Für viele Fälle wird diese Arbeitsweise ausreichen; ich muß aber ausdrücklich bemerken, daß die blinden Versuche eine Spur Carbonat liefern. Wenn man andrerseits bedenkt, daß 10 mm³ gewöhnliche atmosphärische Luft nur 0,004 γ Kohlensäure, entsprechend 0,001 γ Kohlenstoff enthalten, so ist einleuchtend, daß man sich bei Anwendung von 1 γ Substanz nicht täuschen wird. Wahrscheinlich würde sich für solche Fälle das Verfahren von FEIGL u. KRUMHOLZ (S. 97) empfehlen.

40. Übung. Stickstoff.

1. LASSAIGNEsche *Probe*. In einem 1 mm weiten Capillarrohr knetet man mittels eines Drahtes 5—10 γ Harnstoff mit etwas metallischem Natrium zusammen; dann wird von oben nach unten zu erhitzt und die Prüfung auf Cyan-Ion vorgenommen: das zerdrückte Röhrchen wird in der Mikroproberöhre mit Wasser und etwas Eisenvitriol zusammengebracht, erwärmt und zentrifugiert. Man zieht die klare Lösung ab und übersättigt mit Salzsäure. Die Flocken von Berlinerblau erscheinen oft erst nach einiger Zeit.

2. Empfindlicher ist die Überführung des Stickstoffs in Ammoniak. Ein Röhrchen I Abb. 65 wird mit einem Asbestpfropfen s versehen, den man in der Platinpinzette ausgeglüht, dann beschnitten und hierauf beim weiten Ende in das Röhrchen eingeschoben hat. Indem man die Stelle, wo er sitzt, bis zum Weichwerden des Glases erwärmt, erreicht man gutes Haften und Ausfüllung des Querschnitts. Man bringt weiter etwas luftzerfallenen Kalk an die Stelle x, hierauf die Substanz, z. B. 0,5 γ Harnstoff, endlich wieder Kalk. Das gesamte Häufchen mag ein paar Milligramme ausmachen. Die Substanz kann wohl auch als Lösung

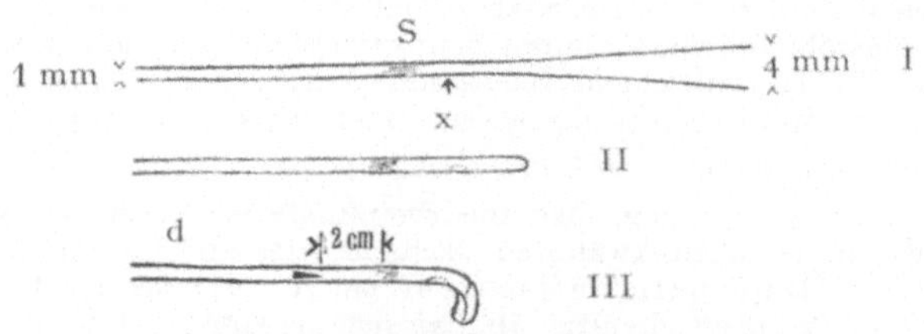

Abb. 65. Stickstoffnachweis.

mittels eines ausgezogenen Röhrchens eingeführt werden, natürlich entfällt dann das Mischen mittels eines Platindrahtes oder mittels Klopfens. Man schneidet ferner aus gehärtetem Filtrierpapier ein Stückchen in Form eines spitzen, gleichschenkeligen Dreiecks zu, dessen Basis der Weite der Röhre entspricht, während die Höhe 4—5 mm beträgt. Es wird mit seiner Spitze einen Augenblick in rote Lackmuslösung getaucht, so daß sich diese auf eine Länge von höchstens 1 mm verteilt. Danach schiebt man dieses Reagenspapier mit der Spitze nach vorne in das Röhrchen, wo es $1^1/_2$—2 cm vor dem Asbestpfropfen verbleibt. Man überzeugt sich noch durch mikroskopische Beobachtung von dem tadellosen Zustand des Reagenspapiers und nimmt hierauf die Erhitzung der Substanz-Kalk-Mischung vor. Hierzu wird zunächst das Röhrchen am rechten Ende geschlossen (II) und dann *der* Teil der Mischung erhitzt, der dem Asbestpfropfen am nächsten liegt. Man dreht hernach den Bunsenbrenner, von dem bisher nur das Zündflämmchen gebraucht wurde, auf 1—2 cm Flammenhöhe auf und läßt *den* Teil des Röhrchens zusammenfallen, in dem sich die Mischung befindet (III). Dadurch wird alles Ammoniak in den Raum vor dem Pfropfen gedrängt. — Die Lackmuslösung wird bereitet, indem man konzentrierte blaue Tinktur mit so viel Schwefelsäure versetzt, daß die Lösung an letzterer $^1/_{10}$—$^1/_{20}$ n ist.

Dadurch erzielt man zwar eine etwas geringere Empfindlichkeit, vermeidet aber Täuschungen, die sich (bei Anwendung empfindlichen roten Papieres) infolge der alkalischen Reaktion des Glases einstellen können. Auch mit Quecksilberoxydulnitrat als Indicator erhält man gute Resultate, und wenn man bei Lampenlicht arbeitet, ist es dem Lackmus vorzuziehen.

Die Reaktion gelingt noch mit 0,1 γ *Stickstoff*, das heißt z. B. mit 0,2 γ Harnstoff. Bei so kleinen Mengen empfiehlt es sich, das Röhrchen vor dem Erhitzen mit der Wasserstrahlpumpe zu evakuieren und bei d zuzuschmelzen.

Mit Rücksicht auf die Empfindlichkeit ist entsprechende Vorsicht geboten. Man hat natürlich den Kalk durch einen blinden Versuch zu prüfen, und man darf nicht mit zu großen Substanzmengen arbeiten, da sonst Spuren von Verunreinigungen einen Stickstoffgehalt vortäuschen können. In der Regel werden *einige Tausendstelmilligramme* die richtige Menge sein, d. h. ein paar, mit freiem Auge eben sichtbare Stäubchen.

3. Bei Substanzen, welche Stickstoff in Bindung mit Sauerstoff enthalten könnten, kann der Kalk-(Natronkalk)-Mischung *Kupferpulver* zugesetzt werden. Versuch mit ca. 1 γ Pikrinsäure, die im Achatschälchen mit der Kalk-Kupfermischung verrieben wird.

41. Übung. Schwefel.

1. Auf dem Platinblech oder schmalen Objektträger wird 1 γ Schwefelharnstoff in etwas angefeuchtetem Zustand mit der 4—10 fachen Menge Sodachloratmischung (6 Teile Soda, 1 Teil Kaliumchlorat) gut vermengt. Dann erhitzt man mittels eines *Weingeistflämmchens*, bis keine Einwirkung mehr sichtbar ist, löst in Wasser und prüft mit Salzsäure und Chlorbarium.

2. Um den Schwefelgehalt des *Leuchtgases* nachzuweisen, bringt man etwa $^1/_3$ mg Salpeter auf einen flach geklopften reinen Platindraht und erhitzt so hoch über dem Zündflämmchen, daß der Draht dunkel glüht. Nach $^1/_2$ Minute spült man den Draht auf dem Objektträger mit einigen Milligrammen verdünnter Salzsäure ab, fügt Chlorbarium zu usw.[1]. — Kontrollversuch mit einem Weingeistflämmchen.

3. Flüchtige oder sehr schwer oxydierbare Substanzen werden am sichersten mit Salpetersäure im zugeschmolzenen Quarzrohr zu schwachem Glühen erhitzt.

42. Übung. Halogene.

Probe nach BEILSTEIN[2]. „Man bringt in das Öhr eines Platindrahtes etwas pulveriges Kupferoxyd, das nach kurzem Durchglühen festhaftet. Nun streut oder

[1] Der Versuch gelang auch in Wien, Leipzig und Innsbruck. Den Herren Professoren WEGSCHEIDER, KLEMENC, BÖTTGER und LINDNER, welche sich auf meine Bitte in der Sache bemüht haben, bin ich zu herzlichem Dank verpflichtet. Beim Wiener Leuchtgas, das sehr sorgfältig gereinigt wird, ist etwas längeres Erhitzen notwendig. — Das Bariumsulfat kann mittels eines Weingeistflämmchens reduziert und durch die Jodazidreaktion (84. Übung) weiter geprüft werden. Für den Kontrollversuch empfiehlt Prof. BÖTTGER einen *dochtlosen* Weingeistbrenner.

[2] HANS MEYER: Analyse u. Konstitutionsermittlung, Berlin 1922, S. 249.

tropft man die Substanz darauf und bringt das Öhr in die mäßig starke, entleuchtete Flamme eines Bunsenbrenners, zuerst in die innere, dann in die äußere Zone, nahe am unteren Rand."

„Zuerst verbrennt der Kohlenstoff und es tritt Leuchten der Flamme, gleich darauf aber die charakteristische Grün-, bzw. Blaufärbung ein. Bei der außerordentlichen Empfindlichkeit der Reaktion genügen die geringsten Mengen Substanz, um die Halogene mit Sicherheit darin nachweisen zu lassen, und an der kürzeren oder längeren Dauer der Flammenfärbung hat man einen ungefähren Maßstab für die Menge des vorhandenen Halogens."

Der Versuch kann natürlich mit jeder beliebigen Halogenverbindung ausgeführt werden. Damit man sich von der Empfindlichkeit überzeuge, benutzt man z. B. eine (nur für diesen Zweck bestimmte) Milligrammöse. Zuerst wird der blinde Versuch etwa mit reinem Alkohol gemacht, dann benutzt man eine Alkohol-Chloroformmischung 100:1. Oder ein Stäubchen m-Brombenzoesäure usw. Weitere Einzelheiten in EMICH: Lehrbuch d. Mikrochemie, München 1926.

Besondere Reaktionen und präparative Versuche.

Da es sich, wie schon angedeutet, im Praktikum nicht um eine Sammlung von Reaktionen handelt, sondern um eine Auswahl von Versuchen, die die Anwendbarkeit der Mikromethoden auf dem Gebiete der organischen Chemie dartun sollen, ist im folgenden noch viel weniger als bisher auf Vollständigkeit in dem Sinne zu rechnen, daß bei irgendeinem Stoff die Mikroreaktionen erschöpfend zusammengestellt werden; dieser Aufgabe dient bekanntlich das BEHRENS-KLEYsche Werk, auf das hiermit *ein für allemal* verwiesen sei[1]. Bei den präparativen Versuchen ist im allgemeinen Wert darauf gelegt, daß die Reinheit des Produkts durch eine geeignete Identitätsreaktion festgestellt werde. Dazu müssen die angegebenen Mengen genügen. Für anderweitige Versuche ist in der Regel angenommen, daß die betreffenden Präparate vorhanden sind. Natürlich können die Versuche auch, wenn nötig, in größerem Maßstab ausgeführt werden. In diesem Fall wären nur sehr wenige Präparate für das Praktikum vorrätig zu halten.

43. Übung. Äthylalkohol.

1. *Siedepunktsbestimmung im Capillarrohr.* Man verfährt genau nach S. 31. Der Siedepunkt wird zu 77° C gefunden.

2. *Fraktionierversuch.* Man benutzt etwa eine Mischung gleicher Teile Alkohol und Wasser und verfährt nach S. 33. Der Versuch kann mit zwei Tropfen Wein wiederholt werden.

3. Von den *chemischen Reaktionen* sei die *Jodoformreaktion* beschrieben. Sie wird im Spitzröhrchen ausgeführt. Man versetzt mit Kalilauge, erwärmt, fügt Jod-Jodkalium bis zur Gelbfärbung und endlich nochmals Lauge bis zum Farbloswerden hinzu. Von den Reagenzien bringt man einige Tropfen auf einen Objektträger und überträgt die erforderlichen kleinen Mengen mit dem Platinrührhäkchen oder mit einem Glasfaden in den Probetropfen. — Mittels schwacher Vergrößerung wird meist nur ein gelblicher Staub zu sehen sein; dagegen zeigt das starke Objektiv gelbe Sechsecke und andere an Schneesterne erinnernde Formen. Erfassungsgrenze etwa 10—20 γ Alkohol. — Das Arbeiten auf dem Objektträger empfiehlt sich wegen der Flüchtigkeit des Jodoforms nicht, es sei denn, daß man sich mit der Feststellung des Geruchs begnügt. Es sei daran erinnert, daß die Reaktion nicht bloß vielen Alkoholen zukommt, sondern auch zahlreichen anderen Verbindungen, z. B. Aceton, Acetaldehyd, Milchsäure usw.[2].

---

[1] Vgl. auch L. ROSENTHALER, Nachweis org. Verbindungen (MARGOSCHES, Chem. Analyse XIX/XX, Stuttgart 1923). N. SCHOORL: Organ. Analyse, Amsterdam 1920 u. 1921 (holländisch).

[2] Vgl. HANS MEYER: Analyse u. Konstitutionsermittlung, Berlin 1922, S. 474.

44. Übung. Reaktionen des (salzsauren) Äthylamins.

1. Gesättigte Kalilauge bewirkt Abscheidung der *freien Base* in Tröpfchenform; die überaus zarten Konturen lassen die Tröpfchen von Luftblasen leicht unterscheiden. Enge Blendenöffnung.

2. Im Spitzröhrchen werden etwa 30 γ mit einem Tropfen alkoholischer Kalilauge und etwas Chloroform versetzt und auf dem Wasserbad erwärmt, es tritt die bekannte *Isonitrilreaktion* auf, welche wegen ihrer Empfindlichkeit den Mikroreaktionen zugerechnet werden darf.

3. Umwandlung in *Senföl*. Die alkoholische Lösung des Amins wird mit ein bis zwei Tropfen Schwefelkohlenstoff versetzt, einige Stunden stehen gelassen und dann auf dem Wasserbad eingedunstet. Den Rückstand (äthylsulfokarbaminsaures Äthylamin) erwärmt man mit etwas Eisenchlorid, wodurch das Senföl gebildet wird, das man am Geruch erkennt. Erfassungsgrenze etwa 1,5 mg Äthylamin. Ammoniak liefert unter solchen Bedingungen Rhodanammonium bzw. dessen Eisenreaktion.

45. Übung. Einige Reaktionen von Aldehyden der Fettreihe.

1. Zur Prüfung auf das Reduktionsvermögen verwendet man entweder ammoniakalische Silberlösung, der eine Spur Natronlauge zugesetzt worden ist, oder erwärmt mit einer Mischung von Chinolin, Salzsäure und Ferricyankalium, welche im gegebenen Fall Quadrate, Rechtecke und Rauten von ferrocyanwasserstoffsaurem Chinolin abscheidet.

2. Einer großen Beliebtheit erfreuen sich die Reaktionen mit *Dimethylhydroresorcin* („Methon"), welche zumal auch als schöne Beispiele für Mikrosublimation und Mikroschmelzpunktsbestimmung empfohlen werden können[1]. Für die Zwecke des vorliegenden Werkchens genügt es vielleicht, die katalytische Oxydation des Methylalkohols nach folgender Versuchsanordnung auszuführen, deren Durcharbeitung ich Herrn Dr. H. ALBER verdanke[2].

In einen Porzellantiegel[3] wird ein kleines Tröpfchen Methylalkohol (z. B. mit der 0,5 mg fassenden Öse) gebracht; ein Stück Kupferdrahtnetz von 2×2 cm², das man doppelt faltet (oder ein entsprechendes Knäul Kupferdraht), wird in der Flamme des Bunsenbrenners bis zum hellroten Glühen erhitzt und nach kurzem Abkühlen, wenn gerade die Dunkelrotglut verschwunden ist, auf das Tröpfchen in den Tiegel geworfen. Ein Objektträger mit einem Tropfen Methonlösung wird rasch über den Tiegel gelegt; das durch die Oxydation des Methylalkohols entstandene Formaldehyd veranlaßt die Bildung von Formaldimethon, das in feinen Nadeln auf dem Objektträger auskrystallisiert. Erfassungsgrenze: 5 γ (eine Öse [0,5 mg] 1% Lösung gibt noch einzelne schön ausgebildete Krystalle). Der Versuch erfordert einen Zeitaufwand von wenigen Augenblicken.

3. *Formaldehyd* kann übrigens auch in Hexamethylentetramin übergeführt werden: Man setzt einen Überschuß von Ammoniak zu, erwärmt und konzentriert bis zum Entstehen einer Randkruste; hernach wird Ferrocyankalium und Salzsäure

---

[1] D. VORLÄNDER: Ber. dtsch. chem. Ges. 30, 1801 (1897), ferner namentlich G. KLEIN u. H. LINSER: Mikrochem., PREGL-Band S. 204 (1929), daselbst weitere Zitate.

[2] Noch nicht veröffentlicht.

[3] Z. B. Form Nr 0,768, von der Staatlichen Porzellanmanufaktur, Berlin.

hinzugefügt. Es entstehen rhomboidale und sechsseitige Täfelchen der Ferrocyanwasserstoffverbindung. Ein Überschuß von Salzsäure ist zu vermeiden, sonst bilden sich die großen Rauten des chlorwasserstoffsauren Salzes. Hexamethylentetramin gibt auch mit Überchlorsäure eine brauchbare Krystallfällung, Lösungsmittel z. B. Glycerin. Die Reaktion mit Jod-Jodkalium wird von ROSENTHALER empfohlen[1].

4. Über weitere Reaktionen, z. B. mit salzsaurem Metadiamidobenzol, mit fuchsinschwefliger Säure usw. vgl. EMICH: Lehrbuch d. Mikrochemie, München 1926, über die Anwendung von p-Nitrophenylhydrazin s. die 59. Übung (Benzaldehyd).

46. Übung. Reaktionen mit Ameisen- und Essigsäure. Höhere Fettsäuren.

1. Man erwärmt 1 mg Ameisensäure, gelöst in der 20fachen Wassermenge, im Spitzröhrchen behufs Neutralisation mit überschüssiger Magnesia, zentrifugiert, bringt einen Tropfen der klaren Lösung auf den Objektträger, setzt ein Körnchen Ceronitrat zu und läßt krystallisieren. Es entstehen farblose Aggregate, welche wie Pentagondodekaeder aussehen und zwischen gekreuzten Nicols ein schwarzes Kreuz zeigen. Oft erhält man Kugeln, die dasselbe optische Verhalten aufweisen.

2. Ein weiterer Tropfen der Magnesiumformiatlösung wird mit Sublimatlösung versetzt und auf 70—80° erwärmt: Ausscheidung von Kalomel (-Nadeln), Gasentwicklung.

3. Oxydation von Äthylalkohol zu Essigsäure. In einem der Apparate, Abb. 32, S. 36, erwärmt man einige Milligramm Alkohol mit der 10fachen Menge BECKMANNscher Mischung (5 g $K_2Cr_2O_7$, 2,8 cm³ H_2SO_4, 30 cm³ Wasser). An dem Destillat, das sich in der Biegung sammelt, wird die saure Reaktion mittels eines millimeterbreiten, zugespitzten Streifchen Lackmuspapiers festgestellt.

4. *Nachweis der Essigsäure als Uranylnatriumacetat.* Das Destillat wird nach S. 77 mit verdünnter Natronlauge etwa zur Hälfte neutralisiert, dann mit Uranyl*formiat* versetzt, krystallisieren gelassen und die Bildung von Natriumuranylacetat (S. 95) festgestellt.

Anmerkungen. a) Da Uranylformiat nicht Handelsartikel ist, wird hier eine einfache Darstellungsweise angegeben: Man fällt Uranylnitrat mit Ammoniak, wäscht den Niederschlag mit Wasser, löst ihn in Ameisensäure und dampft ab; der Ammongehalt des Präparats beeinträchtigt seine Brauchbarkeit nicht.

b) Auf die höheren Fettsäuren ist bisher nicht Rücksicht genommen. Als einschlägige Übung kann die *Sublimation von isovaleriansaurem Kupfer* empfohlen werden. Man arbeitet entweder im evakuierten Spitzröhrchen oder im ausgezogenen Röhrchen, das gleichfalls mit der Wasserstrahlpumpe verbunden wird. Sublimiert man von Objektträger zu Objektträger bei gewöhnlichem Druck, so zersetzt sich ein großer Teil des Salzes.

c) Die *Verseifung der Fette* beobachtet man unter dem Mikroskop. *α*) Nach MOLISCH[2]. Das Fett, z. B. ein Tröpfchen Ricinusöl wird auf dem Objektträger mit einer Mischung gleicher Raumteile konz. Kalilauge und konz. Ammoniak versetzt, mit dem Deckglas bedeckt und in einem feuchten Raume längere Zeit (evtl. einige Tage) sich selbst überlassen. Die Öltropfen verwandeln sich in krystallinische Aggregate von Seife. „Nicht selten sieht es so aus, als ob der Tropfen keine Veränderung erfahren hätte, allein bei der Prüfung im Polarisationsmikroskop ergibt

---

[1] Pharm. Zeitung 1929: „Ökonom. Arzneimittelprüfung“, ein umfangreiches Referat, dessen Lektüre wärmstens anzuraten ist.

[2] MOLISCH: Mikrochemie der Pflanze, 2. Aufl., S. 118.

sich, daß er sich in einen Sphärokrystall umgewandelt hat." β) Nach ROSENTHALER[1] verwendet man höchst konz. weingeistige Kali- oder Natronlauge. Vom Öl sind höchstens 2 mg anzuwenden. Zur Gegenprobe nimmt man ein Tröpfchen Vaselinöl, das natürlich nicht verseifbar ist.

47. Übung. Darstellung von Nitroglycerin.

Einige Milligramme Glycerin werden mit dem 6fachen Volumen eines (am besten eisgekühlten) Gemisches von gleichen Raumteilen konz. reiner Schwefelsäure und Salpetersäure versetzt, mit dem Rührhäkchen gemischt und einige Minuten unter Kühlung stehen gelassen; hierauf verdünnt man mit Wasser: das Nitroglycerin scheidet sich in Tröpfchen aus, welche unter Anwendung der Zentrifuge zu waschen sind. Das Waschwasser wird vorsichtig mit einer feinen (rundgeschmolzenen) Capillare weggenommen und der Rest trocknen gelassen. (Dabei ist eine gewisse Vorsicht geboten, weil sich der Nitroglycerintropfen leicht an die Wasseroberfläche begibt.) Befindet er sich im Spitzröhrchen, so bringt man schließlich ein linsengroßes Stück Chlorcalcium hinein und verschließt mit einem Kork (Abb. 66). Nach einigen Stunden kann der *klare* Tropfen von einer Capillare aufgenommen und durch rasches Erhitzen hinter einer Schutzscheibe zur Explosion gebracht werden[2].

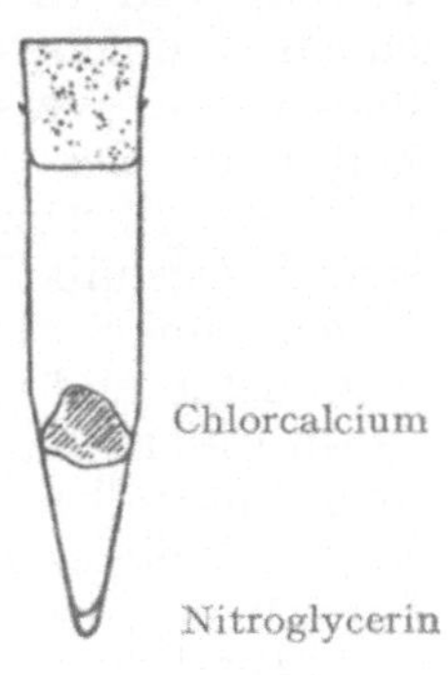

Abb. 66.

48. Übung. Oxalsäure.

1. *Darstellung aus Holz.* Vier oder fünf Sägespänchen Fichtenholz werden auf dem schmalen Objektträger mit einer Mischung von konz. Kali- und Natronlauge benetzt und über dem Mikroflämmchen erhitzt: es tritt zuerst Gelb- dann Braunfärbung und Gasentwicklung ein. Man zieht mit verdünnter Essigsäure aus, zentrifugiert, wenn nötig, und legt ein Körnchen Strontiumacetat in die auf dem Objektträger befindliche Lösung, worauf die unten erwähnte Fällung eintritt.

2. Von den schwerlöslichen Salzen ist das Calciumsalz wichtig; man wird am besten die in der Makroanalyse gebräuchlichen Kennzeichen (Löslichkeit in Salzsäure, Schwerlöslichkeit in Essigsäure) zu seiner Erkennung benützen, da die Krystalle, Stäbchen, kurze Pyramiden (Briefkuvertformen) usw. sehr klein ausfallen. Ähnlich ist das Strontiumsalz, es gibt aber leichter etwas größere Krystalle.

3. Bei Trennungen, z. B. von Bernstein-, Apfel-, Citronen- und Weinsäure leistet die Vakuumsublimation sehr gute Dienste[3].

---

[1] Apoth.-Ztg. 58, H. 44, 45, 46 (1920) oder Mikrochem. 8, 72 (1930).

[2] Über weitere Glycerinreaktionen s. z. B. HERZOG: Mikr. Unters. d. Seide, S. 117 (Berlin 1924); H. ALBER: Mikrochem. 7, S. 21 (1929).

[3] G. KLEIN: Praktikum der Histochemie, Wien u. Berlin 1929.

49. Übung. Reaktionen des Cyan-Ions.

1. *Berlinerblaureaktion* s. S. 106.

2. *Rhodanreaktion.* Cyankalium wird auf dem Wasserbad mit gelbem Schwefelammon versetzt und abgedampft. Den Rückstand prüft man mit *wenig* salzsäurehaltiger Eisenchloridlösung[1].

3. Nachweis als *Silbercyanid nach* BRUNSWIK. In die Gaskammer (Abb. 15, S. 23) bringt man auf den Boden 0,1 mg Cyankalium, auf den Deckel einen Tropfen 1%ige Silbernitratlösung. Der Deckel wird einen Augenblick gelüftet und das Cyankalium mit einem Tröpfchen verdünnter Schwefelsäure oder mit $NaHCO_3$ und Wasser versetzt. Der Silbernitrattropfen wird nach einiger Zeit trüb. Bei mikroskopischer Prüfung zeigen sich *Nadeln,* die zwischen gekreuzten Nicols gerade auslöschen. Dies ist als Unterschied gegenüber dem tesseralen Chlorsilber wichtig, das in allen Lagen dunkel bleibt. Sind die Krystalle undeutlich, so läßt man eindunsten und krystalliert aus heißer, 50%iger Salpetersäure um, worin Chlorsilber kaum löslich ist. Als weiterer Unterschied gegenüber Chlorsilber ist noch die größere Lichtbeständigkeit hervorzuheben: dieses wird in kurzer Zeit blau, dann violett bis schwarz, Cyansilber höchstens braun.

Die große Empfindlichkeit der Reaktion kann nach BRUNSWIK durch folgende Versuche erläutert werden: a) Läßt man Leuchtgas[2] gegen einen Tropfen Silberlösung strömen, so trübt er sich in kurzer Zeit. Durch Umkrystallisieren (s. o.) sind die Nadeln zu erhalten. b) Bläst man einen Viertelliterkolben mit Zigarettenrauch voll, schiebt (um teerige Produkte abzuhalten) einen Wattebausch in den Hals und bedeckt diesen mit einem Objektträger, der einen Tropfen 1%ige Silbernitratlösung trägt, so sind gleichfalls Trübung, bzw. nach a) Krystalle zu erhalten.

Aus methylenblauhältigen Lösungen fällt Cyansilber in blaugrünen Krystallen aus (Chlorsilber übrigens auch!).

4. *Nachweis mit Sodapikrinsäure nach* GUIGNARD. Ein Streifen Filtrierpapier wird in 1%ige wässerige Pikrinsäure getaucht, getrocknet, in 10%ige Sodalösung getaucht und, falls man ihn nicht gleich verwendet, abermals getrocknet. Das goldgelbgefärbte Papier läßt sich aufbewahren. In blausäurehältiger Atmosphäre (Gaskammer, Proberöhre) färbt es sich *rotorange,* 20—50 γ Cyanwasserstoff sind noch nachweisbar, wenn die Einwirkung 24 Stunden lang dauert.

50. Übung. Versuche mit Harnstoff.

1. *Darstellung aus Harn.* 4 cm^3 Menschenharn werden in einem Mikrobecher auf dem Wasserbad unter Aufblasen eines Luftstromes zum Sirup eingedampft. Nach dem Erkalten versetzt man mit 7—10 Tropfen farbloser, konz. Salpetersäure. Das Nitrat wird unter Rühren gekühlt, evtl. einige Stunden stehen gelassen, mit der Vorrichtung Abb. 26, S. 30 *möglichst gut* abgesaugt und zweimal mit kalter Salpetersäure gewaschen. Man setzt dann Bariumcarbonat und Wasser zu, dampft zur Trockene ab, zieht mit absolutem Weingeist aus und wiederholt diese Umwandlung ins Nitrat und

[1] Ein filtrierter Tropfen Mundspeichel gibt eine deutliche Rhodanreaktion, wenn man ihn mit etwas angesäuerter Eisenchloridlösung versetzt und nach S. 86 mittels axialer Durchleuchtung prüft. — Vgl. auch Mikrochem. 7, 10 (1929).

[2] BRUNSWIK führte die Versuche in *Wien* aus; mit *Grazer* Leuchtgas gelingen sie gleichfalls.

zurück in den Harnstoff. Er wird dann noch einmal aus heißem Weingeist und schließlich durch Fällen der *absolut* alkoholischen Lösung mit reinem Chloroform umkrystallisiert.

2. Zur Prüfung auf die Reinheit wird jeweils der *Schmelzpunkt* bestimmt (evtl., um Substanzverluste zu vermeiden, *im Mikrobecher selbst*). Hierbei werden der Reihe nach etwa die Schmelzpunkte 125, 128, 130, 130 gefunden werden. Vgl. Fußnote 3 S. 31.

Ausbeute 15—20 mg, bei entsprechender Übung auch mehr; zu bestimmen durch Wägung des (tarierten) Mikrobechers auf der gewöhnlichen Analysenwaage.

3. Über *optische* Eigenschaften s. 3. Übung S. 74.

4. *Chemische Reaktionen.* a) Man erhitzt einige Milligramme im kleinen Proberöhrchen über den Schmelzpunkt; die Probe wird fest und stellt dann wesentlich ein Gemisch von Cyanursäure und Biuret dar. Die beiden Stoffe trennt man mittels warmen Wassers, welches vorwiegend Biuret löst (Prüfung mit Kupfersulfat und Lauge evtl. nach S. 86); der Rückstand von Cyanursäure wird in das Kupferammonsalz übergeführt, d. h. man löst in konz. Ammoniak und setzt einen Tropfen Kupfervitriollösung zu; hellvioletter Niederschlag, unter dem Mikroskop fast farblose Rauten.

b) Salpetersäure fällt das schwerlösliche Nitrat in Form monokliner sechsseitiger oder rautenförmiger Platten, welche oft dachziegelartig übereinander liegen. Spitzer Winkel 82°. Auch Oxalsäure gibt eine gut krystallisierende Additionsverbindung, doch ist sie leichter löslich wie das Nitrat.

c) In eine wässerige, mit Essigsäure versetzte Harnstofflösung bringt man ein Kryställchen *Xanthydrol:* es entstehen feine Nadeln des Dixanthylharnstoffs; Erfassungsgrenze etwa 0,3 γ Harnstoff.

Mit Harn gelingt der Versuch folgendermaßen: Ein Tröpfchen Harn (z. B. 1 mg) wird mit der gleichen Menge Eisessig in der Capillare vermischt, auf den Objektträger gebracht und gepulvertes Xanthydrol am Rand des Tropfens zugesetzt; um das Reagens bildet sich meist ein feinkrystalliner Niederschlag, während in etwas größerer Entfernung Nadeln und Büscheln des Dixanthylharnstoffes entstehen; manchmal wachsen sie auch direkt aus dem Reagens heraus. Der Wert der Xanthydrolreaktion kann durch einen Kontrollversuch erhöht werden: man bringt *Urease* zur Harnstofflösung und stellt fest, daß die Reaktion nach der Zersetzung des Harnstoffs ausbleibt. Nach Versuchen von Dr. H. ALBER.

51. Übung. Traubenzucker.

Gärversuch. Wegen der außerordentlichen Empfindlichkeit der Kohlensäurereaktion empfiehlt sich der Nachweis von Kohlensäure und Alkohol in gesonderten Proben.

a) Für den *Kohlensäure*nachweis werden zwei Röhrchen (Abb. 67) benutzt; in das eine Ende saugt man die mit einer Spur Hefe versetzte Traubenzuckerlösung Z, die höchstens 1 mg Zucker enthält. In das andere Ende läßt man etwa 10 mm³ klares Kalkwasser eintreten. Die Enden werden zugeschmolzen. Ein identisches Kontrollröhrchen enthält an Stelle der Zuckerlösung (gewaschene) Hefe, die in Wasser aufgeschlemmt ist. Nach 12 Stunden zeigt das Versuchsröhrchen eine kräftige, das Kontrollröhrchen eine schwache Ausscheidung von Calciumcarbonatkrystallen.

Recht gut dürfte sich das Apparatchen Abb. 63, S. 97 für den Gärversuch eignen.

b) Der Nachweis des Alkohols geschieht unter Anwendung von etwa 20 mg Zucker, die in 0,2 cm^3 Wasser aufgelöst und

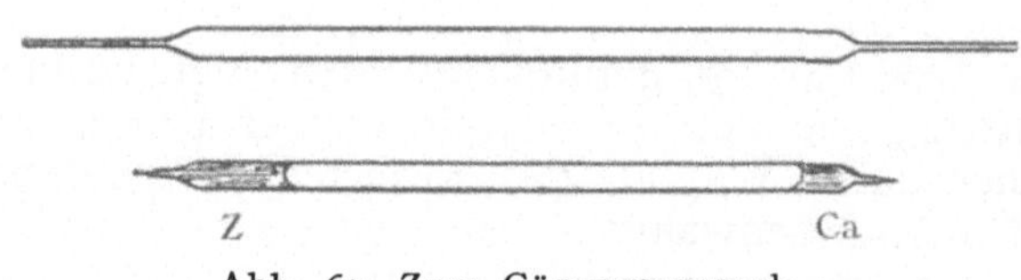

Abb. 67. Zum Gärungsversuch.

gleichfalls mit Hefe versetzt werden. Die Probe wird im Mikrobecher lose bedeckt 12 Stunden gären gelassen. Hernach wird die Hefe, sofern sie sich nicht abgesetzt haben sollte, abzentrifugiert und die Lösung in den Fraktionierapparat (Abb. 30, S. 34) gebracht. Die erste Fraktion wird zur Siedepunktsbestimmung nach S. 31 benutzt, mit der zweiten stellt man die Jodoformreaktion (S. 108) an.

52. Übung. Darstellung von Nitrobenzol.

In eine Proberöhre von 1—2 cm^3 Fassungsraum bringt man 20 mm^3 Nitriergemisch, d. h. ein Gemenge von 4 Tropfen konz. Schwefelsäure und 3 Tropfen konz. Salpetersäure. Dazu kommen 12 mm^3, d. h. 10 mg Benzol (Mikropipette s. S. 21). Man quirlt zuerst zwei Minuten lang ohne zu erwärmen, hierauf bringt man das Proberöhrchen zur Hälfte in ein singendes Wasserbad, so daß die Temperatur etwa 60° beträgt. Nach einer halben Stunde, während welcher Zeit man ab und zu quirlt, setzt man 0,2 cm^3 (drei gewöhnliche Tropfen) Wasser zu (leert evtl. in ein Spitzröhrchen um) und zentrifugiert, worauf sich das Nitrobenzol als klarer Tropfen zu Boden senkt. Das Waschen wird unter Anwendung von Heberchen und Zentrifuge nach S. 25 fortgesetzt, bis das Waschwasser neutral reagiert. Das wird nach etwa viermaligem Wasserwechsel der Fall sein. Übrigens kann das Nitrobenzol auch mit Äther ausgeschüttelt werden; dabei ist wie bei Anilin zu verfahren, doch ist ein Waschen mit Wasser auch in diesem Fall zu empfehlen. Man trocknet das Nitrobenzol im Spitzröhrchen 5 Minuten lang im siedenden Wasserbad, bringt dann nach Abb. 66, S. 111 ein Körnchen Chlorcalcium in das Rohr und läßt über Nacht stehen. Bei Einhaltung der Vorschriften wird das Produkt (Gewicht etwa 5 mg), im Capillarrohr nach S. 31 erhitzt, schon den richtigen Siedepunkt aufweisen. Ist dies nicht der Fall, so wird die ganze gewonnene Probe mittels einer feinen Capillare z. B. in das Röhrchen (Abb. 30, S. 34) übergeführt und fraktioniert. Siedepunkt 201—205°; weiteres Verhalten s. unter Übungen 53 und 56.

53. Übung. Reduktion des Nitrobenzols zu Anilin. Reaktionen des Anilins.

In einer 3 cm³-Proberöhre mengt man 20 mg reines Nitrobenzol mit 50 mg Stanniol[1] und setzt hierauf in kleinen Portionen konz. Salzsäure zu. Ist der Nitrobenzolgeruch nach ¼ Stunde noch nicht verschwunden, so wird auf dem Wasserbad erwärmt, nötigenfalls noch Zinn und Salzsäure hinzugefügt. Gewöhnlich erstarrt die Flüssigkeit nach dem Erkalten zu einem Brei des Zinndoppelsalzes. Man fügt konz. (z. B. kalt gesättigte) Kalilauge hinzu und schüttelt das Anilin mit Äther aus. Das geschieht, indem man 0,5—1 cm³ Äther über den (kalten) Brei schichtet, gut durchquirlt, wenn nötig zentrifugiert und endlich den Äther mittels des capillaren Hebers (S. 25) in einen Mikrobecher überführt. Das Ausschütteln wird noch ein- oder zweimal wiederholt und die vereinigten Ätherauszüge werden auf dem Wasserbad abgedampft. Ausbeute meist nur 5—7 mg. — Einige Eigenschaften des Anilins:

1. Siedepunkt 184° (korrigiert, bei 760 mm Druck); das Präparat muß mit Ätzkali getrocknet werden, im übrigen ist wie bei Nitrobenzol zu verfahren.

2. Spezifisches Gewicht im feuchten Zustand 1,02, d. h. etwa so groß als das einer 2,8%igen Kochsalzlösung. Um dies festzustellen, werden 2,8 g Chlornatrium in 98 cm³ Wasser gelöst und aus 1—2 mg Anilin und einem Tropfen der Salzlösung durch kräftiges Rühren im Spitzröhrchen eine grobe Emulsion hergestellt. Die Anilintröpfchen schweben — wenigstens während kurzer Zeit — und ändern diesen Zustand auch bei kurzem Zentrifugieren nicht. Zusatz von einigen Milligrammen Wasser, bzw. Kochsalz bewirkt Fallen, bzw. Steigen der Anilintropfen. Das Verfahren bildet eine Anwendung der „*Schwebe-Methode*". Näheres in Emich: Lehrbuch d. Mikrochemie, München 1926, S. 105.

3. *Chemisches Verhalten.* a) Auf Zusatz von Platinchlorid und Jodnatrium entstehen schwarze Einzelkryställchen und Sterne des Jodoplatinats. Erstere haben meist quadratischen oder rechteckigen Umriß, oft aber auch spitzwinklige Enden.

b) Ein Spänchen Fichtenholz (einige Zellen genügen) färbt sich gelb, wenn man es mit einer Lösung von Anilin in verdünnter Schwefelsäure zusammenbringt. (Die Toluidine und andere Homologe geben die Reaktion ebenfalls.)

c) Bromwasser liefert einen rötlichweißen Niederschlag von Tribromanilin: feine, unter dem Mikroskop ungefärbte Nadeln; sie erscheinen in größeren Dimensionen, wenn man ein Tröpfchen Alkohol zusetzt.

d) Jodjodkalium und Natriumsulfat geben „Anilinherapathit", bräunlichrote rhomboidale Tafeln ohne nennenswerten Dichroismus. Die Reaktion kann auch so ausgeführt werden, daß man mit verdünnter Schwefelsäure in das Sulfat verwandelt, die Krystalle mit Papier trocken saugt, Jodjodkaliumlösung hinzufügt und rasch beobachtet.

e) Umwandlung in Acetanilid und in symmetrischen Diphenylharnstoff im Sinne der folgenden Übungen.

---

[1] Wird nur einmal gewogen, später nach dem Flächenraum geschätzt.

54. Übung. Darstellung von Acetanilid. Umkrystallisieren im Schmelzpunktsröhrchen.

Ein ausgezogenes Röhrchen (S. 26) wird im Mikroflämmchen neuerdings ausgezogen, so daß ein mit einer feinen Spitze versehenes Glasrohr von etwa 1½ mm Lumen und 12 cm Länge entsteht. Durch die Spitze saugt man 3 mg Eisessig und 2 mg Anilin ein, schmilzt beiderseits zu und erhitzt eine Viertelstunde auf etwa 150°; dazu dient entweder ein gewöhnlicher Trockenschrank, ein Flüssigkeits- oder Dampfbad S. 13. Nach dem Abkühlen öffnet man das Röhrchen, läßt mittels einer Capillare ein Wassertröpfchen eintreten und rührt, worauf Krystallisation erfolgt. Die Krystalle werden mit Wasser im Röhrchen gewaschen, d. h. damit abwechselnd angerührt, zentrifugiert und das Wasser mit einer feinen Capillare abgezogen. Um den *Schmelzpunkt* bestimmen zu können, muß man den Krystallbrei zuerst trocknen, indem man in der Wärme einen getrockneten Luftstrom hindurchleitet. Dies kann entweder in einem besonderen Apparat[1] geschehen oder in unserem Fall am besten im Schmelzpunktsapparat selbst, der in bekannter Weise aus einem Schwefelsäurebad (Becherglas mit Rührer) mit eingesenktem Thermometer aufgebaut wird. In das die Substanz enthaltende Röhrchen schiebt man eine Luftzuführungscapillare (Abb. 68, a) von $^1/_3$—$^1/_2$ mm Außendurchmesser, die zweckmäßig bei b in einem recht stumpfen Winkel gebogen ist, so daß sie, als Feder wirkend, beim Einschieben in das Schmelzpunktsröhrchen dieses ohne zu brechen festhält. Im oberen, nicht verengten Teil hat das Rohr die Dimension eines gewöhnlichen Biegerohrs, auch ist es im Sinne der Abbildung gebogen und bei c mittels einer Retortenzange festgeklemmt, die z. B. auf demselben Stativ sitzt, das auch das Schwefelsäurebad und das Thermometer trägt. Das Ende d ist mittels eines Gummischlauchs mit einer Schwefelsäurewaschflasche und einem Luftgasometer oder Gebläse verbunden. Bei e befindet sich ein Staubfilter (Asbeststopfen). Das Schmelzpunktsröhrchen ist in der Abbildung verkürzt gezeichnet.

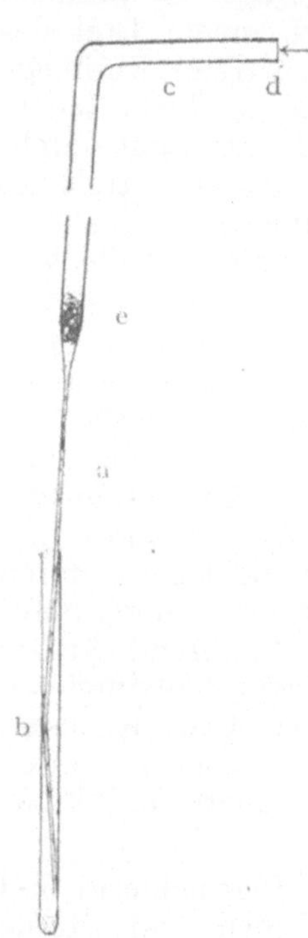

Abb. 68. Trocknen der Substanz im Schmelzpunktsröhrchen.

Nach Zusammenstellung des Apparats leitet man den getrockneten Luftstrom über den Krystallbrei, während die Tempera-

[1] Vgl. Aug. Fuchs: Das Schmelzpunktsröhrchen als Reagensglas, Monatsh. Chem. **43**, 129 (1922); W. Friedel: Biochem. Z. **209**, 65 (1929).

tur des Bades bis 100° steigt, trocknet dann noch 5 Minuten lang bei dieser Temperatur, stellt hierauf den Luftstrom ab und steigert langsam unter Rühren des Bades bis zum Schmelzpunkt. Da das Präparat noch nicht rein ist, wird er z. B. bei 108° anstatt bei 114—115° (unkorr.) gefunden werden.

Zum Umkrystallisieren benutzt man heißes (rückstandfreies) Benzol: Man bringt durch Ansaugen oder mittels einer feinen Capillare ein dem Acetanilid etwa gleiches Volumen Benzol in das Schmelzpunktsröhrchen und schleudert das Lösungsmittel in das geschlossene Ende. Das Umkrystallisieren geschieht im *zugeschmolzenen* Röhrchen; man schließt also das offene Ende und bringt das Röhrchen in eine leere Proberöhre, die als Schutzrohr und Luftbad zu dienen hat. Bestreicht man sie mittels einer Bunsenflamme, so löst sich das Acetanilid im Benzol klar auf; wenn sich Lösungsmittel im oberen Teile kondensiert, so schleudert man es rasch durch eine einfache Handbewegung zur Lösung, welche beim Abkühlen, d. h. beim Herausnehmen des Röhrchens aus der Eprouvette krystallisiert. Geschieht dies nicht, so können zwei Ursachen vorliegen. Entweder ist die Lösung unterkühlt: man kühlt sie weiter ab, indem man etwa Watte umwickelt und Äther aufträufelt. Oder man hat zuviel Benzol genommen. Dann muß die Lösung etwas konzentriert werden, was so geschieht, wie oben das Trocknen beschrieben wurde. Um eine hübsche Krystallisation zu erhalten, ist es dann zweckmäßig, nochmals das Röhrchen zu schließen und wie früher umzukrystallisieren.

Um den Krystallbrei von der Mutterlauge zu trennen, drückt man ihn zunächst mittels eines Glasstäbchens etwas zusammen, zentrifugiert, entfernt dann die Mutterlauge mittels einer feinen Capillare (die natürlich durch Ausblasen z. B. auf einen Objektträger entleert werden kann, woselbst noch Mikroreaktionen möglich sind) und wiederholt das Drücken, Zentrifugieren und Absaugen einige Male. Hierauf wird wieder getrocknet und der Schmelzpunkt bestimmt. Um weniger Zeit zu verlieren, hat man das Schwefelsäurebad nur auf etwa 80° abkühlen gelassen. Das angegebene Verfahren wird so oft (2—3mal) wiederholt, bis der Schmelzpunkt konstant ist. Zu weiterer Kontrolle wird die *Mischprobe* ausgeführt: Man setzt dem gewonnenen Produkt etwas reines Acetanilid zu, mischt z. B. durch vorsichtiges Zusammenschmelzen und bestimmt den Schmelzpunkt neuerdings; er darf sich nicht verändert haben. — Weiteres in Emich: Lehrbuch d. Mikrochemie, München 1926.

55. Übung. Symmetrischer Diphenylharnstoff.

3 mg Harnstoff werden mit der 3fachen Menge Anilin in einem Kugelröhrchen ab gemengt (Abb. 69 I), das Röhrchen wird bei b zugeschmolzen. Man erhitzt ¼ Stunde in siedendem Nitrobenzol, öffnet die Spitze bei b und reinigt das Reaktionsprodukt in folgender

Weise. Zuerst wird das überschüssige Anilin im Vakuum abdestilliert, indem man b mit der Saugpumpe verbindet, das Röhrchen in einem kleinen (THIELEschen) Kupferblock (Abb. 69 II) erhitzt und die kondensierenden Tröpfchen mit der Mikroflamme nach f treibt. Hernach erfolgt die Sublimation des Präparats im Vakuum, wobei die Stelle g durch Auflegen nassen Filtrierpapiers zu kühlen ist. Hierauf wird bei c abgeschmolzen, bei h abgeschnitten und im Röhrchen zweimal aus Alkohol umkrystallisiert. Sm. 236°. Beim Abdestillieren des Anilins beträgt die Temperatur etwa 120°, beim Sublimieren des Diphenylharnstoffs 180—220°.

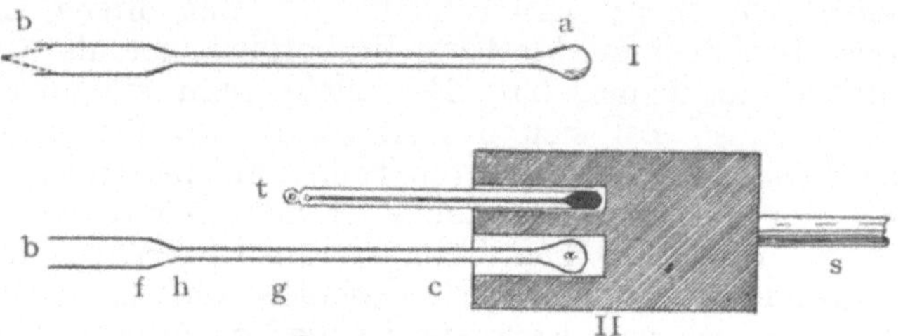

Abb. 69. Darstellung von Diphenylharnstoff. (Buchstabenerklärung im Text.)

Zur Zeichnung sei noch bemerkt, daß t ein kurzes Thermometer (Abb. 45, S. 59) bedeutet und daß der Block, dessen Dimensionen etwa 5 × 3 × 3 cm sind, mittels des eingeschraubten Eisenstabes s in ein gewöhnliches Stativ eingeklemmt wird.

56. Übung. Umwandlung von Nitrobenzol in Hydrazobenzol und Benzidin.

In das Einschmelzkölbchen (Abb. 69 I) bringt man etwa 0,1 g Zinkstaub 5 mg Nitrobenzol und die zehnfache Menge 20%ige alkoholische Kalilauge. Um beim Schütteln eine ausgiebige Durchmischung zu erzielen, hat man dem Zinkstaub ein stecknadelkopfgroßes Zinkkorn zugesetzt. Das zugeschmolzene Kölbchen wird unter öfterem Schütteln im siedenden Wasserbad erhitzt. Man kann dies bequem bewerkstelligen, wenn man z. B. über den Stiel des Kölbchens einen Gummischlauch schiebt, der selbst in einem etwas weiteren Rohr steckt, das aus dem Wasserbad herausragt. Nach etwa 2 Stunden wird das Kölbchen geöffnet; dies hat selbstverständlich, wie überhaupt das Manipulieren mit zugeschmolzenen Gefäßen, in denen Druck herrscht, mit entsprechender Vorsicht zu geschehen (Schutzbrille!). Man umwickelt es mit einem Tuch, ritzt die Spitze und bricht sie ab. Hierauf kommt das Kölbchen, Hals nach unten, in ein Probierröhrchen[1]; man zentrifugiert, spült den Inhalt einmal mit Alkohol (in derselben Weise) nach, zieht die klare Lösung in ein zweites Proberöhrchen ab und versetzt mit der vierfachen Menge Wasser: unreines Hydrazobenzol fällt aus. Es wird abzentrifugiert und mit Wasser gewaschen. An einer Probe stellt man die Reaktion mit FEHLINGscher Lösung (Cu_2O-Abscheidung) fest. Der Rest wird mit einem Tropfen 3%iger Salzsäure über Nacht stehen gelassen, wodurch die Umwandlung in Benzidin vor sich geht. Man fällt die Lösung mit verdünnter Schwefelsäure und stellt die krystallinische Beschaffenheit des Sulfats fest (Nadelbüschel, Blätter). Aus heißem Wasser

[1] Die Kugel des Kölbchens soll nicht unmittelbar auf der Mündung des Proberöhrchens liegen, da dieses sonst leicht gesprengt wird. Man unterlegt in solchen Fällen immer ein Gummiplättchen oder dergleichen.

umkrystallisieren, mit kaltem Wasser waschen, mit Papier abtrocknen. Weitere Reaktionen: a) Reduziert FEHLINGsche Lösung nicht. b) Umwandlung in Benzidinblau: die Probe wird in Substanz auf dem Objektträger mit 1%iger Kaliumbichromatlösung benetzt: feine, tiefblaue Nadeln. Bei Gegenwart von Mineralsäure ist Natriumacetat zuzusetzen.

Die Darstellung von *reinem Hydrazobenzol* ist auf dem angedeuteten Wege möglich, doch empfiehlt es sich, mit etwas größeren Substanzmengen zu arbeiten, da sonst das Umkrystallisieren auf Schwierigkeiten stößt.

57. Übung. Phenole und Chinone.

Wer die bisherigen Versuche durchgearbeitet hat, wird sich für die Phenole und Chinone leicht ein entsprechendes Programm zusammenstellen[1]. Wir begnügen uns mit einigen Andeutungen.

1. Benzolsulfosäure ist durch Erwärmen von Benzol mit dem doppelten Volumen rauchender Schwefelsäure im zugeschmolzenen Röhrchen auf etwa 100° leicht zu erhalten. Man verfährt weiter nach HOLLEMAN: Einfache Versuche usw. (Leipzig 1916) 60.

2. Die Umwandlung der Sulfosäuren in Phenole in der *Kalischmelze* geschieht in einem Silber- oder Platinlöffel oder wohl auch in einem Proberöhrchen. Man übersättigt mit Salzsäure und schüttelt das Phenol mit Äther aus (s. Anilin).

3. Von den Reaktionen des gewöhnlichen Phenols sei die Umwandlung in Tribromphenolbrom hervorgehoben. Es bildet feine gelblichweiße Nadeln, die z. B. beim Räuchern einer wäßrigen Phenollösung mit Bromdampf entstehen.

4. Pikrinsäure ist durch die Brechungsindices 1,56 und 1,95 ausgezeichnet. Man beachte den ungewöhnlich großen Unterschied. Vgl. das bei Übung 3b S. 75 Ausgeführte. Hübsches Guanidinsalz, aus heißem Wasser umzukrystallisieren.

5. Lehrreiche Reaktionen lassen sich mit den mehrwertigen Phenolen ausführen. Um ihr *Reduktionsvermögen* nachzuweisen, benutzt man je nach Umständen (ROSENTHALER, Privatmitteilung) entweder neutrale oder ammoniakalische Silberlösung; letzterer wird eine Spur Lauge zugesetzt. BEHRENS empfiehlt die bei den Aldehyden (S. 109 unter 1.) angegebene Mischung von Ferricyankalium, Salzsäure und Chinolin. Wir erwähnen ferner die Umwandlung von *Resorcin* in *Fluorescein* beim Erhitzen mit Phtalsäureanhydrid (evtl. unter Zusatz von etwas Chlorzink). Sehr empfindlich, aber nicht gerade charakteristisch[2]. — *Phloroglucin* färbt bekanntlich Holzfaser in salzsaurer Lösung intensiv rot. Vgl. Anilin.

6. Bei den *Chinonen* sind zahlreiche Mikroreaktionen bekannt. Viele Chinhydrone zeigen prächtigen Pleochroismus, ebenso auch z. B. eine Verbindung, die entsteht, wenn man Chloranil auf dem Objektträger mit Dimethylanilin unter Vermittlung von etwas Benzol vermengt; lange flachprismatische Krystalle vom Pleochroismus tiefblau-hellgrau. Dickere Individuen sind undurchsichtig[3].

58. Übung. Flüssige Krystalle.

1. Man bringt zuerst einige Milligramme (käufliches) *Benzamid* auf einen schmalen Objektträger, legt ein Deckglas darauf und erhitzt über dem Mikroflämmchen bis das Präparat geschmolzen ist. Das Deckglas wird etwas stärker als üblich gewählt, z. B.

[1] Vgl. die bekannten Behelfe von HANS MEYER, H. BEHRENS und EMICH: Lehrbuch d. Mikrochemie, München 1926. Für präparative Zwecke etwa EMIL FISCHERS kleine „Anleitung zur Darstellung organischer Präparate", Braunschweig 1922.

[2] EMICH: Lehrbuch d. Mikrochemie, München 1926, S. 241.

[3] Das Präparat wird (etwa zu Demonstrationen mittels des Projektionsmikroskops) stets frisch dargestellt. In „Wiesein", dem bekannten Klebmittel der Mikrotechnik (Bezugsquelle Th. Schröter, Leipzig-Connewitz) eingebettet, kann man es einige Tage lang aufbewahren.

durch Teilung eines dünnen Objektträgers hergestellt, damit die Abkühlung nicht zu rasch erfolgt. Wird das Präparat rasch zwischen gekreuzte Nicols gelegt[1], so erscheint die Schmelze dunkel, d. h. sie ist „*isotrop*". Beim Übergang in den festen Zustand erfolgt Aufhellung des Gesichtsfeldes; je nach der Dicke des Präparats erscheinen auch mehr oder weniger lebhafte Interferenzfarben. Der weitaus größte Teil der Stoffe verhält sich ebenso, d. h. *der Übergang aus dem amorphflüssigen in den krystallinfesten Zustand erfolgt unmittelbar.*

2. Wird der Versuch mit (käuflichem) p-Azoxyanisol wiederholt, so zeigt sich schon makroskopisch ein Unterschied: die zuerst entstehende Schmelze ist trüb und wird erst bei weiterem Erhitzen klar. Beim Abkühlen ist der Vorgang umgekehrt. Wird das Erstarren unter dem Mikroskop zwischen gekreuzten Nicols beobachtet, *so erscheint die trübe Schmelze hell,* sie ist also „*anisotrop*", d. h. sie wirkt auf das polarisierte Licht wie ein (nicht tesseraler) Krystall. Um festzustellen, daß die trübe Schmelze tatsächlich noch eine Flüssigkeit bildet, klopft man mit einem zugespitzten Hölzchen auf das Deckglas. Bei weiterer Abkühlung erfolgt der Übergang aus dem krystallinflüssigen in den krystallinfesten Zustand, wie auch wieder die Prüfung mit dem Hölzchen beweist. Anstatt p-Azoxyanisol sind eine Reihe anderer, z. T. ihm verwandter Stoffe anwendbar. — Hübsche Projektionsversuche!

59. Übung. Aromatische Alkohole, Aldehyde, Ketone und Säuren.

Aus den bei den Phenolen angeführten Gründen mag die folgende kleine Auswahl genügen.

a) Als Beispiel einer Phenylhydrazonbildung empfehlen wir die Einwirkung von Benzaldehyd auf *p-Nitrophenylhydrazin:* Beim Vermischen der beiden Substanzen auf dem Objektträger entsteht in kurzer Zeit eine Krystallmasse; man vermeide einen Überschuß des Aldehyds. Auch die alkoholische Lösung des Nitrophenylhydrazins scheidet bei Zusatz von Benzaldehyd in kurzer Zeit das Hydrazon ab. Selbst gesättigte wäßrige Benzaldehydlösung, die nicht einmal 0,3% Aldehyd enthält, zeigt nach einiger Zeit Trübung und Abscheidung feiner Nadeln, wenn man das Reagens in Substanz einträgt.

b) Die Oxydation der Seitenkette zur Carboxylgruppe kann leicht mittels Toluol gezeigt werden: man bringt in ein starkwandiges Einschmelzkölbchen (Abb. 69, S. 118) 0,5 mg Toluol, ferner 0,1 cm^3 BECKMANNsche Mischung (S. 110), die mit der dreifachen Menge Schwefelsäure 1:5 verdünnt worden ist. Die Flüssigkeit soll das Kölbchen zu höchstens $^1/_5$ erfüllen. Die Oxydation geschieht durch Erhitzen auf etwa 245°, d. h. im Amylbenzoat-Dampfbad (S. 13), in dem das Kölbchen eine Minute lang verweilt; zweckmäßig befindet es sich nicht unmittelbar im Dampf, sondern in einem Messingschutzrohr, das am unteren Ende hart verlötet ist und in das Dampfbad eingesenkt wird. Nach dem Erkalten, das unter der Wasserleitung beschleunigt werden kann, hebt man das Schutzrohr (mit Kölbchen) heraus (Schutzbrille!) und kühlt es weiter unter der Wasserleitung ab. Man öffnet und bringt den Inhalt unter das Mikroskop. Zarte Blätter und Nadelbüschel von Benzoesäure, schwach polarisierend.

[1] Hat der Objekttisch eine große Ausnehmung in der Mitte, so ist keine weitere Vorsichtsmaßregel nötig, da die Erstarrung langsam genug vor sich geht. Sonst unterlegt man den Objektträger an den beiden Enden, damit ein genügend langes Mittelstück frei bleibt.

c) Die Verseifung von Estern und Cyaniden wird ähnlich durchgeführt. Evtl. benützt man (nicht zu dickwandige) Capillaren von höchstens 1 mm Lumen, die, in Wasser eingebettet, direkt unterm Mikroskop beobachtet werden.

d) Bei ihrem hervorragenden Krystallisationsvermögen bieten die *aromatischen Säuren* überhaupt manch schöne Reaktion für die Mikrochemie, viele können z. B. *sublimiert* werden. Sind die so erhaltenen Krystalle unscheinbar, so gewinnen sie oft beim Anhauchen oder Umkrystallisieren aus heißem Wasser.

Unter Übergehung zahlreicher Einzelnheiten (vgl. EMICH: Lehrbuch d. Mikrochemie, München 1926) sei erwähnt, daß z. B. Zimtsäure, in Schwefelkohlenstoff gelöst, bei Behandlung mit Brom ein prächtig krystallisierendes Dibromid bildet.

60. Übung. Anthracen, Antrachinon, Alizarin.

Von den Verbindungen mit kondensierten Kernen benutzen wir etwa Anthracen, Anthrachinon und Alizarin und greifen folgende Übungsbeispiele heraus.

a) Umwandlung von Anthracen in Dianthracen. In einem Reibschälchen wird ein Tropfen Xylol mit Anthracen verrieben und dadurch eine gesättigte Lösung hergestellt. Eine dünnwandige (z. B. Schmelzpunkts-) Capillare wird teilweise mit der klaren Lösung gefüllt und beiderseits zugeschmolzen. Hierauf bringt man das Röhrchen für eine $^1/_4$ Stunde in unmittelbare Nähe einer brennenden Uviolquarzlampe oder für einige Tage in direktes Sonnenlicht (*vor* das Fenster). Es entstehen reichlich Krystalle von *Dianthracen*. Beobachtung in der Cuvette (S. 14).

b) Das Anthracen bietet die Möglichkeit, einen sehr hübschen Versuch mit dem *Fluorescenzmikroskop* auszuführen. Man benütze das Sublimat, das beim Arbeiten „von Objektträger zu Objektträger" (S. 36) gewonnen wird. Genaueres in EMICH: Lehrbuch d. Mikrochemie, München 1926, S. 66, 67.

c) Die Oxydation zu Anthrachinon gelingt mittels Chromsäure in Eisessig, wobei man z. B. 4 mg Anthracen im zugeschmolzenen Röhrchen $^1/_4$ Stunde auf 150° erhitzt. Das Anthrachinon krystallisiert nach dem Erkalten und Liegenlassen an der Luft in Nadeln aus. Man entfernt die Mutterlauge und krystallisiert aus heißem Nitrobenzol um. Beobachtung im polarisierten Licht nach Fußnote 2, S. 8. Spuren von Anthrachinon sind zwischen gekreuzten Nicols zu suchen; wegen der starken Polarisationserscheinungen treten auch die kleinsten Krystalle deutlich hervor.

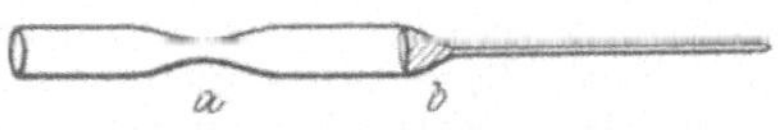

Abb. 70. Zur Zinkstaubdestillation.

d) *Rückverwandlung* von Anthrachinon zu Anthracen durch Zinkstaubdestillation. Ein nicht zu leicht schmelzbares Glasrohr (Abb. 70) von 0,5 cm innerer Weite wird zu einer Capillare ausgezogen, wie man sie zu Schmelzpunktsbestimmungen benützt, dann im Abstand von 1,5 cm bei a verjüngt, nachdem ein Pfropfen von ausgeglühter Asbestwolle b eingeführt worden ist. Dann füllt man eine 1 cm lange Schichte von Zinkstaub allein und eine 0,5 cm lange Schichte Zinkstaub und Substanz ein. Das Röhrchen wird nun bei a zugeschmolzen, aber der Ansatz daran gelassen, um das Rohr damit einspannen zu können. Mit einer kleinen Flamme wird hierauf zuerst die reine Zinkstaubschichte und dann die Mischung bis zur schwachen Rotglut erhitzt. Das Produkt sublimiert in die Capillare. Zum Schlusse wird die Capillare abgeschnitten an einem Ende zugeschmolzen, darin umkrystallisiert usw. verfahren wie oben beschrieben.

e) Ein mit Alizarin gefärbtes Gewebe wird nach H. BEHRENS mittels einer Mischung von konz. Salzsäure und Alkohol ausgezogen; man dampft ab und sublimiert (s. u.) oder krystallisiert aus Nitrobenzol um. Johannisbeerrote, stark glänzende Nadeln, dichroitisch (gelb-orange). Alkalien, auch Ammoniak lösen mit Purpurfarbe; aus der Lösung schlägt Tonerdesalz einen roten Lack nieder, Säuren fällen braune Flocken, die nach dem Verfahren der 61. Übung bei etwa 100° sublimiert werden können.

61. Übung. Indigo.

Indigo kann nach RATHGEN oder nach KEMPF aus Geweben heraussublimiert werden. Besitzt man den von letzterem angegebenen Apparat nicht, so legt man einige mit Indigo gefärbte Fasern auf den Kupfer-(Aluminium-)Block (Abb. 69, S. 118). Indem man die Fäden in der Achatschale mit einem Tropfen Wasser verreibt und an die Platte andrückt, erreicht man, daß sie dieselbe gut berühren. Nach dem Trocknen legt man auf die Probe ein Deckglas, das solcherart die obere Wand einer sehr niederen Sublimationskammer bildet. Eine untergestellte Flamme erhitzt den Block auf 180—200° C.

Natürlich kann das zu erhitzende Objekt auch auf einen Objektträger gelegt werden. Dauer des Versuches 2—6 Stunden.

Wird Indigo (oder Alizarin usw. s. o.) unmittelbar sublimiert, so verfährt man analog. Nachdem das mit Wasser angerührte Pulver auf der Unterlage eingetrocknet ist, legt man einige Glasfäden, z. B. in Form eines Rechteckes auf dieselbe und darüber endlich das Deckglas.

Die sublimierten Indigokrystalle sind (vorwiegend) deutlich pleochroitische Stäbchen.

62. Übung. Alkaloide.

Über die Mikrochemie der Alkaloide ist in Spezialwerken nachzulesen[1]. Bekannt ist die Einteilung der Alkaloidreagenzien in allgemeine und besondere.

a) *Allgemeine Fällungsreagenzien* sind z. B. Tannin, Jodjodkalium, Kaliumquecksilberjodid, Kaliumcadmiumjodid, Kaliumwismutjodid, Phosphormolybdänsäure, Phosphorantimonsäure, Phosphorwolframsäure und Pikrinsäure. In vielen Fällen können die Alkaloide aus den gebildeten Niederschlägen zurückgewonnen werden. Beispielsweise wird die Jodfällung nach dem Auswaschen in wässeriger, schwefeliger Säure gelöst; man verdampft hierauf auf dem Wasserbad, um die überschüssige schwefelige Säure und den Jodwasserstoff zu vertreiben und gewinnt damit (evtl. nach dem Filtrieren) eine Lösung, welche das Alkaloid als Sulfat enthält.

Zur Übung benütze man etwa eine Chininsulfatlösung, von der jeweils ein kleiner Tropfen verwendet wird.

b) Von den besonderen Reaktionen können wegen der ungeheuren Zahl nur einige (fast willkürlich) herausgegriffen werden.

α) Cocain. Eine verdünnte wäßrige Lösung des salzsauren Salzes wird auf dem Objektträger ausgebreitet und in die Mitte des Tropfens eine 1%ige $KMnO_4$-Lösung eingeführt. Nach z. B. 5 Minuten entstehen finger- bis handformartige Krystalle, auch Kügelchen. Als hübscheste Reaktion empfiehlt ROSENTHALER die mit (Tetranitritodiammino-Kobalti)-Kalium[2].

β) Atropin. Man erhitzt das Alkaloid mit einem Tropfen Natronlauge, läßt die Dämpfe auf einem Objektträger kondensieren, setzt Salzsäure zu, läßt eintrocknen, löst in einem Tropfen Wasser und fügt Jodkalium zu: es entstehen Nadeln und Rauten von 10—15 μ Größe, welche *jodwasserstoffsaures Tropin* darstellen.

γ) Morphin. Eine Lösung (z. B.) des Chlorhydrats wird auf dem Objektträger mit Essigsäure angesäuert. In die Nähe des Tropfens bringt man eine Lösung von Jodjodkalium (z. B. 1:10:100), verbindet die Lösungen durch einen Flüssigkeitsfaden und läßt 5 Minuten lang stehen. Erst entsteht eine braune Tröpfchenfällung, später bilden sich hübsche Krystalle, die an Silberbichromat erinnern.

δ) Chinin. 1. Fluorescenzversuch mit der, mit verdünnter Schwefelsäure angesäuerten Lösung in der Capillare nach S. 91. 2. Darstellung von Herapathit: Es

[1] Vor allem sei auf MOLISCH, Mikrochemie der Pflanze (1921), und auf TUNMANN, Pflanzenmikrochemie (1913), verwiesen, wo auch weitere Literatur zu finden ist. Siehe auch A. MAYRHOFER: Mikrochemie d. Arzneimittel u. Gifte, Wien u. Berlin 1923 I, 1928 II. Auf das BEHRENSsche Werk braucht wohl nicht besonders aufmerksam gemacht zu werden; für den Anfänger dürfte EMICH: Lehrbuch d. Mikrochemie, München 1926, genügen. — Daselbst sind nebenbei erwähnt S. 268 auch Bemerkungen über die Reaktionen der Eiweißkörper zu finden.

[2] A. MAYRHOFER: Mikrochemie d. Arzneimittel u. Gifte, Wien u. Berlin 1928 II, S. 220. L. ROSENTHALER, Pharmaz. Zentralhalle **67**, 177 (1926).

wird ein langer Tropfen aus Wasser, Alkohol und einer Spur Schwefelsäure gemischt und in das eine Ende etwas Jod, in das andere etwas von der Probe eingeführt. Damit der Tropfen nicht reißt, kann man einen Glasfaden einlegen. Der Objektträger wird hierauf eine Zeit lang, z. B. 5—30 Minuten, mit einem Uhrglas bedeckt, sich selbst überlassen. Es entstehen Rauten, Prismen und daraus zusammengesetzte Aggregate von höchst bemerkenswertem Pleochroismus (farblos oder gelblichviolettbraun oder schwarz).

Bei der Untersuchung alkaloidhaltiger Drogen (die nicht in den Rahmen des Werkchens gehört) leistet die *Vakuumsublimation* oft gute Dienste. Man verfährt dabei wie S. 36f. näher ausgeführt ist. Als Versuchsobjekt kann ein Teeblättchen (Sublimat: Caffein) empfohlen werden.

63. Übung. Molekulargewichtsbestimmung nach BARGER[1].

Von den zahlreichen Methoden der Mikromolekulargewichtsermittlung beschreiben wir im folgenden nur die beiden Verfahren von BARGER und von RAST; und zwar das erstere in seiner ursprünglichen Form, die sich durch besondere Einfachheit auszeichnet und bei den im hiesigen Laboratorium ausgeführten Bestimmungen bewährt hat.

Prinzip. Hat man in einer Capillare Tröpfchen einer osmotisch stärkeren und schwächeren Lösung, so sucht sich die Konzentration derselben auszugleichen, indem von den verdünnteren Tröpfchen Lösungsmittel auf die konzentrierteren übergeht. Die stärkere Lösung wächst also auf Kosten der schwächeren, was man im Mikroskop verfolgen kann. Bei Wasser dauert es Tage, bei Alkohol Stunden, bei noch flüchtigeren Lösungsmitteln Minuten, bis man die Veränderungen im Mikroskop feststellen kann. Auf diese Weise kann man eine Probelösung durch Vergleich mit bekannten Lösungen in eine osmotische Skala einordnen und erfährt so die Normalität der Probe.

Ein großer Vorzug dieser Methode, den mit ihr keine andere teilt, ist der, daß sie keine peinlich gereinigten Lösungsmittel erfordert, ja sogar beliebige Gemische als Lösungsmittel zu verwenden gestattet; es ist nur notwendig, daß Probe und Vergleichslösung aus der gleichen Flüssigkeit hergestellt werden. BARGER hebt bereits mit Recht als einen Hauptvorzug seiner Methode hervor, daß sie das fast alle organischen Körper leicht lösende Pyridin zu verwenden gestattet, welches für ebullioskopische Zwecke sehr schwer genügend rein zu erhalten ist und für kryoskopische Versuche unbequem tief gefriert.

Ausführung. 1. *Lösungen.* Als Vergleichssubstanz von bekanntem Molekulargewicht kann man die verschiedensten nichtflüchtigen Stoffe benützen. Für organische Lösungsmittel sind Azobenzol, Benzil, β-Naphtol etc. am meisten verwendet worden. Zur Herstellung der Skala der Vergleichslösungen verdünnt man eine Lösung von bekanntem Gehalt mit Hilfe einer Bürette auf 0,2; 0,4; 0,6; 0,8 n[2] usw. Sind diese Grenzen zu weit, so kann man, wenn die Probelösung z. B. stärker als 0,4 n und schwächer als 0,6 n ist, durch entsprechendes Verdünnen der Vergleichslösung Zwischenskalen, wie 0,45; 0,5; 0,55, herstellen. Die Fehlergrenze der Molekulargewichtsbestimmung ist gewöhnlich durch die Herstellung der Lösungen bedingt.

Die *Probe*lösungen kostbarer Substanzen kann man in Phiolen oder Röhrchen von 3—4 mm Lumen und ca. 15 mm Länge durch Einwägen der Substanz (einige mg) und des Lösungsmittels (50—100 mg) herstellen. Zum Gebrauche bricht man das Ende ab und schmilzt nach Entnahme wieder zu.

---

[1] Ber. dtsch. chem. Ges. **37**, 1754 (1904); ABDERHALDEN, Handb. d. biochem. Arbeitsmethoden **8**, 1 (1915). Über Modifikationen der BARGERschen Molekulargewichtsbestimmung vergleiche: K. RAST: Ber. dtsch. chem. Ges. **54**, 1979 (1921). A. FRIEDRICH: Mikrochem. **6**, 97 (1928). K. SCHWARZ: Monatsh. Chem. **53/54**, 926 (1929). R. SIGNER: Liebigs Ann. **478**, 246 (1930). E. BERL u. O. HEFTER: Liebigs Ann. **478**, 235 (1930). Auf die letztere Arbeit sei besonders aufmerksam gemacht.

[2] Unter Normalität ist wie bei Messungen der Gefrierpunktserniedrigung zu verstehen: 1 Mol pro 1 kg Lösungsmittel.

Zum Aufbewahren der Lösungen für mehrere Versuche eignen sich langhalsige Ampullen. Eine solche hat etwa 2 cm³ Inhalt und einen etwa 16 cm langen Hals von solcher Weite, daß man eine Capillare eben noch einführen kann. Sie werden aus einem Glasrohr von 1,5 mm Weite durch Aufblasen einer Kugel gefertigt. Zur Füllung kann man die Ampullen luftleer pumpen und den Hals an einer verengten Stelle abschmelzen. In ein Gefäß eingestoßen, füllen sich diese Ampullen von selbst, indem die Spitze abbricht. Für sehr viele Zwecke eignet sich z. B. eine Pyridinskala. Pyridin erfordert einen bis etwa vier Tage Wartezeit. Bei schwerer flüchtigen Lösungsmitteln (Wasser, Ameisensäure etc.) kann man nach BARGER den Ausgleich durch Erwärmen unterstützen.

2. *Capillaren.* Die Capillarröhrchen fertigt man aus einem etwa 15 mm weiten, ziemlich dickwandigen Glasrohre an, das man zu Capillaren von etwa 1—2 mm lichter Weite auszieht. Man verwendet 10—15 cm lange Stücke dieser Capillaren.

3. *Einfüllen und Messen der Flüssigkeitströpfchen.* Das Einfüllen der Tropfen in die Capillaren erfordert eine gewisse Übung, die aber bald zu erreichen ist. Man hält das Röhrchen zwischen Daumen und Mittelfinger und während man das obere Ende mit dem Zeigefinger verschließt, taucht man das untere Ende in die Lösung der Vergleichssubstanz von bekanntem Molekulargewicht. Man vermindert den Druck des Zeigefingers auf die Capillare und läßt dadurch ein Säulchen von 5—10 mm Länge eintreten. Dann verschließt man das obere Ende wieder mit dem Finger und neigt das Capillarröhrchen derart, daß die Füllöffnung höher liegt als das verschlossene Ende; man vermindert den Druck, wodurch das Säulchen

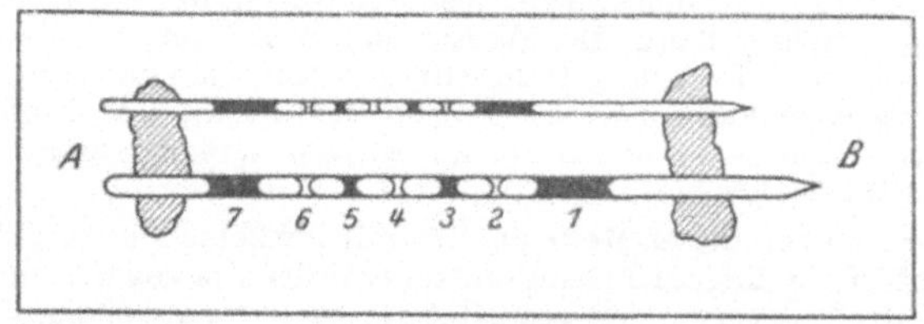

Abb. 71. Zu BARGERS Molekulargewichtsbestimmung.

in der Capillare hinabgleitet, bis es etwa 2—3 mm von der Eintrittsöffnung entfernt ist. Jetzt verschließt man mit dem Zeigefinger wieder, wischt evtl. die Flüssigkeit, die am anderen Ende äußerlich haftet, ab und berührt dann die Oberfläche der Probelösung (deren Molekulargewicht man bestimmen will) mit der Einfüllöffnung. Diesmal vermindert man den Druck mit dem Zeigefinger kaum, so daß keine Luft aus dem Rohre entweicht und nur ein ganz kleiner bikonkaver Tropfen eintritt. Man bringt das Röhrchen abermals in schiefe Lage und läßt wie vorher die Tropfen 2—3 mm in die Capillare hinabgleiten. Man nimmt dann in gleicher Weise ein Tröpfchen aus der ersten Lösung auf usw. Nach etwa zwei bis vier Tröpfchen pro Lösung läßt man wieder ein Säulchen von 5—10 mm Länge eintreten und da hierzu die Capillarwirkung meistens nicht ausreicht, taucht man die Capillare tiefer in die Lösung und regelt mit dem Zeigefinger die eintretende Flüssigkeitsmenge. Sind alle Tropfen eingefüllt, so läßt man sie im Röhrchen hinabgleiten, bis das letzte Säulchen etwa 1 cm von der Eintrittsöffnung entfernt ist und schmilzt letztere zu. Der andere Teil der Capillare wird hernach 1—2 cm vor dem zuerst eingebrachten Säulchen abgeschmolzen. Zur bequemeren Handhabung klebt man die Röhrchen mittels Wachs oder Plasticine auf einen Objektträger oder fixiert sie darauf mit Gummibändern. Vgl. Abb. 71. Die dunkel gezeichneten Tropfen seien der Lösung mit bekannter Molekularkonzentration, die anderen aus der Lösung, deren Molekulargewicht gesucht wird, entnommen.

Gemessen werden nur die kleinen Tröpfchen. Die beiden größeren Säulchen (das zuerst und zuletzt eingesaugte Tröpfchen) dienen zum Verschluß und ändern sich meist unregelmäßig beim Abschmelzen und durch Verdampfen in die Endlufträume hinein.

Zur Messung legt man den Objektträger samt Röhrchen in eine flache Glasschale (die man z. B. in der Weise anfertigen kann, daß man auf einer etwa 4 cm breiten und 20 cm langen Glasplatte vier Glasstäbe als Rand mit Wachs anklebt) und gießt Wasser hinzu, bis die Röhrchen gerade bedeckt sind.

Die Wahl der Tröpfchengröße wird einerseits bestimmt durch den Wunsch nach möglichst genauer Messung, andererseits darf die Tröpfchenlänge die Skalalänge des Mikrometers nicht überschreiten. Falls die Capillaren in der oben angegebenen Weise gefüllt werden, kann z. B. Objektiv 3 von Leitz in Verbindung mit Okular 4 verwendet werden (Vergrößerung sechzig bis siebzigfach); dem entspricht etwa Zeiss Okular 2, Objektiv A. Die Skala des Okularmikrometers wird in die Achse der Capillare eingestellt, die beiden Menisken des zu messenden Tröpfchens sind dann scharf definiert. Vergleiche nebenstehende Abb. 72, welche das Bild unter dem Mikroskop zeigt.

4. *Versuche.* Als Vergleichssubstanz sei Azobenzol, als Probesubstanz Naphthalin oder Harnstoff empfohlen, als Lösungsmittel Essigäther oder Alkohol. Von der Probesubstanz nimmt man z. B. eine 0,45 molare Lösung, vom Azobenzol wird eine Skala hergestellt, d. h. Lösungen von 0,1, 0,2, 0,3 usw. bis 0,7 Normalität. Der Versuch wird nun in der Weise durchgeführt, daß in der ersten Capillare die Probelösung mit der 0,1 n Lösung der Vergleichssubstanz, in der zweiten Capillare die Probelösung mit der 0,2 n Lösung usw. verglichen wird. Es wird sich zeigen, daß in der vierten Capillare die 0,4 n Lösung noch Lösungsmittel an die Probelösung abgibt, während die 0,5 n Lösung in der fünften Capillare Lösungsmittel aufnimmt. Für viele Zwecke wird diese Feststellung genügen. Evtl. sind die Versuche mit der Reihe 0,42, 0,44, 0,46, 0,48 fortzusetzen.

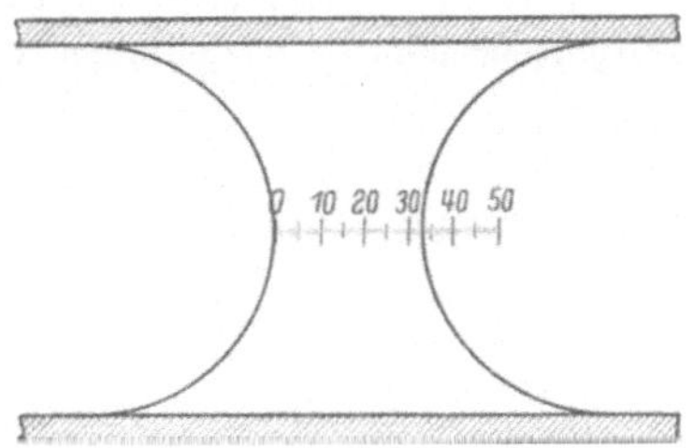

Abb. 72. Zu BARGERS Molekulargewichtsbestimmung.

Wegen ihrer großen Genauigkeit, und — wie bereits BARGER hervorhebt — Unabhängigkeit von den besonderen Eigenschaften des Lösungsmittels, eignet sich die beschriebene Methode hervorragend zur Untersuchung von Assoziationen.

64. Übung. Molekulargewichtsbestimmung nach K. RAST.

RAST hat im *Campher* ein Lösungsmittel gefunden, das sich durch eine so hohe Depression auszeichnet, daß es die Möglichkeit eröffnet, statt des BECKMANN-Thermometers ein gewöhnliches, in ganze Grade geteiltes Thermometer zu benutzen und die Messung im gewöhnlichen *Schmelzpunktsapparat* vorzunehmen. Die Gefrierpunktsdepression des Camphers beträgt nämlich 40^0 für ein Mol im Kilogramm Lösungsmittel, d. h. für „eine Normalität", während die betreffenden Zahlen z. B. für Benzol 5^0, für Wasser nur $1{,}86^0$ sind. Auch besitzt der Campher ein hervorragendes Lösungsvermögen. Man bestimmt den Schmelzpunkt unter den üblichen Vorsichtsmaßregeln, auf die z. B. S. 31 hingewiesen worden ist. Das Verfahren wurde von A. SOLTYS[1] abgeändert; man kann dann mit *Bruchteilen* von Milligrammen arbeiten.

Erstes Verfahren nach RAST: „Man schmilzt einige Milligramme Substanz mit der 10—20fachen Menge Campher in einem sehr kleinen, mit Bichromat und Schwefelsäure gereinigten Proberöhrchen zusammen, nimmt von dem erstarrten Schmelzkuchen etwas mittels eines Mikrospatels[2] heraus und bestimmt davon den Schmelzpunkt.

Das Proberöhrchen wird auf der Waage in die Bohrung eines Korkes gesetzt. Nach dem Einwägen der Substanzen wird es durch einen Kork verschlossen, in den eine zugespitze Stricknadel gesteckt ist. Durch Eintauchen in ein kleines Bad aus heißer Schwefelsäure oder Paraffin wird der Inhalt geschmolzen und gemischt. Dies dauert nur einige Sekunden. Die hierbei oben ansublimierenden

[1] FR. PREGL: Die quantitative organische Mikroanalyse, 3. Aufl., Berlin: Julius Springer 1930, S. 240.

[2] Aus hartem Messingdraht durch Plattschlagen und Feilen leicht zu fertigen.

Spuren Campher wurden anfänglich nach ihrer Entfernung zurückgewogen; doch zeigte sich, daß sie niemals einen merkbaren Fehler verursachen. Die Masse wird nun herausgestochen, wobei die eigentümliche Weichheit des Camphers sehr zustatten kommt und auf ein Achatschälchen oder Uhrglas gegeben. Man drückt nun ein dünnwandiges Schmelzpunktsröhrchen gegen die Körner, schiebt diese dann mittels eines Glasstäbchens hinab und drückt sie zusammen. Das Röhrchen wird in die seitliche Öffnung eines Schmelzpunktsapparates eingeführt oder besser 2 cm über der Substanz capillar ausgezogen und mittels der etwa 15 cm langen Capillare mit Schwefelsäure an das Thermometer angeklebt.

Die Mischung beginnt schon weit unter dem Schmelzpunkt auszusehen wie tauendes Eis, um schließlich zu einer trüben Flüssigkeit zu werden, in der man mit Hilfe einer Lupe scharf ein zartes Krystallskelett sieht, das anfänglich die ganze Schmelze durchsetzt, bei langsamer Temperatursteigerung aber sich von oben her auflöst. Das Verschwinden der letzten Kryställchen am Boden bezeichnet den richtigen Schmelzpunkt."

Es ist nach Rast überflüssig, Korrekturen für den herausragenden Faden oder Normalthermometer anzuwenden, da es sich ja nur um Differenzbestimmungen handelt.

J. Houben, der die Anwendbarkeit des Verfahrens auf nicht zu leicht flüchtige Flüssigkeiten erwiesen hat, empfiehlt hingegen, Normalthermometer zu benutzen, da gewöhnliche Instrumente oft ungleiche Intervalle aufweisen.

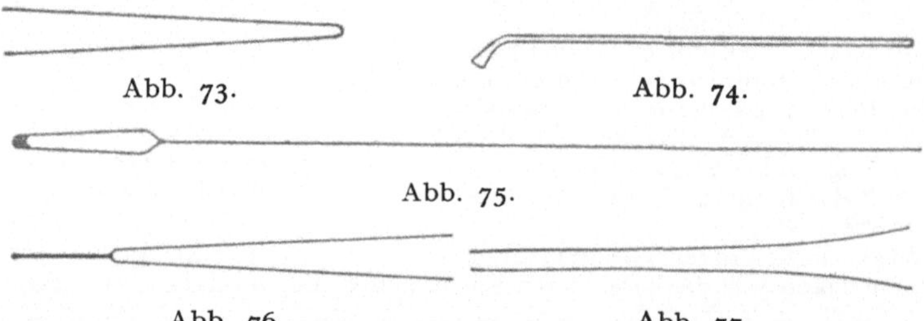

Abb. 73. Abb. 74.

Abb. 75.

Abb. 76. Abb. 77.

Abb. 73—77. Zur Molekulargewichtsbestimmung nach K. Rast.

Man arbeite einige Beispiele (Acetanilid, M.G.= 135, Pikrinsäure, M.G.= 229 etc.) durch; 2—3 mg genügen für eine Bestimmung.

Zweites Verfahren. Herstellung der Lösungen. „Es hat sich gezeigt, daß man die Capillaren ohne Gefahr für die Genauigkeit etwas weiter wählen darf als gewöhnlich, nämlich mit einem Lumen von 2—3 mm. Außerdem läßt man sie sich gegen das offene Ende konisch erweitern, so daß sie die Gestalt der Abb. 73 bekommen. Dagegen ist Dünnwandigkeit und abgerundete Bodenform nach wie vor unerläßlich. Zum Einfüllen dient ein Mikrospatel (Abb. 74).

Die Capillare wird senkrecht in die Bohrung eines Korkes (außerhalb der Mikrowaage) gesetzt. Die Substanz muß vom Spatel auf den Boden der Capillare frei fallen. Dann gibt man den Campher hinzu, schiebt die Körnchen desselben mittels eines nicht abgerundeten Glasstäbchens die Wandungen hinab und drückt sie auf dem Boden zusammen, was sich sehr reinlich ausführen läßt. Zwischendurch wird die Capillare jedesmal auf der Mikrowaage liegend gewogen. Zum Schlusse wird die Capillare zugeschmolzen und wie gewöhnlich zu einem Faden ausgezogen, der mit Schwefelsäure an das Thermometer angeklebt wird (Abb. 75). Durch Schmelzen und Wiedererstarrenlassen wird der Inhalt gemischt.

Zum Anfassen bei der Wägung dient die Holtzsche Pinzette[1] oder auch ein kurzes Glasstäbchen, das am Boden angeschmolzen ist und mit den Fingerspitzen gefaßt werden darf (Abb. 76). Die hier gezeichneten Glasformen lassen sich unschwer durch Ausziehen eines Reagensglases über der Schnittbrenner-Flamme und Abschneiden mittels eines scharfen Glasmessers erhalten; sie sind selbstverständlich peinlich vor Staub geschützt aufzubewahren. Auch ein Einfülltrichterchen der Abb. 77 leistet ab und zu gute Dienste.

[1] Zu beziehen von Bender u. Hobein, München.

Eine leichte wulstige Verdickung des Bodens der Capillare läßt sich meist nicht vermeiden und schadet auch nichts.

Die Höhe des Schmelzguts in der Capillare darf nicht 2 mm überschreiten; 3 mm Höhe bergen schon die Gefahr eines Fehlers in sich. Man nehme daher so wenig Substanz, als man überhaupt einzufüllen imstande ist ($^1/_3$—$^1/_5$ mg) und in der Regel 2—3 mg Campher."

Als Übungsmaterial empfiehlt RAST Naphthalin, Sulfonal, Acetanilid. Man findet z. B. Molekulargewichte von 126 (statt 128), 225 (228), 142 (135).

Quantitative Übungen.

65. Übung. Prüfung von Waage und Gewichten.

Man verfährt, wie S. 48f. ausgeführt. Insbesondere ist der Einfluß der Umgebung der Waage zu prüfen, z. B. die Ruhelage wiederholt festzustellen, wenn die Heizung funktioniert, wenn Sonne in das Zimmer scheint, Personen im Zimmer vorübergehen oder wenn Maschinen im Hause laufen und Lastwagen auf der Straße fahren. Da diese Einflüsse, die in der Regel nicht stören, doch, wenn sie vorhanden sind, von Institut zu Institut wechseln, werden sie jedesmal besonders festgestellt werden müssen.

Die Eichung des Einzentigrammstücks und der beiden Zweizentigrammgewichte geschieht so, daß man ihr Gewicht auf das des Reiters (den man als richtig annimmt) bezieht. Man bringt also diesen zuerst auf die Kerbe „0", rektifiziert die Ruhelage, bringt dann das Einzentigrammstück auf die linke Schale und den Reiter auf den Strich „10", ermittelt das Verhältnis durch wiederholte Ablesungen und verfährt analog bei den anderen oben erwähnten Gewichtsstücken. Die Resultate werden, wenn nötig, in einer Tabelle zusammengestellt.

Rückstandsbestimmungen.

66. Übung. Chlorbarium.

a) Herstellung eines DONAUschen Schälchens nach S. 69. Natürlich entfällt das Durchlöchern der Folie und die Anfertigung eines Filterbodens. Wohl aber ist es angebracht, gleichfalls aus einem Stückchen Folie ein Deckelchen herzustellen.

b) *Rückstandsbestimmung.* In dem bedeckten Schälchen werden 5—10 mg gepulvertes Salz (aus unter dem Mikroskop ausgesuchten Krystallen) abgewogen und auf einer passenden Unterlage (S. 59) zu schwacher Rotglut erhitzt. Das Schälchen wird 2 Minuten lang auf einer metallenen Unterlage (kleiner Block aus Kupfer oder Aluminium) im Exsiccator abkühlen gelassen, dann eine Minute lang neben die Waagschale gestellt, endlich gewogen. Wassergehalt 14,7%[1]. Für derartige Bestimmungen ist die Nernstwaage sehr bequem. Vgl. S. 56.

Statt des Schälchens aus Folie kann auch ein kleiner Tiegel mit Deckel benutzt werden, natürlich ist die notwendige längere Abkühlungszeit einzuhalten.

[1] Wegen des schwankenden Wassergehalts vgl. HÜTTIG u. SLONIN: Z. anorg. Chem. **181**, 69 (1929).

67. Übung. Bestimmung von Kalium als Sulfat.

Man wägt 5—10 mg reinen *Weinstein* im Mikroplatintiegel ab und führt die Probe nach S. 61 in das Sulfat über. Die Behandlung des Kaliumsulfats mit Ammoncarbonat (oder das Räuchern mit NH_3) ist zu wiederholen, bis man konstantes Gewicht feststellt. Um das lästige Emporsteigen des Sulfats wenigstens teilweise zu verhindern, kann man in den Tiegel ein (natürlich mittariertes) Stückchen Platindrahtnetz oder dergleichen einbringen. Aus dem angedeuteten Grunde ist das DONAUsche Schälchen in diesem Fall nicht so gut anwendbar. Evtl. ist der Versuch in der PREGLschen Mikromuffel Abb. 48, S. 61 auszuführen. Kaliumgehalt 20,8%.

68. Übung. Platinbestimmung in einem Chloroplatinat.

Man überzeugt sich zunächst durch einen qualitativen Versuch davon, daß die Zersetzung beim Erhitzen nicht stürmisch vor sich geht. In dieser Hinsicht ist z. B. die Chinolinverbindung ein angenehmes, die Äthylaminverbindung ein unangenehmes Präparat. Man kann aber auch bei letzterem gute Resultate erzielen, wenn man es in ein bedecktes DONAUsches Schälchen bringt und dieses in einem kleinen Porzellantiegel *ganz allmählich* erhitzt. Platingehalt 39,0%. — Bei Mangel an Material empfiehlt sich die Darstellung des Chloroplatinats im Porzellantiegelchen und das Absaugen mittels des Stäbchens S. 62. Das Präparat braucht dann nicht in ein anderes Gefäß überführt zu werden.

Fällungsanalysen.

Die folgende Zusammenstellung enthält Übungsbeispiele, die gelegentlich der von Herrn Dr. BENEDETTI-PICHLER abgehaltenen Kurse oft durchgeführt und wesentlich von ihm und Dr. H. ALBER zusammengestellt worden sind. Einwaage, wo nicht näheres angegeben ist, 5—10 mg. Die Bestimmungen werden ausgeführt:

a) im Glasbecher mit Asbestfilterstäbchen, Übungen 69, 70 71, 72 (Calcium), 73 (Silber);

b) im Porzellantiegel mit Quarzglasfilterstäbchen mit Asbestfüllung, Übung 72 (Magnesium);

c) im Porzellantiegel mit Porzellanfilterstäbchen, Übung 73 (Kupfer).

69. Übung. Bestimmung von Aluminium als Oxychinolinverbindung[1].

1—6 mg Kaliumalaun (entsprechend *0,1—0,6 mg Aluminiumoxyd*) werden in den Mikrobecher eingewogen, in etwa 1 cm^3 Wasser gelöst, mit einem Tropfen konz. Salzsäure und 0,3 cm^3 „Oxinreagens" versetzt. Dann wird auf dem siedenden Wasserbad mit 2 n-Ammonacetat erst tropfenweise bis zur ersten bleibenden Trübung und nach einer Minute Wartezeit, innerhalb welcher die Trübung krystallinisch zu werden pflegt, tropfenweise mit noch 0,5 cm^3 der Acetatlösung versetzt. Alle Volumangaben sind der Anwesenheit von 1 mg Aluminiumoxyd angepaßt; ist mehr Aluminium zugegen, so müssen die Lösungsmengen sinngemäß ver-

[1] BENEDETTI-PICHLER: Mikrochem., PREGL-Band S. 9 (1929).

größert werden. — Nach beendeter Fällung läßt man noch 10 Minuten auf dem siedenden Wasserbade stehen. Dann wird die über dem nun grobkrystallin gewordenen Niederschlag stehende Lösung heiß durch das Filterstäbchen abgezogen und der Niederschlag möglichst trocken gesaugt. Gewaschen wird vier- bis fünfmal mit je etwa 0,25—0,5 cm^3 heißen Wassers. Die Asbestfilterstäbchen eignen sich für die Behandlung des Niederschlags sehr gut. Das Filtrieren und Auswaschen ist leicht in 5 Minuten zu erledigen. Hernach wird in der S. 66 beschriebenen Trockenvorrichtung unter Durchsaugen von Luft 5 Minuten auf 140° C erhitzt. Hierauf können Becher und Stäbchen in der üblichen Weise für die Wägung vorbereitet werden. *Die Trocknungsdauer wird durch das Arbeiten mit kleinen Mengen um wenigstens 3 Stunden verkürzt.*

Das „Oxinreagens" wird bereitet, indem man 5 g 8-Oxychinolin (KAHLBAUM) mit 12 g Eisessig verreibt, 83 g Wasser hinzufügt und nötigenfalls gelinde erwärmt.

Theorie: 10,77 % Al_2O_3.
Absoluter Fehler meist unter 0,05 % Al_2O_3.

70. Übung. Nickelbestimmung als Glyoximverbindung.

Nickelammonsulfat wird in etwa 2—3 cm^3 Wasser unter Zusatz von einem Tropfen konz. Salzsäure gelöst und entsprechend der Menge des Nickels 0,25—0,50 cm^3 1 %ige alkoholische Dimethylglyoximlösung zugesetzt, so daß man mit einem Überschuß des Reagens rechnen kann. Hierauf erwärmt man vorsichtig auf dem Wasserbade (wegen des Alkohols!) und fällt tropfenweise mit verdünntem Ammoniak. Die Lösung soll nur schwach ammoniakalisch werden; da die Geruchsprobe manchen Analytikern bei Gegenwart von Alkohol Schwierigkeiten bereitet, ist es besser, vor der Fällung etwas alkoholisches Methylrot zuzusetzen. Nach beendeter Fällung wird 15 Minuten abkühlen gelassen, hierauf filtriert und vier- bis fünfmal mit heißem Wasser gewaschen, evtl. einmal mit 40 %igem Alkohol, um das Klettern des Niederschlages zu verhindern. Schließlich wird 10 Minuten bei 110° unter Luftdurchsaugen getrocknet. Die Bestimmung kann auch im SCHWARZ-BERGKAMPFschen Filterbecher ausgeführt werden[1], der einen Filterboden aus Glasfritte besitzt.

Theorie: 14,88 % Ni im $Ni(NH_4SO_4)_2 \cdot 6H_2O$.
Absoluter Fehler meist weniger als 0,1 % Ni.

71. Übung. Kaliumbestimmung als K_2PtCl_6[2].

a) Einwage: 1—3 mg KCl (Merck p. A., zweimal umkrystallisiert). Die Substanz wird mit 0,3—0,4 cm^3 Wasser im Becher gelöst und mit H_2PtCl_6[3] in geringem Überschusse versetzt. Auf dem

---

[1] Z. anal. Chem. 69, 336 (1926).

[2] Wir führen aus der großen Zahl von Bestimmungen einige Beispiele an, um den Einwänden von LUNDEGÅRDH gegen diese Methode zu begegnen. Vgl. Fußnote 3, S. 47. Die Versuche sind von Dr. H. ALBER ausgeführt worden.

[3] Hergestellt nach TREADWELL: Analytische Chemie 1, 14. Aufl. S. 279. Das Reagens ist in Quarzgefäßen aufzubewahren.

Wasserbade wird unter Luftaufblasen nicht zu schnell zur Trockene eingedampft, mit 0,25—0,50 cm^3 absoluten Alkohols versetzt und durch das Asbestfilterstäbchen abgesaugt; man wäscht zwei- bis dreimal mit absolutem Alkohol und erhitzt durch 5 Minuten im Trockenblock S. 66 unter Luftdurchsaugen auf 150—160°. Man berechnet das K mittels des bekannten empirischen Faktors 0,1603[1].

Theorie: 52,5% K; gefunden: 52,7%, 52,3%, 52,5% und 52,6% K.

b) Bei Anwesenheit von Natrium[2] wird die Summe der Chloride durch zwei- bis dreimaliges Eindampfen mit (rückstandsfreier) HCl und Trocknen bei 400° bestimmt; die Fällung des Kaliums wird wie oben vorgenommen, doch ist natürlich für entsprechenden Überschuß von H_2PtCl_6 zu sorgen. Nach dem Zusatz des absoluten Alkohols wird der Krystallbrei mit dem Filterstäbchen gut zerdrückt und so lange gewaschen, bis das Filtrat farblos ist. Die Kaliumwerte fallen meistens (um etwa 0,6% relativ) zu hoch aus.

Einwage: 2,206 mg KCl, dazu ca. 2 mg NaCl; gefunden im KCl: 52,7% K.

72. Übung. Trennung von Calcium und Magnesium.

Calciumcarbonat und Magnesiumoxyd (oder eine Lösung von Magnesiumchlorid) werden eingewogen und im Mikrobecher mit 1 cm^3 Wasser überschichtet. Man setzt fünf Tropfen konz. Salzsäure zu; Verluste infolge Gasentwicklung werden vermieden, indem man den Becher *schräg* hält. Nun erhitzt man vorsichtig über der Mikroflamme des Bunsenbrenners, bis die gelöste Kohlensäure (und evtl. Chlorspuren aus der Salzsäure) ausgetrieben ist. Nach dem Zusatz von 0,5 cm^3 3%iger Oxalsäure und von einem Tropfen alkoholischen Methylrots wird tropfenweise verdünntes Ammoniak zugegeben, bis die erste Trübung erscheint; sie wird durch Erhitzen oder auch Zusatz von Salzsäure zum Verschwinden gebracht. Hierauf fällt man in der Siedehitze mit 2%igem Ammoniak, welches tropfenweise unter ständigem Umschwenken zugesetzt wird, bis der Indikator umschlägt. Nach einstündigem Stehen (unter einer Glasglocke) wird durch das Asbestfilterstäbchen filtriert, vier- bis fünfmal mit je einem ½ cm^3 kalten Wassers gewaschen, 10 Minuten unter Luftdurchsaugen bei 105° C (Maximaltemperatur) getrocknet und als $CaC_2O_4 \cdot H_2O$ gewogen.

Das Filtrat von der Calciumfällung[3] wird in einem Porzellantiegel von 12—14 cm^3 Volumen aufgefangen, der zusammen mit dem Quarzglas-Asbestfilterstäbchen gewogen wurde; man dampft wenn nötig auf 2—3 cm^3 ein, versetzt mit drei Tropfen konz. Salzsäure und 1 cm^3 5%iger Natriumphosphatlösung und erhitzt auf dem Asbestdrahtnetz zum Sieden. Nun folgt Zusatz von

[1] Küster-Thiel: Tabellen S. 49 (1929).

[2] Vgl. Treadwell: Analytische Chemie 2, 5. Aufl., S. 38 (1911).

[3] Für Magnesiumbestimmungen allein verwendet man Bittersalz als Einwage, welches am besten jedesmal frisch umkrystallisiert wird.

10%igem Ammoniak, erst tropfenweise bis zum Umschlag des Indicators nach gelb, dann rasch soviel, daß eine ungefähr 3%ige ammoniakalische Lösung entsteht. Nach zwölfstündigem Stehen, z. B. unter einem Glassturz, wird mittels des Stäbchens abgezogen und fünfmal mit je 0,5 cm³ 3%igem Ammoniak gewaschen; man wischt den Tiegel mit einem nichtfasernden Tuch äußerlich ab, trocknet 5 Minuten bei 120° im Trockenschrank und glüht schließlich im elektrischen Tiegelofen, indem man die Temperatur innerhalb 20 Minuten auf ca. 1000° steigert. Eine geringe Graufärbung des Pyrophosphates beeinflußt das Resultat nicht merklich.

Über eine etwa notwendige doppelte Fällung des Oxalates und einige weitere Einzelheiten vgl. das Original[1].

73. Übung. Trennung von Silber und Kupfer[2].

In einem mit dem Asbestfilterstäbchen austarierten Mikrobecher wird Silberacetat und Kupfersulfat eingewogen und auf dem Wasserbad in etwa 1 cm³ Wasser und einem Tropfen verdünnter Salpetersäure (1.4) gelöst. Das Silber wird mit 5%iger Natriumchloridlösung gefällt, welche man so lange zusetzt, bis der letzte Tropfen keine Fällung mehr hervorruft. Man läßt 15 Minuten auf dem Wasserbad stehen, kühlt unter der Wasserleitung ab und filtriert nach weiterem, 15 Minuten währendem Stehen. Viermal Waschen mit kaltem Wasser oder 1%iger Salpetersäure genügt; das Chlorsilber wird 5 Minuten unter Luftdurchsaugen im Benedetti-Pichlerschen Apparat (S. 66) bei 120° getrocknet.

Das Filtrat wird in einem 12—14 cm³ fassenden Porzellantiegel aufgefangen, der mit einem Porzellanfilterstäbchen gewogen worden ist. Man verdünnt, wenn nötig, mit Wasser, bis der Tiegel zu etwa ²/₃ mit Flüssigkeit angefüllt ist. Hierauf erhitzt man zum Kochen, indem man den Tiegel auf ein Asbestdrahtnetz setzt und mittels der Mikroflamme des Bunsenbrenners heizt. Die Fällung wird in der Siedehitze mit 1%iger Kalilauge vorgenommen, die tropfenweise zugesetzt wird, bis sich der Niederschlag dunkel färbt und ballt; man erhitzt durch weitere 3 Minuten, läßt 1 Minute absitzen und zieht die überstehende Flüssigkeit durch das Porzellanfilterstäbchen ab. Es wird viermal mit heißem Wasser gewaschen und zwar derart, daß man die Fällung immer absitzen läßt und die überstehende Flüssigkeit durch das Stäbchen abhebert. Erst beim letztenmal wird der Niederschlag auf das Stäbchen selbst gebracht.

(Kommt das Kupferhydroxyd vor beendetem Auswaschen auf das Filter, so tritt leicht Verstopfung ein und man muß das Auswaschen vorzeitig abbrechen. Dies schadet jedoch nicht; man trocknet dann den Tiegel samt Stäbchen, glüht und kann nach dem Erkalten ohne Schwierigkeiten mit heißem Wasser zu Ende waschen). Man reinigt den Tiegel äußerlich durch Abwischen mit einem Tuch, trocknet bei 120° durch 5 Minuten und glüht im elektrischen Heraeus-Tiegelofen 10 Minuten bei 900°.

[1] Benedetti-Pichler: Z. anal. Chem. 64, 420 (1924).
[2] Benedetti-Pichler: Z. anal. Chem. 64, 418 (1924).

74. Übung. Messung kleiner Magnesiummengen nach F. L. HAHN[1].

1. *Prinzip.* Die rotviolette, alkalische Lösung des 1, 2, 5, 8-Tetra-oxy-anthrachinons (Chinalizarins) wird durch Magnesium-Ion nach Kornblumenblau umgefärbt. Es können 0,5—1 γ in 1 cm^3 sicher erkannt werden. Der Farbton der magnesiumhaltigen Lösung setzt sich aus dem Rotviolett der alkalischen Farbstofflösung und dem Blau des Magnesium-Farblacks zusammen. Der Farblack flockt bei größeren Konzentrationen aus; die magnesiumfreie, natronalkalische Lösung ist nicht unverändert haltbar. Man muß deshalb die zu messende Lösung („Probe") und Maßlösungen bekannten Magnesiumgehalts gleichzeitig mit Farbstoff und Natronlauge versetzen und nun die Probe in die Reihe der Maßlösungen einordnen.

Die zu prüfenden Lösungen werden in Reagensgläsern gegen einen gleichmäßig beleuchteten, am besten mit Aluminiumbronze bestrichenem Hintergrund verglichen; auch kann z. B. ein Colorimeterblock benutzt werden, wie er zur p_H-Bestimmung nach MICHAELIS dient. Die Vorschaltung einer Gelbscheibe kann zweckmäßig sein.

Für Gehalte von 0,5—10 γ/cm^3 benutzt man für 1,5 cm^3 Analysenlösung 0,5 cm^3 2 n-NaOH und 0,2 cm^3 Farbstofflösung, letztere enthält 0,1 g Farbstoff, die mit 5 g krystallisiertem Natriumacetat innig verrieben werden; von diesem Gemisch löst man 0,1 g in 20 cm^3 96%igen Alkohols. Diese Lösung ist lange haltbar.

Das Gebiet stärkster Farbänderung liegt zwischen 5 und 12 γ Magnesium in der ganzen Probe (3—8 γ/cm^3); in diesem Gebiete können um je 1 γ steigende Stufen leicht unterschieden werden. Die Prüfung wird aber wesentlich erleichtert, wenn man die Maßlösungen um den doppelten Betrag, also um 2 γ, auseinanderhält und nun die Probe entweder einer der Maßlösungen gleichsetzt oder sie als gerade zwischen zwei Maßlösungen liegend anspricht. Diese Entscheidung läßt sich fast immer mit Sicherheit auf den ersten Blick treffen. Fühlt man sich unsicher, so sehe man von den Proben fort, um das Auge ausruhen zu lassen und dann von neuem hin.

2. F. L. HAHN empfiehlt folgende *Arbeitsweise:* Von einer Stammlösung, die 10 γ Magnesium in 1 cm^3 enthält, mißt man 0,6, 0,8 und 1 cm^3 ab und bringt die Mengen mit destilliertem Wasser auf 1,5 cm^3. Von der Probe mißt man, wenn sie völlig unbekannt ist, zunächst 0,1, 0,2, 0,4, 0,8 und 1,5 cm^3 ab, bringt alle diese Proben mit destilliertem Wasser auf 1,5 cm^3, gibt erst in alle Röhren Farbstoff und dann Natronlauge und vergleicht. Man erhält so die erste Schätzung für Gehalte zwischen 4 und 100 γ Magnesium je cm^3. Nun mißt man einige Proben ab, die nach dieser Schätzung ziemlich gleichmäßig verteilt über das Gebiet von 6—10 γ Magnesium liegen, vergleicht diese mit neuen Maßlösungen, wiederholt das, wenn größere Genauigkeit verlangt wird, mit weiteren Proben und bildet aus allen Werten das Mittel. HAHN findet nach diesem Verfahren z. B. 5,7, 5,9 und 6,0 γ anstatt 5,8 γ.

Soll Magnesium in der Legierung mit Aluminium bestimmt werden, so darf sie nicht mehr als 2,5 Teile Al auf 1 Teil Mg enthalten. Bei ungünstigerem Verhältnis wird *Salzsäuregas* in die wäßrige, eisgekühlte Lösung eingeleitet, wodurch ein Niederschlag von $AlCl_3 \cdot 6\,H_2O$ ausfällt, den man mittels einer trockenen Glasnutsche absaugt. Von dem Filtrat werden die erforderlichen Mengen mittels eines Stechhebers entnommen und auf dem Wasserbad zur Trockene gebracht, dann zu 100 cm^3 gelöst und wie oben beschrieben verarbeitet. Statt mit Salzsäuregas allein kann auch mit Äther + Salzsäuregas gearbeitet werden, wobei z. B. 20 cm^3 der ersten Lösung mit 20 cm^3 Äther in einem 50 cm^3 Meßkolben unter Eiskühlung behandelt werden. Das Gas ist in lebhaftem Strom mittels eines engen Rohrs in die wässerige Schichte einzuleiten. Nach der Sättigung füllt man mit Äther auf, saugt bei schwachem Minderdruck ab, entnimmt dem Filtrat zwei Füllungen des Stechhebers, verdunstet diese und verfährt wir früher.

HAHN hat auch ein Verfahren für allerkleinste Mg-Mengen (bis etwa 0,001 γ) ausgearbeitet, worüber im Original nachgelesen werden kann.

---

[1] Mikrochem., PREGL-Band 127 (1929); s. a. Ber. dtsch. chem. Ges. 57, 1394 (1924).

75. Übung. Elektrolytische Kupferbestimmung nach PREGL.

Von den zahlreichen elektrolytischen Mikromethoden[1] haben Verfahren zur Bestimmung des *Kupfers* am meisten Anklang gefunden, wir begnügen uns deshalb mit der Beschreibung des von PREGL vorgeschlagenen Apparats[2]. Vorausgeschickt sei, daß PREGL die *Flüssigkeit* nicht mechanisch rührt, sondern während der Elektrolyse in gelindem Sieden erhält. Die Unterbrechung des Stromes darf erst nach erfolgter Abkühlung eintreten.

„Der wichtigste Teil der für die Ausführung des Verfahrens notwendigen Erfordernisse[3] sind wohl die beiden Elektroden. Als Kathode dient eine zylindrisch gestaltete Netzelektrode (Abb. 78 K) aus Platin mit einem Durchmesser von 10 mm und einer Höhe von 30 mm. An diese ist der Länge nach, wie aus der Abbildung hervorgeht, ein stärkerer Platindraht angeschweißt, der über ihr (der Elektrode) oberes Ende 100 mm vorragt. Um zu vermeiden, daß die Elektrode beim Herausziehen aus dem Elektrolysengefäß die Wand berührt, sind an ihrer oberen und unteren Kreisperipherie je drei Glastropfen von 1,5 mm Durchmesser angeschmolzen. Es ist bemerkenswert, daß sich für diesen Zweck sogenanntes Schmelzglas nicht geeignet gezeigt hat, weil dasselbe auch in diesen kleinen Quantitäten durch das Kochen während der Elektrolyse merklich in Lösung geht und fälschliche Gewichtsabnahmen verursacht. Als Anode (Abb. 78 A) dient ein Platindraht von 130 mm Länge, der der Zeichnung entsprechend abgebogen ist und an zwei Stellen übereinander zwei Y-förmig gestaltete Glasausläufer angeschmolzen trägt, um der Anode eine bestimmte axiale Lage innerhalb der Kathode vorzuschreiben und zu vermeiden, daß sie die Kathode beim Herausziehen berührt . . . . . Das Elektrolysengefäß besteht aus einem einfachen Reagensrohr von 16 mm äußerem Durchmesser und einer Länge von 105 mm, welches zweckmäßigerweise in einer aus der Zeichnung ersichtlichen Haltevorrichtung eingespannt wird. Dort kann das Elektrolysengefäß bequem in der Höhe und nach der Seite hin verstellt werden und die umgebogenen Elektrodenenden zum Eintauchen in die beiden Quecksilbernäpfchen gebracht werden, von denen aus die Stromzuleitung erfolgt.

Es hat sich schon bei den ersten Versuchen gezeigt, daß geringe Verluste durch Verspritzen oder auch nur Haftenbleiben von Flüssigkeitströpfchen an der Wand des leeren Teiles des Elektrolysengefäßes verursacht werden. Diesem Übelstand kann sehr leicht dadurch gesteuert werden, daß in die Öffnung des Elektrolysengefäßes ein lose schließender, in das Innere mit seinem seitwärts gewendeten Schnabel an der Wand desselben sich stützender Innenkühler (Abb. 78 I) aufgesetzt wird. Er wird aus einem gewöhnlichen Reagensglas durch Aufblasen einer Kugel in seiner Mitte und Ausziehen des geschlossenen Endes zu einem etwa 50 mm langen Schnabel, entsprechend der Zeichnung, angefertigt und kommt mit Wasser gefüllt nach vorheriger Entfettung seiner äußeren Oberfläche mit Chromschwefelsäure in geschilderter Weise in Verwendung.

Als Stromquelle verwendet man am besten zwei Akkumulatoren, in deren Strom, wie aus der Stromleitungsskizze hervorgeht, 1. ein Widerstand, 2. ein Stromwender und 3. ein Voltmeter eingeschaltet sind. Nachstehendes Schaltungsschema (Abb. 80) erhellt die Anordnung.

Die Ausführung der elektrolytischen Kupferbestimmung hat damit zu beginnen, daß man die Platinkathode, gleichgültig ob mit Kupfer beladen oder nicht, der Reihe nach in konz. Salpetersäure, dann in Wasser, dann in Alkohol und schließlich

---

[1] Literatur zum großen Teil zitiert in EMICH: Lehrbuch d. Mikrochemie, München 1926, S. 107. Es ist daraus ersichtlich, daß die erste Arbeit über Mikroelektrolyse schon im Jahre 1904 von JÄNECKE veröffentlicht worden ist, was nicht allgemein bekannt zu sein scheint.

[2] FR. PREGL: Die quantitative organische Mikroanalyse, 3. Aufl., Berlin: Julius Springer 1930, S. 185f.

[3] Bezugsquellen: Mechaniker A. Orthofer, Universität Graz, Wagner und Munz, München, Karlstr. 42.

in reinen Äther taucht und hoch über den Flammengasen des Bunsenbrenners trocknet. Die geringe Wärmekapazität des Platins einerseits, und das gute Wärmeleitungsvermögen andererseits, gestatten es schon nach kurzer Zeit, die Elektrode zu wägen. Zum Zwecke des Auskühlens hängt man sie an das an einem Glasstab angeschmolzene Platinhäkchen am Mikro-Elektrolysenapparat (Abb. 79 Pt). Die Kathode läßt sich bequem auf der linken Wagschale aufstellen, wo sie auf den drei unteren Glaströpfchen aufruht. Das Elektrolysengefäß sowie der Kühler werden mit Chromschwefelsäure gereinigt und mit Wasser abgespült. Beim Einfüllen der der Elektrolyse zu unterwerfenden Flüssigkeit in das Gefäß hat man darauf zu achten,

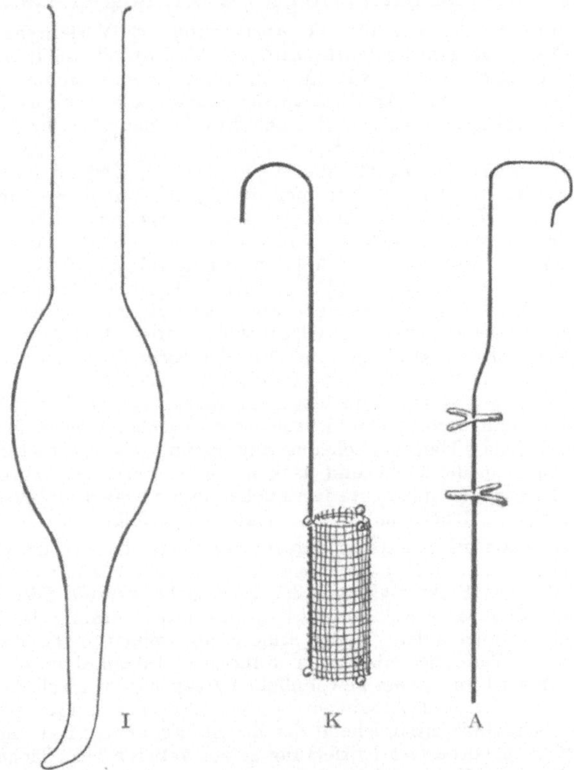

Abb. 78. Zur elektrolytischen Kupferbestimmung. (Natürliche Größe.) I Innenkühler. K Netzkathode. A Anode.

daß die Flüssigkeit nicht höher als etwa 35—40 mm vom Boden aus reicht. Nun führt man die gewogene Kathode, hierauf die Anode in das Gefäß ein und bringt ihre freien Enden in den entsprechenden Quecksilbernäpfchen zum Eintauchen. Endlich verschließt man die Öffnung des Elektrolysengefäßes mit dem mit kaltem Wasser gefüllten Kühler, wobei darauf zu achten ist, daß sein unterer Schnabel die Gefäßwand berührt, um so ein kontinuierliches Nachfließen der Flüssigkeit zu sichern. Nach erfolgtem Stromschluß bringt man durch Handhabung des Widerstandes die Spannung auf 2 Volt und beginnt mit der kleinen Mikroflamme von unten her zu heizen. Der an der axial stehenden Anode sich abscheidende Sauerstoff verhütet den Eintritt des Siedeverzuges, so daß die Flüssigkeit, ohne zu stoßen, in lebhaftes Wallen gerät. Es ist gut, ein passend durchlochtes Glimmerblatt über das Elektrolysengefäß bis zum Flüssigkeitsspiegel zu schieben, um Erhitzung der höher gelegenen Teile zu vermeiden.

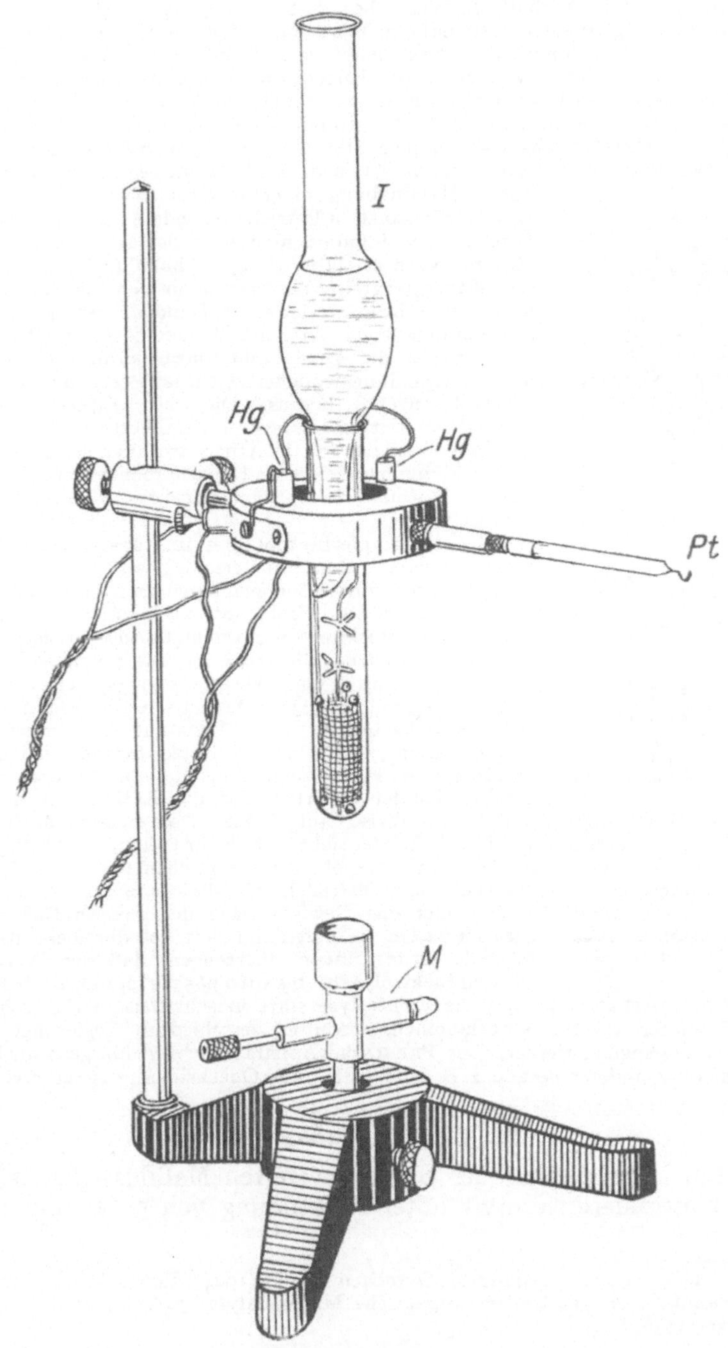

Abb. 79. Apparat zur Ausführung der elektrolytischen Kupferbestimmung. ($^1/_2$ natürlicher Größe.) I Innenkühler. Hg Quecksilbernäpfchen. Pt Platinhäkchen. M Mikrobrenner.

Ändert sich im Verlaufe des Versuches die Spannung, so bringt man sie durch Handhabung des Widerstandes auf den Wert von 2 Volt. In 10—20 Minuten kann man sicher sein, daß auch die letzten Kupferspuren auf die Elektrode aufgeladen sind. Man kann sich davon durch die Ferrocyankaliumprobe leicht überzeugen.

Um den Versuch zu Ende zu führen, taucht man das Elektrolysengefäß, während der Strom noch durch die Elektroden kreist, in ein mit kaltem Wasser gefülltes Becherglas, das nach einigen Minuten gegen ein zweites ausgetauscht wird. Der Mikro-Elektrolysenapparat ist in dieser Hinsicht sehr bequem, weil er durch Handhabung einer einzigen Klemmschraube gestattet, die ganze in Betrieb stehende Apparatur aus dem Bereiche der Flamme hinaus in das Kühlwasser zu befördern. Nach erfolgter völliger Abkühlung entfernt man den Kühler, ergreift, nachdem man sich die Hände sorgfältig gewaschen, mit der einen Hand die Anode, mit der anderen den Bügel der Kathode und zieht mit der einen Hand zuerst die Anode und sofort darauf die Kathode unter Vermeidung jeglicher seitlicher Berührung aus dem Elektrolysengefäß heraus. Die mit Kupfer beladene Kathode taucht man zuerst in destilliertes Wasser, dann in Alkohol, schließlich in Äther, trocknet sie hoch oben in den Flammengasen eines Bunsenbrenners und hängt sie an das Platinhäkchen. Nach erfolgter Abkühlung wägt man sie wieder.

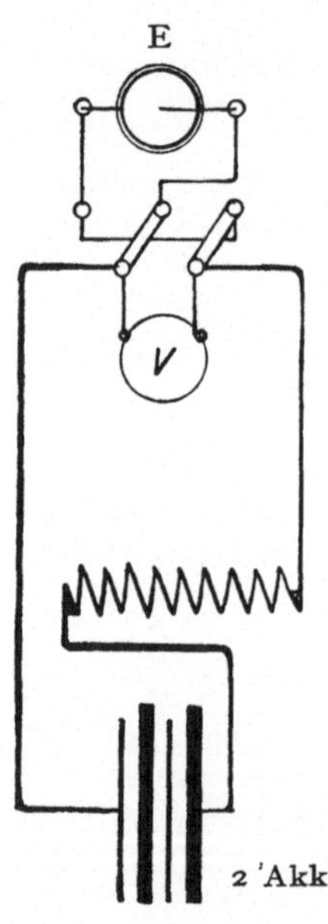

Abb. 80. Schaltungsschema zur elektrolytischen Kupferbestimmung, E Elektrolysengefäß. V Voltmeter. Akk. Akkumulatoren.

Bei der Kupferbestimmung in Konserven ist der so erhaltene erste Kupferniederschlag auf der Elektrode meistens noch durch Beimengungen anderer Metalle, insbesondere Eisen und Zink, aber auch durch anhängende Spuren von Kieselsäure verunreinigt. Aus diesem Grunde wird die gewogene Elektrode in das mittlerweile ausgespülte und mit 5 cm³ Wasser, dem ein Tropfen verdünnte Schwefelsäure zugesetzt ist, gefüllte Elektrolysengefäß zurückgebracht, durch Wendung des Stromes das Kupfer völlig gelöst, bis die Netzelektrode wieder ihre ursprüngliche Farbe zeigt und nun das in Lösung gebrachte Kupfer neuerlich auf die Kathode in der geschilderten Weise aufgeladen. Das sich nunmehr abscheidende Kupfer sieht nicht mehr trüb und mißfarbig aus, sondern scheidet sich in der typischen Farbe des Kupfers mit glänzender Oberfläche ab. Man findet in diesen Fällen auch immer das Gewicht nach der zweiten Elektrolyse geringer als bei der ersten und kann sich durch eine darauffolgende dritte davon überzeugen, daß der Wert der zweiten Elektrolyse oft bis auf 0,005 mg reproduzierbar ist."

BENEDETTI-PICHLER hat die Elektrolyse statt in schwefelsaurer in schwach salpetersaurer Lösung vorgenommen, wodurch verschiedene Legierungen der Analyse zugänglich werden. Der PREGLsche Apparat hat sich übrigens auch zur Abscheidung anderer Metalle, z. B. Gold, Silber und Quecksilber geeignet erwiesen[1].

76. Übung. Maßanalyse.

Man stelle die auf der S. 71 erwähnten Maßflüssigkeiten her und kontrolliere sie etwa unter Anwendung von 5—10 mg reiner Soda.

[1] S. Mikrochem. 1, 86 (1923); Mikrochem. 2, 157 (1924); PREGL-Band 46 (1929); FR. PREGL: Die quantitative organische Mikroanalyse, 3. Aufl., Berlin: Julius Springer 1930, S. 191.

Tüpfelanalyse.

Von Dr. FRITZ FEIGL, Privatdozent a. d. Universität Wien.

1. Allgemeines.

Als Tüpfelanalyse wird eine Arbeitstechnik der analytischen Chemie bezeichnet, welche den Nachweis bestimmter Stoffe durch die Vereinigung eines Tropfens der Probelösung oder tunlichst geringer Mengen fester Substanzen mit einem oder mehreren Tropfen einer Reagenslösung ermöglicht. Prinzipiell können bei hinlänglicher Konzentration der Reaktionsteilnehmer nahezu sämtliche analytisch verwertbare Umsetzungen statt in einem Proberöhrchen auch in Form von Tüpfel- oder Tropfenreaktionen ausgeführt und dabei ihr Eintritt beobachtet werden. Für die *praktische* Durchführung von Tüpfelnachweisen kommen jedoch nur solche chemischen Umsetzungen in Betracht, die gemäß ihrer Empfindlichkeit bereits bei Verwendung geringer Mengen der Reaktionsteilnehmer zustandekommen und auch die Auffindung bestimmter Stoffe neben großen Mengen anderer Stoffe ermöglichen. Tüpfelnachweise, denen empfindliche und spezifische Reaktionen zugrunde liegen, können dann nicht nur als Indentitätsreaktionen beispielsweise im Gange der normalen Analyse dienen, sondern erlauben mitunter auch die Lösung besonderer Aufgaben (Reinheitsprüfung usw.). Es führt aber auch die Verwendung von Reaktionen, die nicht ausgesprochen spezifisch sind, zum Ziele, wenn vorher eine Trennung von störenden Bestandteilen vorgenommen wurde; solche für Trennungszwecke erforderliche Maßnahmen (Fällung, Filtration und Reinigung kleiner Niederschlagsmengen) lassen sich wie in den vorhergehenden Kapiteln gezeigt wurde, auch unter Verwendung geringer Mengen an Untersuchungsmaterial bewerkstelligen.

Von mikrochemischer Bedeutung sind Tüpfelnachweise dann, wenn durch sie trotz der Verwendung von Makrotropfen einer Probelösung so kleine Substanzmengen erfaßt werden können, wie nach den Methoden der Krystallfällung, der Gespinstfaserfärbung usw. Solchen mikrochemisch verwertbaren Tüpfelnachweisen liegen daher durchwegs Reaktionen von großer Empfindlichkeit und kleiner Erfassungsgrenze zugrunde.

Tüpfelreaktionen können sowohl auf nicht porösen Unterlagen wie Porzellantüpfelplatten, Uhrgläsern und Mikroporzellantiegeln, als auch auf porösen Unterlagen wie Geweben oder Filtrierpapier durchgeführt werden. Bei der Ausführung von Tüpfelreaktionen auf Papier lassen sich mitunter bemerkenswerte Vorteile dadurch erzielen, daß capillare Eigenschaften des Papiers verwertet werden.

Die verschiedene Wanderungsgeschwindigkeit von Wasser und darin gelösten Stoffen in den Capillaren des Papiers bewirkt beim Aufbringen eines Tropfens einer wässerigen Lösung auf Filtrierpapier oft eine Anreicherung eines gelösten Anteiles in bestimmten Zonen, was für den Nachweis kleiner Stoffmengen von erheblichem Werte sein kann. Unter Vernachlässigung der Dicke erfolgen Umsetzungen auf Filtrierpapier gewissermaßen in der Ebene desselben, wobei die weiße Eigenfarbe des Papiers die Wahrnehmung kleiner Niederschlagsmengen bzw. farbiger Reaktionsprodukte wesentlich erleichtert. Werden Fällungsreaktionen auf Papier durchgeführt, dann kommt es zu einer Ausfällung im Papier und zu einer capillaren Weiterwanderung von nicht fällbaren Bestandteilen, demnach zu einer Art Filtration in der Ebene des Papiers, an die sich Tüpfelnachweise in so entstandenen Randzonen leicht anschließen lassen.

In zahlreichen Fällen bietet die Verwendung von mit geeigneten Reagenzien *imprägnierten Papieren* wesentliche Vorteile. Bringt man etwa auf ein solches einen Tropfen einer Salzlösung, welche mit dem Reagens einen unlöslichen Niederschlag liefert, so wird der reagierende Bestandteil in der Mitte des Tüpfelfleckes zurückgehalten, während andere Ionen weiterwandern und in konzentrischen Kreiszonen nachgewiesen werden können. Gelangt eine sehr verdünnte Lösung zur Verwendung, so erfolgt eine Fällung in der Regel nicht in der Mitte des Tüpfelfleckes, sondern es wandern die zunächst gebildeten, äußerst kleinen Teilchen eines Niederschlages in den Capillaren so lange nach außen, bis sie zu größeren Teilchen aggregiert, die Capillaren verstopfen und so das Weiterwandern der übrigen Teilchen verhindern. Es kommt dann zur Ausbildung von zuweilen sehr charakteristischen schmalen Ringzonen, in denen ein Reaktionsprodukt lokalisiert ist. Eine derartige Anreicherung kleiner Niederschlagsmengen auf einer kleinen Fläche begünstigt natürlich die Sichtbarkeit und erhöht dadurch die Empfindlichkeit von Nachweisen; sie hat bei Umsetzungen, die im Proberöhrchen durchgeführt werden, nicht ihresgleichen und ist der Grund dafür, daß die gleiche chemische Reaktion, in Form einer Tüpfelreaktion durchgeführt, trotz der Verwendung kleinerer Flüssigkeitsmengen empfindlicher sein kann und kleinere Substanzmengen erfassen läßt, als in Form eines Nachweises in einem Proberöhrchen.

Die Verwendung von Tüpfelplatten[1] ist dann von Vorteil, wenn Farbreaktionen durchgeführt werden, da auf dem weißen Hintergrund der Tüpfelplatte Färbungen und Farbänderungen leicht wahrnehmbar sind, zumal dann, wenn in nebeneinanderliegenden Vertiefungen der Tüpfelplatte der eigentliche Nachweis und eine Parallelprobe durchgeführt werden. Auch gestattet die Ausführung von Tüpfelreaktionen auf nicht porösen Unterlagen, zum Unterschied vom Filtrierpapier, die Verwendung beliebig

[1] Bezugsquelle: J. Pieniczka, Wien IX, Währingerstraße 3.

stark saurer oder alkalischer Probelösungen sowie das Aufbringen mehrerer Tropfen, welche auf Filtrierpapier eine zu große Ausbreitung des Tüpfelfleckes zur Folge hätten.

Als bestens geeignetes Papiermaterial kann das sogenannte Tupfpapier Nr. 601 von Schleicher & Schüll (Düren) empfohlen werden, welches die Fähigkeit besitzt, den darauf gebrachten Tropfen rasch aufzusaugen ohne demselben eine so große Ausbreitung wie auf weichem Papier zu ermöglichen. Für manche Reaktionen ist jedoch dieses Papier, da es noch kleine Mengen von Verunreinigungen (Eisen, Kalk, Magnesium, Phosphate, Kieselsäure) enthält, nicht verwendbar. In solchen Fällen sind quantitative Filter (Schleicher & Schüll Nr. 589) heranzuziehen, die nur einen sehr geringen Aschengehalt (vornehmlich Kieselsäure) besitzen.

Das Filtrierpapier kann in der üblichen Originalrundform bzw. Rechteckform oder in viereckigen Streifchen (2 × 2 cm) vorrätig gehalten werden; empfehlenswert ist die Aufbewahrung in sogenannten Petrischalen. Imprägnierte Filtrierpapiere sind zumeist durch Einlegen von Streifchen quantitativer Filter in hinreichend konzentrierte Reagenslösungen und hernachfolgendes Trocknen durch Aufhängen in einem geheizten Trockenraum selbst herzustellen. Zweckmäßig ist auch das Aufbringen von Reagenzien auf Papier durch Zerstäubung.

Die Entnahme und das Aufbringen bzw. das Zusammenbringen von Tropfen der Probe- und der Reagenslösung kann in einfacher Weise durch Abtropfen der betreffenden Lösung von Glasstäben (ca. 20 cm Länge und 3 mm Dicke) bewerkstelligt werden. Solche Tropfen besitzen durchschnittlich ein Volumen von 0,05 cm^3. Dünnere Glasstäbe (1 mm Dicke) gestatten die Entnahme kleinerer Flüssigkeitsmengen. Zweckmäßig sind Glaspipetten von etwa 20 cm Länge, die aus Glasröhren von 4 mm lichter Weite durch Ausziehen über der Flamme leicht herstellbar sind. Ganz kleine und stets gleichgroße Tröpfchen können aus Lösungen mittels Mikropipetten oder mittels Platindrahtösen entnommen und durch Abtropfen bzw. Abstreifen oder Abschleudern auf geeignete Unterlagen gebracht werden. Bei Anwendung von Platinösen kann durch Variation des Ösenumfanges und Eichung (durch Wägung eines abgeschleuderten Wassertropfens) eine annähernd genaue Berechnung der verwendeten Flüssigkeitsmenge ermöglicht werden; derartige Platinösen sind durch Eindrehen bzw. durch Verlötung verschieden dicker Platindrähte leicht herstellbar. Die Fixierung solcher Platindrähte, die übrigens auch für Aufschlußoperationen Verwendung finden, erfolgt in üblicher Weise durch Einschmelzen in Glasstäbe oder -röhren, welche mittels Kork- oder Kautschukstöpsel in Hartglaseprouvetten einsetzbar sind. Ein Vermerk über die Tropfengröße der jeweilig zu erfassenden Flüssigkeitsmenge ist zweckmäßig.

Glasstäbe und Pipetten sind stets in genügender Zahl (20 bis 30 Stück) vorrätig zu halten, ihre Aufbewahrung erfolgt am besten durch Einstellen (mit dem verjüngten Ende nach unten) in ca. 15 cm hohe Porzellanbecher, die 20—30 Stück aufnehmen.

Die Entnahme von Tropfen der Reagenslösungen kann fast stets aus den Tropfflaschen, noch besser aus Pipettenflaschen erfolgen; solche Flaschen besitzen den Vorteil, daß größere Mengen von Reagenslösungen in geeigneter Konzentration und staubdicht vorrätig gehalten werden können. Die Reagensflaschen mit einem Inhalt von etwa 50 cm^3, sowie Pulvergläser zur Aufnahme von festen Reagenzien, ferner Reagenspapiere sind in entsprechender Anzahl, evtl. auf Etagegestellen an Arbeitstischen leicht unterzubringen.

Ist bei Tüpfelreaktionen Erhitzung zur Herbeiführung vollständiger Umsetzungen erforderlich, so kann das Papier mit den aufgebrachten Tropfen über ein Mikroflämmchen gehalten werden; auch Auflage des Papiers auf den Glimmerrauchfang eines angezündeten Mikrobrenners ist vorteilhaft. Wo angängig wird man jedoch Tropfreaktionen, bei denen ein Erwärmen notwendig ist, in Mikroporzellantiegeln oder auf Uhrgläsern ausführen, die auf eine vorher erhitzte Asbestplatte oder ein ebensolches Drahtnetz gestellt werden oder man erwärmt unmittelbar über freier Flamme durch Auflage des Tiegels bzw. des Uhrglases auf ein Tondreieck. Zum Umrühren sind capillar ausgezogene Glasstäbe oder Platindrähte verwendbar.

Im nachfolgenden seien einige charakteristische Tüpfelreaktionen beschrieben [1].

2. Ausgewählte Beispiele.

77. Übung. Nachweis von Kupfer mit Rubeanwasserstoffsäure [2].

Eine alkoholische Lösung von Rubeanwasserstoffsäure (Diamid der Dithiooxalsäure), die in der sogenannten aci-Form

$$HN = \underset{\displaystyle |\atop SH}{C} - \underset{\displaystyle |\atop SH}{C} = NH$$

zur Salzbildung befähigt ist, erzeugt in ammoniakalischen oder schwach sauren Kupfersalzlösungen einen schwarzen Niederschlag von Kupferrubeanat.

Ein Tropfen der tunlichst neutralen Probelösung wird auf Filtrierpapier gebracht, über Ammoniak geräuchert und mit einem Tropfen der Reagenslösung angetüpfelt; je nach der Kupfermenge erscheint ein schwarzer Fleck, bzw. Rand.

Bemerkt sei, daß die geringen Spuren Kupfer in destilliertem Wasser unter den Versuchsbedingungen bereits eine Eigenreaktion geben. Für die sichere Erkennung sehr kleiner Kupfermengen ist deshalb die Anstellung eines Blindversuches mit destilliertem Wasser erforderlich.

Erfassungsgrenze: 0,006 γ Kupfer. (Bei Verwendung eines Mikrotröpfchens [0,015 cm^3].)

---

[1] Die „Mikrochemie" soll demnächst ein Sammelreferat über Tüpfelanalyse bringen, dem auch eine Farbentafel beigefügt werden wird.

[2] Pr. Ray: Z. anal. Ch. 79, 94 (1929); vgl. auch Pr. Ray und R. M. Ray, Journ. Indian Chem. Soc. 3, 118 (1926); Chem. Zbl. 2, 2158 (1926).

Grenzkonzentration: 1:2500000.
Reagenzien: 1. Ammoniak.
2. 1%ige alkoholische Lösung von Rubeanwasserstoff.

Handelt es sich um den Nachweis von Kupfer neben Kobalt- und Nickelsalzen, die mit Rubeanwasserstoffsäure gleichfalls unter Bildung braungelber bzw. violetter Verbindungen reagieren, so kann mit Vorteil von dem Umstand Gebrauch gemacht werden, daß beim Aufbringen eines Tropfens der Probelösung auf mit dem Reagens imprägniertem Papier eine capillare Trennung der verschiedenfarbigen Rubeanate erfolgt[1].

Bei Verwendung einer neutralen kupfer- und kobalthaltigen Probelösung bildet sich ein zentraler schwarzer bzw. dunkelbrauner Kreis von Kupferrubeanat, der von einem gelben konzentrischen Ring (Kobaltrubeanat) umgeben ist. Auf diese Weise sind noch 0,05 γ Kupfer neben der 20000fachen Menge Kobalt zu erkennen.

Soll Kupfer neben Nickel nachgewiesen werden, so ist die Probelösung zunächst mit Essigsäure anzusäuern und dann erst ein Tropfen auf das Reagenspapier zu bringen; es bildet sich nun in der Mitte des Tüpfelfleckes ein dunkler Kreis von Kupferrubeanat, während des Nickel-Ion weiterwandert und um den Zentralkreis einen violetten bis blauen Ring bildet, der bei längerem Stehen infolge Verdunstung der Essigsäure gegen die Mitte rückt.

Erfassungsgrenze: 0,05 γ Kupfer
Grenzkonzentration: 1:1000000
} neben der 20000fachen Menge Nickel.

Zu den vorstehenden Nachweisen sei bemerkt, daß die auf Kupfer zu prüfenden Kobalt- und Nickellösungen in bezug auf diese beiden Metalle nicht stärker als 2%ig sein sollen.

78. Übung. Nachweis von Wismut mit alkalischer Stannitlösung bei Gegenwart von Bleisalzen[2].

Bleisalze werden durch alkalische Stannitlösung bei Zimmertemperatur nur äußerst langsam reduziert; wird beispielsweise ein Tropfen einer 1%igen Bleiacetatlösung auf der Tüpfelplatte mit einem Tropfen Stannitlösung versetzt, so färbt er sich erst nach 3—10 Minuten durch Bleiabscheidung schwach braun.

Die für sich nur langsam verlaufende Reaktion

$$PbO_2H_2 + Na_2SnO_2 \rightleftarrows Pb + Na_2SnO_3 + H_2O$$

wird nun durch gleichzeitige Abscheidung von Wismut außerordentlich beschleunigt. Es wirken bereits so kleine Wismutmengen, die für sich allein durch Reduktion mittels alkalischer Stannitlösung nicht mehr erkennbar sind. Allem Anschein nach handelt es sich bei der durch Wismutspuren bewirkten Katalyse der Bleireduktion darum, daß das Wismut als Krystallisationskeim für das sich ausscheidende Blei fungiert. Dieser Umstand gestattet es, ganz kleine Wismutmengen durch die induzierte Reduktion des Bleis zu erkennen.

In der Gruppe der sauren Sulfide ist der Nachweis bei Abwesenheit von Silber, Kupfer und Quecksilber eindeutig; eine Störung durch die beiden letztgenannten Metalle läßt sich leicht beheben[2].

---

[1] F. Feigl und H. J. Kapulitzas: Mikrochem. 8, 239 (1930).

[2] F. Feigl und Krumholz: Ber. dtsch. chem. Ges. 62, 1138 (1929); vgl. F. Feigl: Qualitative Analyse mit Hilfe von Tüpfelreaktionen. Akad. Verl. Ges. Leipzig 1930.

Auf eine Tüpfelplatte bringt man einen Tropfen der tunlichst salzsauren Probelösung, einen Tropfen einer gesättigten Bleichloridlösung und zwei Tropfen Stannitlösung und verrührt. Bei Anwesenheit größerer Wismutmengen entsteht sofort ein Niederschlag von metallischem Blei. Kleinere Mengen rufen nach 1 bis 3 Minuten eine schwache Braunfärbung hervor, die sich allmählich verstärkt und schließlich zur völligen Ausfällung des Bleis führt. Da auch Bleisalze selbst, wenn auch langsam, reduziert werden, empfiehlt sich stets die Ausführung eines Blindversuches mit je einem Tropfen Salzsäure und Bleichloridlösung und zwei Tropfen Stannit.

Erfassungsgrenze: 0,01 γ Wismut.

Grenzkonzentration: 1:5000000.

Reagenzien: 1. Stannitlösung. Diese wird kurz vor Gebrauch durch Mischen gleicher Volumteile folgender Lösungen bereitet: a) 25%ige Natronlauge, b) Lösung von 5 g Zinnchlorür in 5 cm^3 konz. Salzsäure, mit Wasser auf 100 cm^3 verdünnt.

79. Übung. Nachweis von Nickel mit Dimethylglyoxim.

Der bekannte Nickelnachweis nach TSCHUGAEFF erfährt eine sehr bemerkenswerte Empfindlichkeitserhöhung, wenn er in Form einer Tüpfelreaktion durch Aufbringen eines Tropfens der Probelösung auf mit Dimethylglyoxim imprägniertem Filtrierpapier ausgeführt wird. Es lassen sich auf diese Weise an der Bildung eines rosa Ringes noch 0,015 γ Nickel in einem Tropfen erkennen, was einer Verdünnung 1:3330000 entspricht.

Nachweis von Nickelspuren in Kobaltsalzen[1].

Geringe Nickelmengen sind neben viel Kobalt mit Dimethylglyoxim deshalb nicht nachweisbar, weil Kobaltsalze unter den Fällungsbedingungen mit Dimethylglyoxim unter Bildung löslicher Kobaltdimethylglyoximverbindungen reagieren und demnach das Reagens verbrauchen; außerdem ist auch Nickeldimethylglyoxim in der Lösung der Kobaltverbindung merklich löslich. Nun bilden sowohl Nickel als Kobalt mit Kaliumcyanid lösliche Komplexverbindungen, die sich durch ihr Verhalten gegenüber Formaldehyd unterscheiden. Das komplexe Kobaltcyanid wird durch Formaldehyd nicht verändert, hingegen wird die Nickelverbindung unter Bildung von Cyanhydrin in Nickelcyanid übergeführt, welches sich mit Dimethylglyoxim zur bekannten roten Verbindung umsetzen kann. Auf diese Weise läßt sich die Beeinträchtigung des Nickelnachweises durch Kobaltsalze beheben.

Ein etwa linsengroßes Korn des zu prüfenden, wasserlöslichen Kobaltsalzes (etwa 0,05—0,06 g), sowie eine ebenso große Menge von nickelfreiem Kobaltsalz werden nebeneinander auf der Tüpfelplatte in ein bis zwei Tropfen Wasser gelöst und dann tropfenweise mit einer konz. Kaliumcyanidlösung unter Umrühren versetzt, bis der zunächst entstandene Niederschlag wieder in Lösung gebracht ist. Dann werden zur Überführung in $K_3[Co(CN)_6]$ ein bis zwei Tropfen Wasserstoffsuperoxyd zugesetzt und unter Umrühren stehen

[1] F. FEIGL: Mikrochem., EMICH-Band 128 (1930); daselbst auch Angabe der Darstellung von nickelfreien Kobaltsalzen.

gelassen, bis die Lösung hellgelb geworden ist, was bereits nach wenigen Minuten erfolgt. Nun wird eine Messerspitze festes Dimethylglyoxim und einige Tropfen Formaldehyd zugegeben und umgerührt. Bei Anwesenheit von Nickel färbt sich die Lösung orangerot, bzw. es fällt rotes Nickeldimethylglyoxim aus. Die mit dem nickelfreien Präparat angestellte Parallelprobe bleibt unverändert gelb und gestattet durch Vergleich sehr geringe durch Nickelspuren bedingte Farbunterschiede zu erkennen.

Reagenzien: 1. Gesättigte Kaliumcyanidlösung.
2. 3%ige Wasserstoffsuperoxydlösung.
3. Formaldehydlösung (40%).
4. Dimethylglyoxim (fest).

80. Übung. Nachweis von Chrom (bzw. Chromat) mit Diphenylkarbazid [1].

Chromate reagieren in saurer Lösung mit Diphenylkarbazid $OC\begin{matrix}\diagup NH-NHC_6H_5\\ \diagdown NH-NHC_6H_5\end{matrix}$ unter Bildung löslicher, violetter Verbindungen von noch unbekannter Zusammensetzung.

Da nun Chromisalze durch Oxydation sehr leicht in Chromate überführbar sind, so ermöglicht deren Reaktion mit Diphenylkarbazid einen empfindlichen Chromnachweis. Ein geeignetes Oxydationsmittel ist alkalisches Bromwasser (Hypobromit), das Chromisalze sehr schnell in Chromat überzuführen vermag, wonach das überschüssige Brom durch Zusatz von Phenol als Tribromphenol abgebunden und unschädlich gemacht werden kann[2].

Ein Tropfen der mineralsauren Probelösung wird auf der Tüpfelplatte mit einem Tropfen gesättigten Bromwassers und hierauf mit zwei bis drei Tropfen 2 n-Kalilauge versetzt; die Lösung muß gegen Lackmus deutlich alkalisch reagieren. Nach gründlicher Durchmischung werden ein Kryställchen Phenol, ein Tropfen Diphenylkarbazidlösung und dann 2 n-Schwefelsäure bis zum Verschwinden der durch das alkalische Diphenylkarbazid hervorgerufenen Rotfärbung tropfenweise zugesetzt. Bei Anwesenheit von Chromat bleibt eine blauviolette Färbung bestehen.

Erfassungsgrenze: 0,25 γ Chrom.
Grenzkonzentration: 1:200000.
Reagenzien: 1. Gesättigtes Bromwasser.
2. 2 n-Kalilauge.
3. Phenol (fest).
4. 1%ige alkoholische Diphenylkarbazidlösung.
5. 2 n-Schwefelsäure.

Noch kleinere Chrommengen lassen sich auf folgende Weise erkennen: Ein Tropfen der zu prüfenden Lösung wird in einem Mikroporzellantiegel zur Trockene eingedunstet und mit wenigen Milligrammen eines Gemenges gleicher Teile Natriumkarbonat und Natriumsuperoxyd verschmolzen. Nach Erkalten wird mit ver-

[1] P. Cazeneuve: C. rend. **131**, 346 (1900); Chem. Zbl. **2**, 688 (1900).
[2] K. Heller und P. Krumholz: Mikrochem. **7**, 220 (1929).

dünnter Schwefelsäure angesäuert und ein bis zwei Tropfen der alkoholischen Diphenylkarbazidlösung zugesetzt.

Erfassungsgrenze: 0,02 γ Chrom.

Grenzkonzentration: 1:2500000.

Das letztgenannte Verfahren gestattet auch den Nachweis von Chromspuren in wenigen Milligramm fein gepulverter Mineralien und Gesteine.

81. Übung. Nachweis von Mangan mit Benzidin[1].

Die organische Base Benzidin $H_2N\langle\text{C}_6\text{H}_4\rangle-\langle\text{C}_6\text{H}_4\rangle NH_2$ kann durch zahlreiche Oxydationsmittel, sowie durch Autoxydationsprozesse in ein blaues Oxydationsprodukt übergeführt werden, welches eine sogenannte „teilchinoide" Verbindung[2] darstellt, d. h. eine Molekularverbindung zwischen einem Mol Imin und einem Mol Amin mit zwei Äquivalenten Säure nachstehender Formel:

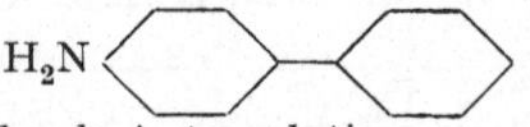

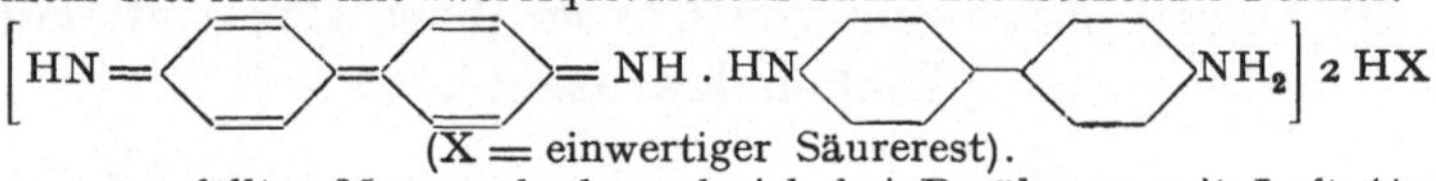

$$\left[HN=\langle\;\rangle=\langle\;\rangle=NH\,.\,HN\langle\;\rangle-\langle\;\rangle NH_2\right]2\,HX$$

(X = einwertiger Säurerest).

Da nun gefälltes Manganohydroxyd sich bei Berührung mit Luft (Autoxydation) gemäß $Mn(OH)_2 + O \rightarrow \underbrace{\overset{MnO(OH)_2}{}}_{MnO_2.H_2O}$ in hydratisches Mangandioxyd umsetzt, welches mit Benzidin unter Bildung der oben genannten chinoiden Verbindung reagiert, so lassen sich geringe Manganmengen durch die Farbreaktion erkennen.

Auf Filtrierpapier wird ein Tropfen der Probelösung aufgetragen, mit einem Tropfen verdünnter Lauge und hierauf mit einem Tropfen einer Benzidinlösung angetüpfelt; es erfolgt Blaufärbung, deren Intensität vom Mangangehalt abhängt.

Erfassungsgrenze: 0,15 γ Mangan.

Grenzkonzentration: 1:330000.

Reagenzien: 1. 0,05 n-Kalilauge.

2. Benzidinlösung.

0,05 g Benzidinbase oder Chlorhydrat in 10 cm^3 Essigsäure gelöst, mit Wasser auf 100 cm^3 aufgefüllt und filtriert.

Spuren von Mangan lassen sich durch eine Tüpfelreaktion im Trinkwasser folgendermaßen erkennen: 100—150 cm^3 des Wassers werden mit einigen Tropfen Lauge versetzt, aufgekocht, die Lösung durch ein quantitatives Filter gegossen und einmal mit destilliertem Wasser gewaschen. Beim Aufbringen eines Tropfens der Benzidinlösung kann dann durch die Bildung eines blauen Fleckes noch 1,2 γ Mangan (1:125000000) erkannt werden.

82. Übung. Nachweis von Magnesium im Leitungswasser[3].

Magnesiumhydroxyd besitzt ein starkes Adsorptionsvermögen für zahlreiche Farbstoffe und vermag diese unter Umfärbung aufzunehmen[4]. Dadurch werden minimale Mengen Magnesiumhydroxyd, die für sich allein in einer Lösung unkenntlich wären, sichtbar gemacht.

---

[1] F. FEIGL: Chem. Ztg. 44, 689 (1920).

[2] W. SCHLENK: Liebigs Ann. 363, 313 (1908).

[3] F. FEIGL: Qualitative Analyse mit Hilfe von Tüpfelreaktionen, 245. Akad. Verl. Ges. Leipzig 1930.

Vgl. hierzu E. EEGRIWE: Z. anal. Chem. 76, 354 (1929) und die 74. Übung

Ein Tropfen Leitungswasser wird auf einer Tüpfelplatte mit ein bis zwei Tropfen der alkalischen Farbstofflösung zusammengebracht. Je nach der Magnesiummenge entsteht entweder ein blauer Niederschlag oder ein Farbumschlag der rotvioletten Reagenslösung nach Blau.

Sind im Wasser nur Spuren Magnesium enthalten (die Erfassungsgrenze der Reaktion beträgt 0,19 γ Mg), dann empfiehlt sich die gleichzeitige Anstellung eines Parallelversuches mit einem Tropfen destillierten Wassers.

Reagens: 1 mg p-Nitrobenzol-azo-α-naphthol in 100 cm³ 2 n-Kalilauge.

83. Übung. Nachweis von Phosphorsäure mit Ammonmolybdat und Benzidin[1].

Normale Molybdate und freie Molybdänsäure sind auf die organische Base Benzidin ohne Einwirkung, hingegen vermag komplex gebundenes Molybdäntrioxyd unter geeigneten Bedingungen das Benzidin momentan zu einer blauen chinoiden Verbindung (vgl. Mangan) zu oxydieren, unter gleichzeitiger Reduktion des Molybdäntrioxydes zum sogenannten „Molybdänblau". Die gleichzeitige Bildung der beiden farbigen Reaktionsprodukte ermöglicht daher einen empfindlichen Tüpfelnachweis der Phosphorsäure.

Auf ein „Blaubandfilter" (Schleicher & Schüll Nr. 589) wird ein Tropfen der Ammonmolybdatlösung gebracht und im geheizten Trockenschrank getrocknet; auf das frisch imprägnierte Papier wird nun mit einem Tropfen der Probelösung und hierauf nacheinander mit je einem Tropfen der Benzidinlösung und einer Natriumacetatlösung angetüpfelt. Je nach der Phosphatmenge entsteht ein blauer Fleck, bzw. ein ebensolcher Ring.

Erfassungsgrenze: 0,05 γ P_2O_5.

Grenzkonzentration: 1 : 1 000 000.

Reagenzien:
1. Ammonmolybdatlösung.
   5 g Ammonmolybdat werden in 100 cm³ Wasser kalt gelöst und in 35 cm³ Salpetersäure (d = 1,2) gegossen.
2. Benzidinlösung.
   0,05 g Benzidin oder Benzidinchlorhydrat werden in 10 cm³ Essigsäure gelöst und mit Wasser auf 100 cm³ verdünnt.
3. Gesättigte Natriumacetatlösung.

84. Übung. Nachweis von Sulfiden, Thiosulfaten und Rhodaniden mit Natriumazid und Jod[2].

Die für sich allein nur unmeßbar langsam verlaufende Umsetzung zwischen Natriumazid und Jod wird schon durch sehr geringe Mengen von Sulfiden (löslichen sowie unlöslichen), Thiosulfaten und Rhodaniden katalyt. beschleunigt und verläuft dann gemäß $2\,NaN_3 + J_2 = 2\,NaJ + 3\,N_2$. Die genannten Verbindungen können demnach durch die Stickstoffentwicklung erkannt werden, die nach ihrem Zusatz in einer klaren Lösung von Natriumazid und Jodjodkalium ausgelöst wird.

[1] F. Feigl: Z. anal. Chem. 61, 454 (1922); 77, 299 (1929).

[2] F. Feigl: Z. anal. Chem. 74, 369, 376 (1928); Mikrochem. 7, 10 (1929); ferner M. Niessner: Mikrochem. 8, 121 (1930); L. Metz, Z. anal. Chem. 76, 347 (1929).

In Form einer Tropfenreaktion kann der Nachweis derart erfolgen, daß man auf einem Uhrgläschen, welches zweckmäßig auf eine dunkle Unterlage gestellt wird, einen Tropfen der Reagens- und der Probelösung zusammenbringt. Je nach der Menge der schwefelhaltigen Verbindung entsteht dann eine mehr oder weniger intensive Stickstoffentwicklung, die an dem Aufsteigen von Gasbläschen leicht erkenntlich ist.

Die durch diese Katalysenreaktion bewirkten Nachweise sind überaus empfindlich, wie nachstehende Daten zeigen.

Erfassungsgrenze: 0,02 γ Natriumsulfid (1:2500000).
0,05 γ Natriumthiosulfat (1:1000000).
0,065 γ Kaliumrhodanid (1:770000).

Es sei bemerkt, daß Sulfidlösungen (sowohl durch Vereinigung von NaOH und H_2S frisch hergestellt, als auch durch Auflösung von festen Präparaten bereitet), stets einen, wenn auch nur sehr geringfügigen Thiosulfatgehalt aufweisen, der sich folgendermaßen erkennen läßt:

Ein Tropfen der Lösung wird auf eine Tüpfelplatte gebracht und mit einigen Kryställchen Cadmiumnitrat verrührt. In die so gebildete Suspension von Cadmiumsulfid wird ein Streifchen Filtrierpapier (0,5 × 4 cm) eingetaucht. Es erfolgt capillares Aufsteigen der klaren Flüssigkeit unter Abscheidung von Cadmiumsulfid am unteren Rande des Filterstreifens. Nach etwa 1—2 Minuten wird der Filterstreifen aus der Flüssigkeit gezogen, oberhalb des Sulfidsaumes abgeschnitten und auf ein Uhrglas gelegt. Bringt man nun auf den feuchten Teil des Papiers einen Tropfen einer Jodazidlösung, so erfolgt eine deutliche Entwicklung von Stickstoffbläschen, die beim Wegziehen des Papiers z. T. am Uhrglas haften bleiben.

Anhang I.

Liste einiger Behelfe.

Vorbemerkung: Die in jedem chemischen Laboratorium vorhandenen Gerätschaften, wie Stative, Bechergläser, Kolben, Proberöhren usw. sind nicht erwähnt. Mikroskop, Lupe u. dgl. hauptsächlich insofern, als besondere Wünsche in Betracht kommen. Einfache Glasgeräte wie Spitzröhrchen, Mikrobecher usw. verfertigt man ohne Schwierigkeiten selbst; gegebenenfalls kann man sich an einen beliebigen Glasbläser wenden, der derlei Gerätschaften nach den vorhandenen Abbildungen leicht herstellen wird. Dr. A. BENEDETTI-PICHLER hat die wichtigsten der im Praktikum angeführten Geräte, getrennt für das qualitative und quantitative Arbeiten, zusammengestellt; diese Zusammenstellungen können z. B. in Koffern, welche die Aufbewahrung und den Transport sehr erleichtern, von Mechaniker K. SCHMITT, Graz, Lessingstraße 25, bezogen werden, der auch das Schlierenmikroskop samt Zubehör, sowie den BEHRENSkasten (mit ca. 120 Reagenzien) liefert. Die meisten nicht von den Apparatenhandlungen geführten Gegenstände sind überdies bei P. HAACK, Wien IX, Garelligasse 4, erhältlich. Über die Bezugsquellen der Apparate von F. PREGL siehe dessen Organ. Mikroanalyse, Borlin 1930.

Die jedem Gerät beigefügte Zahl bedeutet die *Seite* des Praktikums:

Liste A: Notwendige Gerätschaften.

1. Mikroskop, einfaches Stativ mit 2 Objektiven und 2 Okularen, Vergrößerung etwa 50, 100, 200, 400; wenn möglich drehbarer Objekttisch, Kondensor, Irisblende, Polarisator, Analysator, Gipsblättchen, Okularmikrometerblättchen, Objektmikrometer 5
2. Taschenlupe 6
3. Kleine Bogenlampe mit Handregulierung 85
   Cuvette zur Absorption der Wärmestrahlen 85
4. Flüssigkeiten zur Bestimmung der Brechungsindices 10, 75
5. Kleine Proberöhrchen von 1—3 cm³ Inhalt, Spitzröhrchen, Reinigungsvorrichtung, Holzblock zum Aufbewahren für Spitzröhrchen 11
6. Wasserbadaufsätze 12
7. Erhitzungsblock 13, 57, 118
8. Kleine Schalen, Tiegel, Uhrgläschen 14
   Ein Platintiegel von 1 cm³ Inhalt mit Deckel 54
9. Kleine Spritzflaschen 14
10. Objektträger und Deckgläschen, einige gefirnißt 15
11. Glasring für die Gaskammer 23
12. Handzentrifuge 15
13. Pinzetten, eine mit Platinspitzen, die übrigen am besten aus nichtrostendem Stahl 16
14. Platinnadel, Platinösen, Platinspatel, Rührhäkchen, Präpariernadel . 16, 21
15. Kleine Pipetten 21
16. Mikrobecher mit und ohne Ansatzrohr 30, 63
    Absaugevorrichtung dazu 65
17. Fraktionierröhrchen 34
    Mikrodestillationsapparate 36
18. Cuvetten für Schlierenbeobachtung 38, 152

Liste B: Sehr wünschenswerte Ergänzung der Liste A.

22. Mikrodosenexsiccator 57
23. Locheisen zum Ausschlagen von kreisrunden Platinfolieblättchen: Durchmesser 10, 15, 20 mm. Holzhammer und Holzblock (Auflage dazu) . 69
Mikrometerschraubenlehre 21
24. Kleiner elektrisch heizbarer Muffelofen oder Tiegelofen, z. B. von Heraeus, Hanau a. M. 68
25. PREGLS Röhrenexsiccator 57
Regenerierungsblock 58
26. Kleiner Stählerscher Block 59
Kurze Thermometer 59
27. Quarzgutuhrglas. Kleine Tiegeldreiecke mit Porzellanverkleidung . . . 59
28. PREGLS Platinschiffchen 60
PREGLS Wägegläschen 59
29. PREGLS Mikromuffel 61
30. Platinfiltrierstäbchen mit Neubauerboden 64
31. Zange für axiale Durchleuchtung von Capillaren 86
32. Filtriercapillare, Absaugvorrichtung, Aspirator 70
33. Schwarze Capillaren oder Perlen, an den Polen flach geschliffen. Koloriskopische (farblose, dickwandige) Capillaren („Methoden[1]" S. 155)
34. Tüpfelplatten, Tupfpapier 138, 139

Liste C: Wünschenswerte Ergänzung der Listen A und B.

1. Zum Mikroskop: Großes Stativ zur Projektion und Mikrophotographie geeignet, dazu Kamera, Kassetten und sonstiges Zubehör, namentlich auch Aluminiumschirm und Tubusspiegel; Auswahl an (Kompensations-) Okularen. Immersionssystem (2 mm). Vertikalilluminator. Binokularer Aufsatz. Testobjekte. Zeichenapparat. Quarzglasobjektträger und -Deckglas für Ultramikroskopie, Deckglas für mikrochemische Reaktionen, Spezialobjektiv, Kardioidkondensor, Wechselkondensor.
Mikrospektralphotometer
Heizbarer Objekttisch
Einrichtung für Fluorescenzversuche (Quarzkondensor, Euphosdeckglas, Quarzobjektträger, Totalreflexionsprisma aus Quarz zur Beleuchtung; UV-Filter aus Schwarzglas, Nickelbogenlichtlampe usw.)
Elektrolytischer Objektträger („Methoden" S. 171).
Uviollampe 121
2. Feinere Nernstwaage (s. „Methoden" S. 233 f.).
Waage nach STEELE und GRANT oder nach H. PETTERSSON, Elektromagn. Mikrowaage („Methoden" S. 193, 206 f.).
Torsionsfederwaage nach HARTMANN und BRAUN, „Methoden" S. 252 . 56
3. Schwarzer Kasten zur Untersuchung auf Trübung und Fluorescenz (BÖTTGER, Qual. Anal., Leipzig 1925, S. 207).
4. Größere Auswahl an Quarzgeräten.
5. Mikrobüretten nach PILCH („Methoden" S. 308), nach BANG (Mikromethoden z. Blutuntersuchung. München 1922); nach BENEDETTI-PICHLER und SCHILOW [z. B. Z. anal. Chem. **73**, 200 (1928)]. Wägebüretten.
6. Gasanalytische Apparate, z. B. Apparat von GUYE und GERMANN („Methoden" S. 315); von A. KROGH [Skand. Arch. Physiol. **20**, 279 (1907)]. oder von J. A. CHRISTIANSEN [Z. anal. Chem. **80**, 435 (1930)].
7. Interferometer, Refraktometer, Spektralapparate, Nephelometer nach KLEINMANN, Stufenphotometer. Apparate für potentiometrische Bestimmungen usw. usw.

[1] F. EMICH, Methoden der Mikrochemie in ABDERHALDENS Handbuch I, 3 Wien und Berlin 1921.

Anhang II.
Einige sehr einfache Behelfe.

Um auch demjenigen die Anstellung von mikrochemischen Versuchen zu erleichtern, der nur über bescheidene Mittel verfügt, sollen im folgenden einige Ratschläge gegeben werden, durch die man sich Einrichtungen ersparen kann, die in manchen Instituten fehlen dürften. Doch sei ausdrücklich bemerkt, daß es sich um Notbehelfe handelt, die sobald als möglich durch vollkommene Einrichtungen ersetzt werden sollen.

1. Ersatz für das *Okularmikrometer*. a) Da die *Messung der Mikrokrystalle* meist durch eine Schätzung ihrer Größe ersetzt werden kann, genügt folgende Einrichtung.

Man legt ein Linienblatt (in Österreich „Faulenzer" genannt) neben das Mikroskop und zwar so, daß es sich in 25 cm (deutliche Sehweite) Entfernung von dem freien (nicht ins Mikroskop blickenden) Auge befindet; da das Mikroskop gewöhnlich höher sein wird, benutzt man z. B. einige Bücher als Unterlage für das Linienblatt, von dem wir annehmen wollen, daß die Linien einen Abstand von je 1 cm besitzen. Ist nun die Vergrößerungszahl des Systems, mit dem man arbeitet bekannt, so hat man nur das mikroskopische Bild am Linienblatt abzumessen und durch die Vergrößerungszahl zu dividieren. Ist die Vergrößerungszahl nicht bekannt, so bestimmt man sie mittels der eben erwähnten Zusammenstellung, benutzt aber eine Millimeter- (oder Halbmillimeter-) Teilung als Objekt. Bei den schwächeren Systemen genügen einige, mit einer feinen Reißfeder oder einem gut gespitzten Bleistift gezogene Linien. Für das starke System wird ein solcher Maßstab kaum verwendbar sein. Man hilft sich, indem man ein und dasselbe mikroskopische Objekt, z. B. einen Krystall zuerst mit der schwachen Vergrößerung ausmißt und dann mit starker Vergrößerung und Linienblatt beurteilt. Natürlich braucht das Linienblatt nicht gerade in 25 cm Entfernung angewandt zu werden, man kann den Wert der Teilung auch für irgendeine andere Entfernung ermitteln.

b) Für die Bargersche Molekulargewichtsbestimmung wird diese Arbeitsweise kaum genügen, man wird sich aber unter Zuhilfenahme irgendwelcher Marken u. U. helfen können.

2. Der *drehbare Objekttisch* wird ersetzt durch den drehbaren Objektträger. D. h. man klebt z. B. mittels Marineleim oder Siegellack auf der Unterseite eines Objektträgers einen Ring (aus Metall, Pappe, Kork) an, der in die unter dem Objektiv im Objekttisch befindliche kreisförmige Öffnung paßt. — Sollen Winkel gemessen werden (siehe Übung mit Gips S. 93), so legt man ein Blättchen Papier mit kreisförmigem Ausschnitt auf den Objekttisch und klebt es z. B. mit etwas Klebwachs (Kolophonium-Wachsmischung) daran fest. Man dreht den Objektträger, bis eine Krystallkante möglichst genau frontal oder sagittal verläuft, was wieder durch Vergleich mit anderen Linien (Tischkante, Rand eines Papiers, Linienblatt), die man mit dem zweiten (freien) Auge wahrnimmt, leicht zu erreichen ist. Dann wird längs der Objektträgerkante auf dem Papier ein Bleistiftstrich gezogen. Hierauf drehen wir den Krystall, bis die zweite Kante mit der früher genannten Richtlinie parallel läuft und machen wieder einen Bleistiftstrich. Der erhaltene Winkel wird mittels des Transporteurs gemessen. — Oft wird es zweckmäßig sein, den drehbaren Objektträger als Unterlage für den eigentlichen Objektträger zu benutzen.

3. *Ersatz für* Nicolsche *Prismen*. a) Der *Polarisator* kann durch verschiedene Spiegel ersetzt werden. Z. B. kann man auf den Beleuchtungsspiegel eine schwarze Glasplatte (s. u.) legen, ihn so neigen, daß er einen Winkel von etwa 33^0 mit

der Tubusachse einschließt und dann schräg von unten unter 33^0 Licht von einem etwa horizontal auf dem Tisch liegenden Spiegel auffallen lassen. Bequemer ist die Vorrichtung Abb. 81[1]. Ein Karton- oder Holzrahmen enthält, unter 33^0 gegen die Horizontale geneigt, einen Amalgamspiegel G und einen schwarzen Spiegel S. Letzterer wird hergestellt, indem man blanke, sauber geputzte Spiegelglasplatten an der Rückseite mit schwarzem Asphaltlack bestreicht. Die Spiegel sollen doppelt so lang als breit sein, 7×14 cm genügen reichlich. Das bei P austretende polarisierte Licht wird auf den Mikroskopspiegel geleitet. Am einfachsten stellt man den „Polarisator" auf einen Holzblock, natürlich entsprechend geneigt, in den Gang der Lichtstrahlen, d. h. zwischen Lichtquelle und Beleuchtungsspiegel. b) Als *Analysator* benutzt man einen Satz von 12—20 Deckgläschen, die, unter etwa 57^0 gegen die Horizontale geneigt, von einem längsdurchbohrten, innen geschwärzten Kork (Abb. 82) getragen werden. Derselbe ist nach der Ebene AB auseinandergeschnitten, mit einer Ausnehmung DEFG versehen, in der sich die Deckgläschen befinden und hernach wieder zusammengeklebt. HJ ist eine aus schwarzem Karton verfertigte Blende mit einer kreisrunden Öffnung in der Mitte. — Der „Analysator" ist auf das Okular des Mikroskops aufzulegen; damit er nicht so leicht herabfällt,

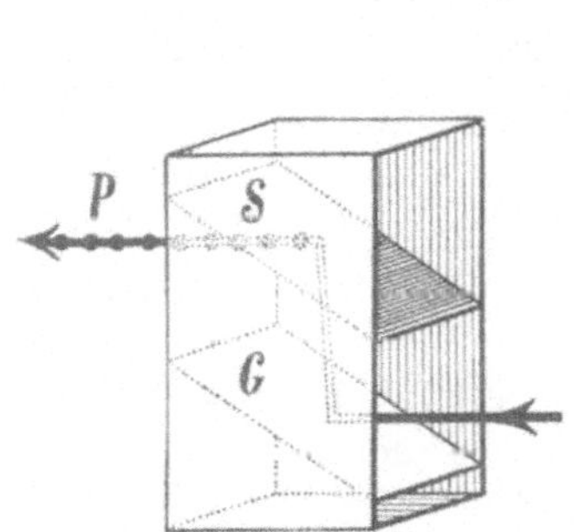

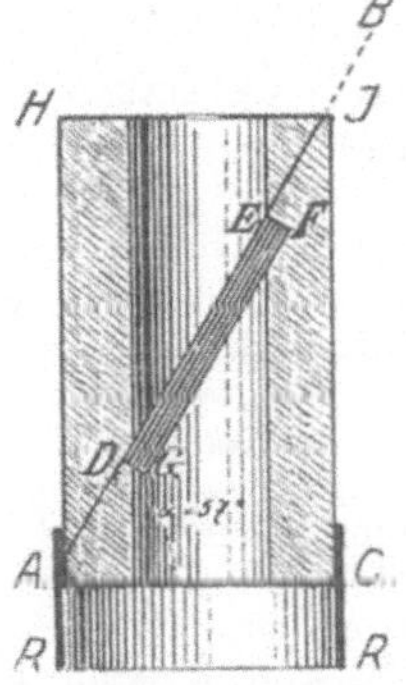

Abb. 81. Polarisator-Ersatz. Abb. 82. Analysator-Ersatz.
(Buchstabenerklärung im Text.)

stellt man aus Papier einen Rand R her, der das Okular nach abwärts übergreift. Dieser Hilfsapparat bewirkt natürlich keine völlige Verdunklung, doch lassen sich damit die für unsere Zwecke notwendigen Beobachtungen anstellen.

4. *Dunkelfeldbeleuchtung*. Man verfertigt sich einige Blendenscheibchen von 2—3 mm Durchmesser, die z. B. durch Flachschlagen von kleinen Schrotkörnern leicht zu erhalten sind. Natürlich muß der Durchmesser des Scheibchens den Aperturverhältnissen angepaßt sein, deshalb ist eine gewisse Auswahl notwendig. Das Scheibchen wird auf den Kondensor gelegt, der so weit gesenkt wurde, daß es an den darüber befindlichen Objektträger nicht anstößt. Man entfernt den Objektträger und zentriert das Scheibchen, indem man (schwache Vergrößerung) ins Mikroskop blickt und das Scheibchen mittels eines zugespitzten Hölzchens entsprechend verschiebt. Diese Manipulationen sind bei nicht zu hellem Licht auszuführen. Dann wird das Ultraobjekt, z. B. die kolloide Goldlösung eingelegt, bei der eine entsprechend kräftige Lichtquelle, sowie stärkere Vergrößerung benutzt werden muß. Statt des Metallplättchens kann man auch eine Anzahl runder Flecke mittels Asphaltlack auf der Unterseite des Objektträgers herstellen; nur ist dann natürlich eine Verschiebung des Objekts nicht möglich, es sei denn, daß man mit zwei dünnen Objektträgern arbeitet, von denen der untere die Blendscheibchen erhält.

[1] K. Rosenberg: Experimentierbuch für den Unterricht in der Naturlehre Bd. 2, S. 497, Wien und Leipzig 1913.

5. Als Ersatz für den S. 13 erwähnten Versuch mit der flüssigen Kohlensäure kann man ein mittelstarkes Capillarröhrchen derart mit Äther beschicken und zuschmelzen, daß ein genügend langer Stiel verfügbar bleibt, während die eigentliche Bombe zur Hälfte gefüllt ist. Im Nitrobenzoldampf verschwindet der Meniscus. Vorsicht wegen des Druckes von ca. 40 Atm! Vgl. Physik. Z. 17, 454 (1916).

6. Die *Zentrifuge* kann — allerdings nur recht notdürftig — ersetzt werden durch ein gebohrtes Holzklötzchen, das an einem recht starken Bindfaden mit der Hand im Kreis geschwungen wird. Die Bohrung nimmt die Röhrchen auf, welche zentrifugiert werden sollen. Über einen recht einfachen Ersatz siehe auch die Abhandlung von FRIEDR. L. HAHN[1].

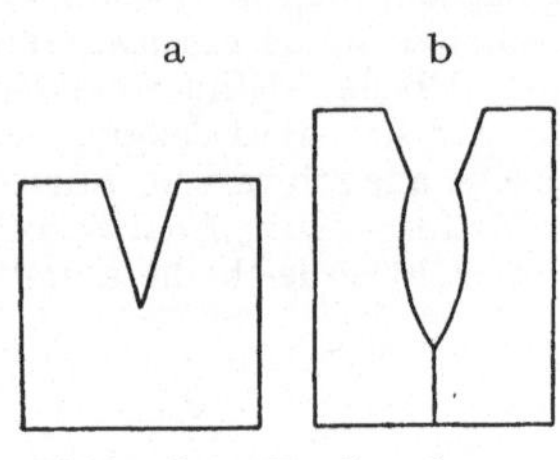

Abb. 83. (Buchstabenerklärung im Text).

7. Zur Selbstanfertigung von *Cuvetten* für die Schlierenbeobachtung ist folgendes zu bemerken. Die Cuvetten bestehen aus drei Teilen, dem Objektträger, dem Mittel- oder Formstück und der Deckplatte. Alle drei Teile können durch Zurechtschneiden von 1—3 mm dicken Objektträgern hergestellt werden. Bei den Rundcuvetten wird das Formstück mittels eines rotierenden Kupferrohres ausgeschnitten, für den Hals der Cuvette benützt man kleine Karborundscheibchen, wie sie der Zahnarzt verwendet. Das Kupferrohr wird beim Schleifen reichlich mit Terpentinöl und mittelfeinem Schmirgelpulver benetzt. Bei der Herstellung der Herzcuvetten wird der Objektträger ebenfalls durchbohrt und dann mit einem Karborundscheibchen entsprechend zugeschnitten; weit einfacher gestaltet sich die Arbeit, wenn man das Mittelstück (siehe Abb. 83b) zweiteilig anordnet. Für schwerflüchtige und nicht hygroskopische, z. B. wässerige Flüssigkeiten kann man die V-Cuvetten verwenden, deren Mittelstück in Abb. 83a abgebildet ist.

Zum Aneinanderkitten der drei Teile werden Canadabalsam, Kololith, Guttaperchapapier (aus der Apotheke) und Silberchlorid (Schmelzpunkt 445°) verwendet. Für Kohlenwasserstoffe gelangten auch Leimmischungen zur Anwendung. Die Kittmittel wurden in dünner Schicht beiderseits auf das Formstück aufgetragen, die drei Stücke zusammengelegt und die feste und dichte Verbindung durch die dem Kittmittel entsprechende Behandlung (z. B. Erwärmen auf einem Metallblock oder im Trockenschrank) hergestellt. In vielen Fällen erweist sich ein Beschweren der zusammengelegten Teile als vorteilhaft. Bei Verwendung von Silberchlorid oder Leim ist auf Reinigung (Entfettung) der zu kittenden Glasflächen zu achten.

[1] Mikrochem., PREGL-Band, 127 (1929).

Sachverzeichnis.

Das Zeichen * bedeutet, daß der Text nur einen Hinweis auf den betreffenden Gegenstand enthält.